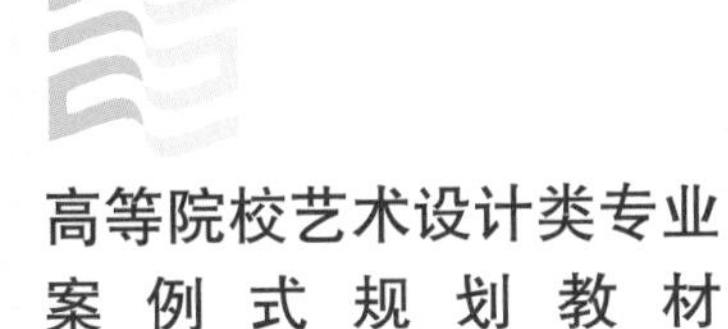

高等院校艺术设计类专业
案 例 式 规 划 教 材

UI设计

主 编 曲德森 郑 真 田 甜
副主编 王兴田 曲 朋 王建彬
王 蕊 谢石党

華中科技大学出版社
http://www.hustp.com

内容提要

全书共分为三章，分别介绍了UI设计基础、网页UI设计、手机App UI设计等内容，并详细介绍了一系列UI设计的项目案例。本书可作为高等院校平面设计、网页设计、游戏设计等相关专业的教辅图书，同时也适合从事UI行业的读者阅读。

图书在版编目（CIP）数据

UI设计 / 曲德森, 郑真,田甜主编. -- 武汉：华中科技大学出版社, 2017.9（2021.3重印）

高等院校艺术设计类专业案例式规划教材

ISBN 978-7-5680-3095-3

Ⅰ. ①U… Ⅱ. ①曲… ②郑… ③田… Ⅲ. ①人机界面－程序设计－高等学校－教材 Ⅳ. ①TP311.1

中国版本图书馆CIP数据核字(2017)第164316号

UI 设计
UI SheJi

曲德森　郑 真　田 甜　主编

策划编辑：金　紫

责任编辑：陈　骏

封面设计：原色设计

责任校对：刘　竣

责任监印：朱　玢

出版发行：华中科技大学出版社（中国·武汉）　电话：(027)81321913

武汉市东湖新技术开发区华工科技园　邮编：430223

录　排：湖北振发工商印业有限公司

印　刷：湖北新华印务有限公司

开　本：880mmx1194mm　1/16

印　张：11.5

字　数：250千字

版　次：2021年3月第1版第3次印刷

定　价：69.80元

前言

Preface

“用户体验”是一个非常热门的话题，在互联网时代，所有的人都在谈“用户体验”，从项目设计师到产品经理，用户体验成为市场竞争中的关键要素。随着我国移动互联网产业进入高速发展的阶段，产业规模不断扩大，技术领域逐步拓展，产品生产的人性化意识日趋增强，用户体验至上的时代已经来临，用户界面设计师（即UI设计师）也成为人才市场上十分紧俏的职业。高校目前都根据发展需要和学校办学能力设置了UI相关的专业，因此我们组织编写了本书。

本书全面、系统地阐述了UI设计的理论基础、网页UI设计基础及手机App UI设计相关内容，并详细介绍了一系列综合设计案例，有针对性地剖析UI设计的设计思路和制作过程。本书编排由易到难，循序渐进，覆盖面广，便于读者全面学习和提高。

由于编者水平有限，书中难免有疏漏、错误之处，敬请广大专家、学者批评指正。

编者

2017年6月

编 委 会

主　编　曲德森　郑　真　田　甜

副主编　王兴田　曲　朋　王建彬　王　蕊　谢石党

参　编　于　涛　王红微　王媛媛　邓丽丽　付那仁图雅

吕文静　孙石春　孙丽娜　齐丽丽　齐丽娜

李　东　刘艳君　何　影　张　楠　张黎黎

张家翾　董　慧　白雅君

目录
Contents

第一章
UI设计的理论基础

章节导读

- UI设计的名词解释
- 常用UI设计单位
- UI设计常用图像格式
- UI设计的原则
- UI设计的流程
- 用户体验中的职业选择
- UI行业发展前景

第一节 UI设计的名词解释

UI（user interface）即用户界面。UI设计是指对软件的人机交互、操作逻辑、界面美观的整体设计。好的UI设计不但能让软件变得有个性、有品位，还可以让软件的操作变得舒适、简单、自由，充分体现软件的定位与特点。

GUI（graphics user interface）即图形用户界面，有时也称为WIMP（=window、icon、menu、pointing device），即窗口、图标、菜单、指点设备。

HUI（handset user interface）：手持设备用户界面，如图1-1所示。手写笔在某种程度上比鼠标和键盘更好用。

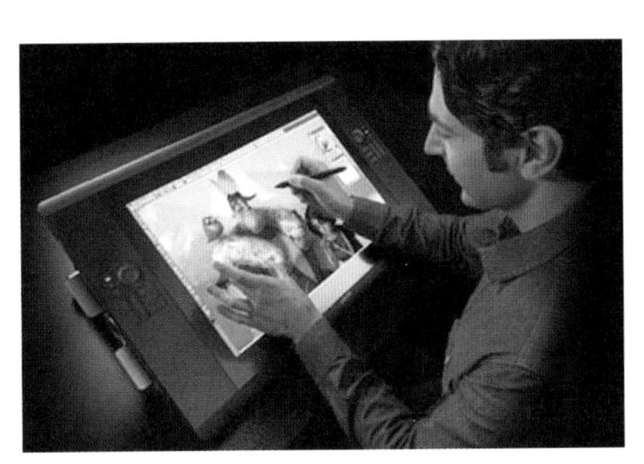

图1-1 手持设备用户界面

WUI（web user interface）：网页用户界面。网页用户界面类似于图形用户界面，它的特点主要体现在导航、链接和信息上。

UID（user interface design）：用户界面设计。在人和机器的互动过程中有一个层面，即界面。从心理学意义来划分，界面可分为感觉（视觉、触觉、听觉等）与情感两个层次。用户界面设计是屏幕产品的重要组成部分。界面设计是一个复杂的、有不同学科参与的工程，其中学科包括认知心理学、设计学、语言学等。用户界面设计的三大原则：置界面于用户的控制之下；减少用户的记忆负担；保持界面的一致性。

IA（information architect）：信息架构。IA的主体对象是信息，主要任务是在信息和用户认知之间搭建一座畅通的桥梁,是信息直观表达的载体。

UX（user experience）：用户体验。UX设计是指以用户体验为中心的设计。

HCI（human computer inter-action）：人机交互。人机交互是人与计算机之间传递、交换信息的媒介及对话接口，是计算机系统的重要组成部分。人机交互功能主要依靠可输入、输出的外部设备和相应的软件来完成。

UCD（user-centered design）：用户中心设计。用户中心设计是在设计过程中以用户体验作为设计决策的中心，强调用户优先的设计模式。简单地说，就是在进行产品设计、开发、维护时,从用户的需求以及用户的感受出发，围绕用户进行产品设计、开发及维护，而不是让用户去适应产品，如图1-2所示。

UPA（usability professional’s association）：可用性专业协会。该组织主要致力于扶持、帮助、组织各领域的可用性专家进行合作与交流，并推动用户中心设计以及提升设计体验，推动工业产品的可用性发展。

AI（adobe illustrator）：目前最权威的矢量图绘制软件，*.ai是它的格式文件，图标如图1-3所示。作为一款非常好用的图片处理工具，AI广泛应用于印刷出版、海报书籍排版、专业插画、多媒体图像处理以及互联网页面的制作等，也可以为线稿提供较高的精度及控制，适合生产任何小型或大型的复杂项目。

CD（coreldraw）：强大矢量图绘制软件。coreldraw是由加拿大的Corel公司开发的一款图形、图像编辑软件。其非凡的设计功能广泛地应用于商标设计、标志制作、模型绘制、插图描画、排版以及分色输出等诸多领域。用于商业设计与美术设计的个人计算机上几乎都安装了corel-draw。

PS（adobe photoshop）：目前最强大的图形编辑软件，图标如图1-4所示。PS是由Adobe Systems开发和发行的一款图像处理软件,主要处理以像素所构成的数字图像。PS功能强大，在图像、图形、文字、视频、出版等各方面均有涉及。

ID（industry design）：工业设计。

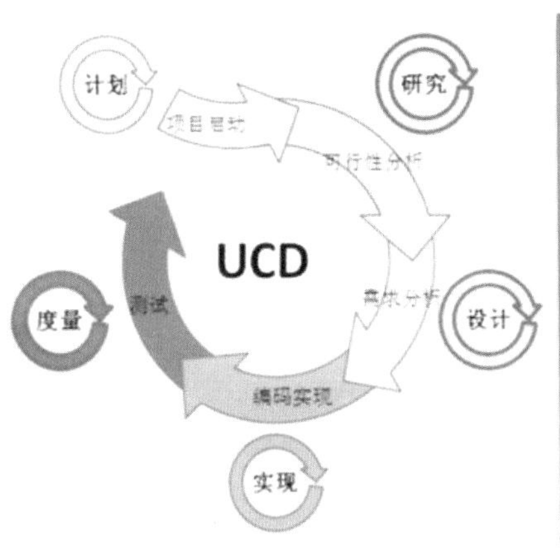

图1-2 用户中心设计

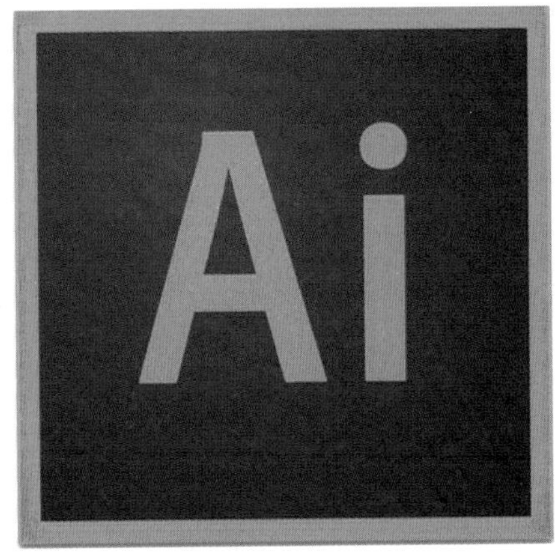

图1-3 AI图标

图1-4 PS图标

MMI（man machine interface）：人机接口，MMI是进行移动通信的人与提供移动通信服务的手机之间进行信息交流的界面。包括硬件和软件。

DH（design house）：业内称手机设计公司为design house。

第二节 常用UI设计单位

在UI界面设计中，单位的使用非常关键，下面介绍常用单位的使用。

1. 英寸

长度单位，用来表示电脑的屏幕到电视机和各种多媒体设备的屏幕大小，通常指屏幕对角的长度。

2. 分辨率

屏幕物理像素的总和，用屏幕宽乘以屏幕高的像素数来表示，例如笔记本电脑分辨率为1366px×768px，液晶电视分辨率为1200px×1080px，手机分辨率为480px×800px、640px×960px等。

3. 网点密度

网点密度是指屏幕物理面积内所包含的像素数，单位为DPI（每英寸像素点数）。DPI越高，显示的画面质量就越精细。网点密度（DPI）的使用需要根据具体开发情况来选择，一般会使用750px×1334px或1242px×2208px为设计基础。在手机UI设计时，DPI应与手机相匹配，因为低分辨率的手机无法满足高DPI图片对手机硬件的要求，所以在设计过程中就涉及一个全新的名词——屏幕密度。

4. 屏幕密度（screen densities）

以安卓手机为例，屏幕密度分别为：

iDPI（低密度）为120像素/英寸；

mDPI（中密度）为160像素/英寸；

hDPI（高密度）为240像素/英寸；

xhDPI（超高密度）为320像素/英寸。

小/贴/士

屏幕密度是根据像素分辨率，在屏幕指定物理宽高范围内可显示的像素数量。

在同样的宽高区域，低密度的显示屏可显示的像素较少，而高密度的显示屏则能显示更多的像素。

屏幕密度非常重要，在其他条件不变的情况下，一个宽高固定的UI组件（比如一个按钮）在低密度的显示屏上显得很大，而在高密度显示屏上看起来就很小。

为简单起见，安卓将所有的屏幕分辨率分为四种尺寸：小、普通、大、超大（分别对应small、normal、large、extra large）。

应用程序可为这四种尺寸分别提供不同的资源平台，将资源进行缩放以适配指定的屏幕分辨率。

第三节 UI设计常用图像格式

界面设计常用的格式主要包括以下几种，如图1-5所示。

图1-5 界面设计的三种格式

1. JPEG

JPEG是一种位图文件格式，JPEG的缩写为JPG，JPEG几乎不同于当前使用的任何一种数字压缩方法，它不能重建原始图像。JPEG应用非常广泛，特别是在网络和光盘读物上。目前各类浏览器都支持JPEG这种图像格式，由于JPEG格式的文件尺寸较小，下载速度快，使得Web页能够以较短的下载时间提供大量美观的图像，JPEG也顺理成章地成为网络上最受欢迎的图像格式，但是它不支持透明背景。

2. GIF

GIF的原意是“图像互换格式”，是Compu Serve公司在1987年开发的一种图像文件格式。GIF文件是一种基于LZW算法的连续色调的无损压缩格式。其压缩率通常为50%左右，它不属于任何应用程序。目前几乎所有相关软件都支持这种格式，公共领域有大量的软件在使用GIF图像文件。GIF格式的文件中可保存多幅彩色图像，如果把存于一个文件中的多幅图像数据逐幅读出并显示到屏幕上，即可构成一种最简单的动画。GIF的文件体积小而成像相对清晰，非常适合于初期慢速的互联网，因而大受欢迎。GIF支持透明背景显示，可以以动态形式存在，制作动态图像时会用到这种格式。

3. PNG

PNG是一种图像文件存储格式，其目的是试图替代GIF及TIFF文件格式，同时增加一些GIF文件格式所没有的特性。PNG（可移植网络图形格式）是一种位图文件存储格式，读成“ping”。在存储灰度图像时，灰度图像的深度可多到16位，存储彩色图像时，彩色图像的深度可多到48位，并且还可以存储多到16位的α通道数据。PNG使用从L277派生的无损数据压缩算法，通常应用于java程序中或应用于网页、S60程序中，原因在于它的压缩比高，生成文件容量小。PNG格式是网页设计中常用的格式且支持透明样式显示。相对于其他两种格式来说，同样的图像在PNG格式下的体积略大。图1-6所示为3种不同格式的显示效果。

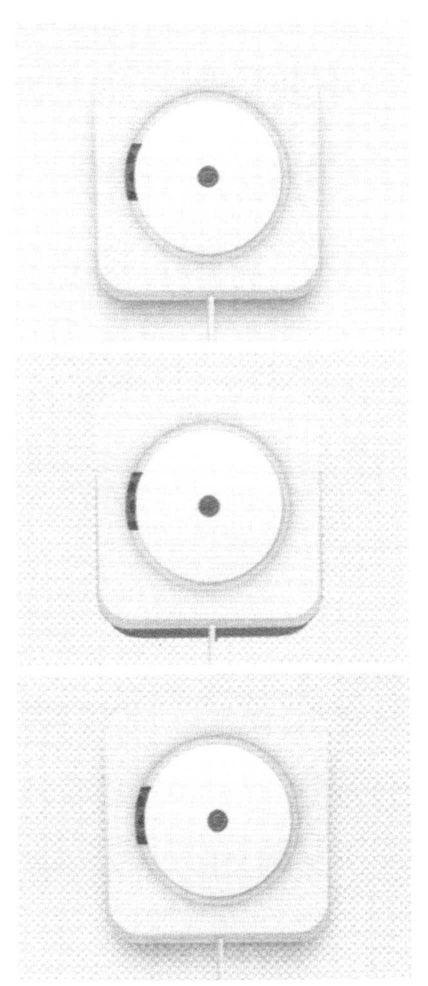

图1-6 三种不同格式的显示效果

第四节 UI设计的原则

UI设计的原则有以下几点。

1. 区分重点

若屏幕元素各自的功能不同，它们的外观理应也不同。反之，若功能相同或相近，则它们看起来就应该是一样的。为了保持一致性，初级设计师常常对应该加以区分的元素采用相同的视觉处理效果，其实采用不同的视觉效果才是最合适的。

2. 清晰度是首要工作

清晰度是界面设计中的第一步也是最重要的工作。如果想使设计的界面有效并被人喜欢，首先必须让用户能够识别它，并让用户知道为什么使用它。例如用户在使用时，能够预料到发生什么，并成功地与它交互。有的界面设计得不是太清晰，虽然可以满足用户一时的需求，但并不是长久之计，而清晰的界面能够吸引用户不断地重复使用，如图1-7所示。

3. 界面是为促进交互而存在的

界面的存在，促进了用户和设计师之间的互动。优秀的界面不但能够提高做事效率，还能够加强设计师与这个世界的联系。

图1-7 清晰的图像

4. 让界面处在用户的掌控之中

人类通常对能够掌控自己和周围的环境而感到舒心。不考虑用户感受的软件往往会让这种舒适感降低，迫使用户不得不进入计划外的交互，这会让用户感觉不舒服。保证界面处在用户的掌控之中，让用户自己决定系统状态，稍加引导，就会达到预期的目标。

5. 直接操作的感觉是最好的

只有在能够直接操作物体时，用户的感觉才是最棒的，但这并不太容易实现，因为在界面设计时，增加的图标常常并不是必须的，比如过多地使用按钮、图形、选项、附件等其他繁琐的东西，以便最终操纵UI。而最初的目标，就是希望简化而能够直接操纵UI，因此在进行界面设计时，应尽可能多地了解一些人类自然手势。理想情况下，界面设计要简洁，让用户有一个直接操作的感觉。

6. 每个屏幕都需要一个主题

设计的每一个画面都应该有单一的主题，这样不仅可以让用户了解其真正的价值，也使得用户上手容易，如图1-8所示。如果一个屏幕支持两个或两个以上的主题，就会让整个界面看起来混乱不堪。

图1-8 单一主题设计

7. 界面的存在必须有所用途

在大多数设计领域，界面设计成功的标志就是有用户使用它。比如，一把漂亮的椅子，虽然精美但坐着不舒服，那么用户就不会使用它，它就属于失败的设计。因此，界面设计不仅仅是设计一个使用环境，还应是设计一个值得使用的艺术品。界面设计仅仅满足其设计者的虚荣心是不够的，它必须要实用。

8. 勿让次要动作喧宾夺主

每个屏幕有一个主要动作的同时，也要有多个次要动作，但尽可能不要让它们喧宾夺主!文章的存在主要是为了让人们去阅读它，并不是让人们在Twitter上面分享它。因此在设计界面的时候，尽量减弱次要动作的视觉冲击力，或让次要动作在主要动作完成后再显示出来。

9. 自然过渡

界面的交互都是环环相扣的，因此设计时要考虑交互的下一步，并通过设计将其实现。这就如同日常谈话要为深入交谈提供话题。当用户已经完成要执行的步骤后，就要给他们自然而然继续下去的方法，以达成目标，如图1-9所示。

10. 尊重用户的注意力

在进行界面设计时，吸引用户的注意力是非常关键的，所以千万不要将应用的周围设计得乱七八糟，分散用户的注意力，谨记屏幕整洁才能够吸引注意力。如果非要显示广告，就应在用户阅读完毕之后再显示。尊重用户的注意力，不仅让用户快乐，也会使广告效果更佳。所以要想设计好的界面，尊重用户的注意力是先决

图1-9 自然过渡的界面

条件。

11. 外观追随功能（类似于形式追随功能）

人总是对符合期望的行为最感舒适。当其他人、动物、事物或软件的行为始终符合期望时，就会感到与之关系良好。这也是与人打交道的设计应该做到的。在实践中，这意味着用户只要看一眼即可知道接下来将会有什么动作发生。设计师不要在基本的交互问题上要小聪明，要在更高层次的问题上发挥创造力。

12. 强烈的视觉层次感

如果要让屏幕的视觉元素具有清晰的浏览次序，就应该通过强烈的视觉层次感来实现，如图1-10所示。也就是说，如果用户每次都按照同样的顺序浏览相同的东西，视觉层次感不明显，用户不清楚停留的重点位置，只会让用户感到一团糟。在不断变更设计的情况下，很难保持明确的层次关系，因为所有的元素层次关系都是相对的，如果所有的元素均突出显示，最后就相当于没有重点可言。如果想添加一个需要特别突出的元素，为了再次实现明确的视觉层次，设计师可能需要重新考虑每一个元素的视觉重量。

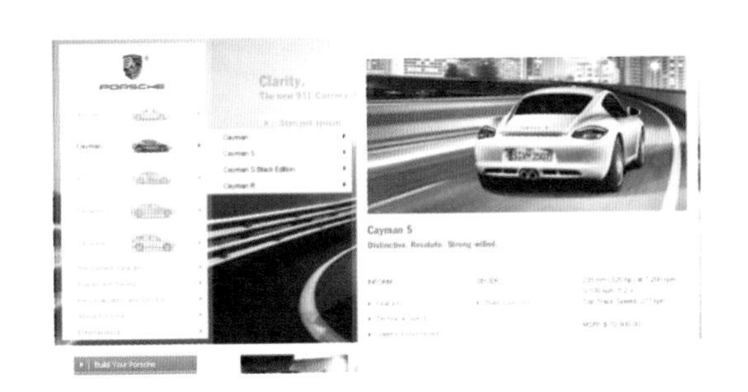

图1-10 强烈的视觉层次感

13. 色彩不是决定性的因素

物体的色彩会随光线的改变而发生变化。艳阳高照与夕阳西沉时，所看到的景物会有很大反差。换句话说，色彩很容易被环境改变，所以，设计的时候不要将色彩视为决定性因素。色彩可以用来突出显示或作为引导，但不应该是进行区别的唯一元素。在长篇阅读或长时间面对电脑屏幕的情况下，除了要强调内容，还应采用相对暗淡或柔和的背景色。当然，视读者情况而定，也可采用明亮的背景色。

14. 循序展现

每个屏幕只展现必需的内容。若用户需要作出决定，则展现足够的信息供其选择，用户就会到下一屏寻找所需细节。避免过度阐释或把所有内容一次展现，如果可能，可将选择放在下一屏，有步骤地展示信息，这会使界面交互更加清晰。

15. 内嵌“帮助”选项

理想的用户界面是不用设计“帮助”选项的，因为用户界面可以有效地指引用户学习。比如“下一步”实际上就是在上下文情境中内嵌的“帮助”，并且只在用户需要的时候出现在适当的位置，其他时候都是隐藏的，如图1-11所示。

设计者的任务不是在用户有需要的位置建立一个帮助系统，将用户需要的义务推诿给用户，让用户在帮助系统中寻找他们问题的答案，而是应该保证用户知道如何使用所提供的界面，让用户在界面中获得指导并学习。

16. 针对现有问题去完善界面

人们总是寻求各种方案去解决已经存在的问题，而不是潜在的或未来的问题。因此，不要为假设的问题设计界面，而应观察现有的行为和设计，解决现存的问题。用户界面愈完善，就会有更多的用户愿意使用该界面。

17. 恰当地组织视觉元素，减轻用户的认知负荷

恰当地组织视觉元素可以化繁为简，帮助他人更快速、简单地理解表达内容，例如内容上的包含关系。用方位和方向上的组织能够自然地表现元素间的关系。恰如其分地组织内容可以减轻用户的认知负荷，让用户无需再琢磨元素间的关系，因为已经表现出来了。不要迫使用户做出分辨，而应是设计者用组织表现出来。

图1-11 内嵌“帮助”选项

18. 优秀的设计是无形的

优秀的设计有个古怪的属性，即它往往会被它的用户所忽略。其中一个原因是这个设计非常成功，以至于它的用户专注于完成自己的目标进而忽略了自己面对的界面，用户顺利达成自己的目标后，他们会非常满意地退出界面。

19. 多领域学习，借鉴其他学科

视觉、平面设计、排版、文案、信息结构和可视化，所有的这些知识领域都应该是界面设计必须包含的内容，设计师对这些知识都应该有所涉猎或比较擅长。设计师的眼光要长远，要能从看似无关的学科中学习，例如出版、编程、装订、滑板、消防甚至空手道。

20. 关键时刻：零状态

用户对一个界面的首次体验是非常重要的，而这往往被设计师所忽略。为了更好地帮助用户适应设计，设计应该处于零状态，即什么都没有发生的状态。但这个状态不是一块空白的画布，它应该能够为用户提供方向与指导，以此来帮助用户迅速适应设计。在初始状态下的互动过程中会存在一些摩擦，一旦用户了解了各种规则，那就会有很大的机会获得成功。

第五节 UI设计的流程

UI设计的流程包含以下几个阶段：开发准备期、开发前期、开发中期、开发后期和上线前期以及上线中后期。下面来介绍具有代表性的用户需求分析、工业设计/界面设计、使用性测试以及设计改进/发布、品牌维护跟踪研究，如图1-12所示。

1. 用户需求分析阶段

在用户需求分析阶段,UI设计师应该在了解产品的定位的基础上分析用户需求、分析用户群特征、最终用户群以及产品方向。完成用户研究报告并且提出可用性的设计建议。

在用户需求分析阶段完成产品策划、设计思维导图以及产品原型制作。在此阶段通常通过小组讨论的方式完成产品的功能概念测试、信息架构、用户体验以及用户交互流程图。确认完成后，线框图会被交给UI设计师与程序员。

2. 工业设计/界面设计

用户不同，对产品界面的设计要求也会不同，UI设计师按照最初设计阶段的界面原型，对界面原型进行视觉效果的再设计。

3. 使用性测试以及设计改进/发布

接下来，UI设计师更多地是配合开发人员和测试人员进行设计改进。对于不同产品的不同要求，与开发人员相配合，对产品进行使用性测试以及设计改进和发布。

4. 品牌维护及优化

UI人员在此阶段的主要工作内容是负责原型的可用性测试，发现可用性问题并且提出修改意见。由相关UI人员进行可用性的循环研究，收集用户体验回馈和测试回馈并将可行性建议加以完善。产品制作出来后，UI设计师需对产品的效果进行验证，用户体验是否和当初设计产品时的想法一致，产品是否可用，用户是否接受以及产品是否满足用户需求，以上问题验证之后再对品牌进行维护及优化。

近年来，“用户体验”是一个非常热门的话题。它成为市场竞争中非常关键的因素。

随着科技类企业不断地关注于创造以屏幕为载体的用户界面，许多新的设计类职位也就应运而生了。类似于UX/UI Designer这类职位很可能会给新手设计师或从其他设计行业转型的设计师带来困惑。适合做用户体验的哪方面工作，这是大部分人在选择职业时候的疑问。通常人们可根据自己的性格、兴趣和特长有选择地做交互设计师、视觉设计师、用户体验研究员、工程师、产品经理、项目经理。

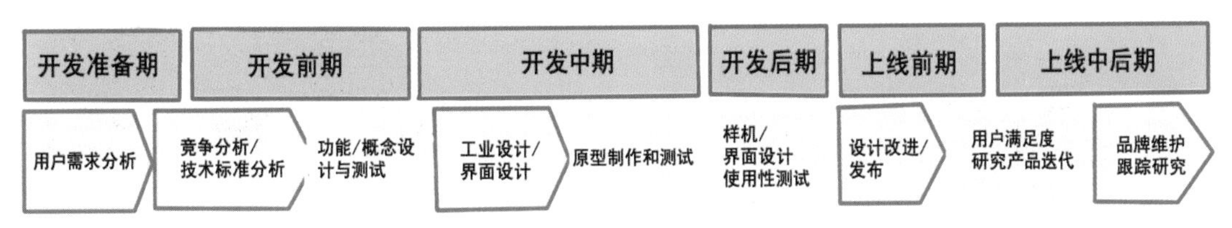

图1-12 UI设计的流程

第六节
用户体验中的职业选择

用户体验中有多种不同的职业选择。

1. 产品设计师（Product Designer）

产品设计师（图1-13）负责的是产品计划书的书写，能够带领整个项目组实现指定项目目标，对产品策划、美术、程序、运营有深刻的理解以及相关工作经验，对产品有自己的想法和创意，能让产品在计划好的时间、预算内成功上线。product designer是一个统称，用于描述一个设计师参与了整个产品的每个阶段。product designer的职责在每个公司都是不同的，一个product designer有可能会负责前端的代码开发，或用户研究，或界面设计，或视觉元素等。从开始到结束，product designer需要判断最初的设计问题，掌握基本的产品导向，然后提出不同的解决方案。一些公司将这个角色的职责定义为帮助各种设计人员互相合作，方便整个设计团队推行一个统一的用户体验、用户研究和设计元素。

Pinterrest公司对product designer职位的描述：负责所有方面的设计，包括交互、视觉、产品、模型、制作高保真交互模型并且用代码实现网页端和移动端的新功能。

2. 用户体验设计师（UX designer–user experiences designer）

用户体验设计师（图1-14）负责的是调查分析，主要关注产品给用户的感受。一个设计中的需求不是只有一个正确的解决方案，用户体验设计师的任务是针对这些需要来寻找不同的解决方案。用户体验设计师的职责是保证产品在逻辑层面上的顺畅，实现这个职责的一个方法是进行用户测试并观察用户的反应，从而发现产品给用户带来的困难点并进行改进，不断完善出一个“最好”的用户体验。

Twitter企业对UX designer职位的描述：设计交互模型、用户任务模板、UI文档、用户交互场景、终端间的用户体验、屏幕操作分析；与创意总监和视觉设计师们合作，以便把功能体现在视觉设计中；开发并改进设计线框图、设计草图和文档；完成产品的信息建构，设计产品架构。

图1-13 产品设计师

图1-14 用户体验设计师

职责：线框图设计、低保真原型设计、故事板设计、网站导航地图设计。

工具：Photoshop、Sketch、Illustrator、Fireworks、InVision。

3. 互动设计师（interaction designer/motion designer）

互动设计师的工作是做出具体互动的流程。例如iPhone的Mail应用下刷新邮件时出现的微妙的跳跃动画就是互动设计师的工作。视觉设计师常常要处理一些静态的界面元素，而互动设计师主要创作应用中的动画部分。他们关注的情形是在用户进行一些操作以后，界面应该做什么样的响应。例如，菜单以怎样的方式划入，应用什么样的转换效果以及按钮将会以什么方式消失。当把这些设计都做好以后，动态就会成为界面中一个完整的部分，从而提示用户该怎样使用产品。

互动设计师精通平面设计、动态图形设计、数字艺术，对字体和颜色非常敏感，了解材料及纹理。Apple企业对互动设计师的职位描述：精通Photoshop、Illustrator，熟悉Director(或同类软件)、Quartz Composer(或同类软件)、3D模型制作—动态图形制作。

工具：After Effects、Core-Composer、Flash、Origami。

4. 用户界面设计师（UI designer/user interface designer）

与UX Designer不同，UI Designer通常关注产品的页面布局。他们负责设计每一个页面，并保证用户界面在视觉上能够表现出UX designer设计出的概念。比如，一个UI designer设计一个数据分析仪表盘，可能将最重要的内容放在页面顶部，或考虑到底是用滑块还是旋钮来调整图形。通常来说，UI designer会负责创建一个设计规范，用于确保整个产品中设计语言的一致性，主要是视觉元素和交互行为中的一致性，例如，怎样显示错误提示或警告状态。

职责：做出页面视觉设计。

工具：Photoshop、Sketch、Illustrator、Fireworks。

5. 前端开发工程师（front-end developer/UI developer）

一般用户界面设计师提供一个静态的界面模型，UI Developer负责将它转化成一个带有交互体验的前端界面。UI Developer也负责用代码实现用户界面设计师和交互设计师的设计。

职责：负责将静态的界面模型转化成一个带有交互体验的前端界面。

工具：CSS、HTML、Java Script。

6. 用户研究员（user researcher）

用户研究员（见图1-15）负责做用户测试并保证质量。一个user researcher的任务是回答两个问题："谁是我们的用户？"以及"我们的用户想做什么？"用户研究员负责观察用户，研究市场数据，总结调查结果。设计是一个不断迭代的过程，用户研究员可通过这个过程，进行A/B测试来找出最好的设计并满足用户的需求。

企业对user researcher的职位描述：与产品团队密切合作以便发现研究课题，

发现用户的行为与态度，使用各种方法进行研究，例如调查。

第七节 UI行业发展前景

目前UI行业正在全球软件业中迅速崛起，属于高新技术设计产业。国外虽然在人机交互等领域比国内早发展了几十年，但是，真正的大屏彩色显示器普及也就近10年的时间，早期界面设计被一些高新技术企业所垄断。首先，随着App开发成本下降，个人创业公司及中小型IT企业在中国遍地开花，导致了UI人才需求的井喷现象。其次，国内外众多大型IT企业都已成立专业的UI设计部门，但高级UI专业人才稀缺，人才资源争夺激烈，薪资非常可观。

1. UI设计师薪酬等统计数据

截止2017年3月21日，市场上UI设计师的人才需求量约为40515人，其中，北京13900人，上海10537人，广州4220人，深圳5647人，南京1733人，杭州4478人。上述六个城市对UI设计师的人才需求量最大。

在已经有明确薪资范围的企业里面，其中8000～15000元的薪资最为普遍，且人才需求量最大，如图1-16所示。从这点可以看出，UI设计的前景还是不错的。

2. 三大手机APP Store数据

三大手机App Store的数据下载情况如图1-17所示。

苹果App Store中76万种APP和游戏被下载250亿次。苹果应用和游戏启动图标所排列的彩虹墙，如图1-18所示。

安卓App store中60万种APP和游戏被下载200亿次，在132个国家发售。

微软App store中有10万种APP和游戏被推广到180个国家的用户手中。

图1-15 用户研究员

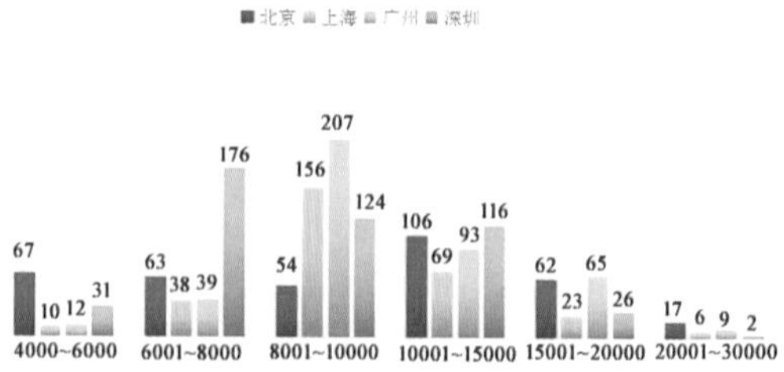

图1-16 主要一线城市的UI设计师的薪酬数据

图1-17 3大手机App Store的数据下载情况

图1-18 苹果应用和游戏启动图标排列的彩虹墙

2016年全球智能手机总销量超过14.7亿部，全球平板电脑的发货量为1.57亿部。其中85%的智能手机搭载了Android平台。移动互联网的崛起、显示器屏幕的不断扩大、各种新型软件的推出及4G通信牌照的发放等都需要UI设计去美化。

据报告称，未来5年还需要20万UI设计新人加入这个行业。

3. 未来UI新领域

未来UI设计的领域主要体现在全息投影交互技术、可穿戴设备、图像增强技术、远程控制、3D打印机、运动感应技术、多功能眼镜技术、智能手表以及无人驾驶汽车中。

（1）虚拟现实演示产品功能，如图1-19所示。

（2）无人驾驶汽车，如图1-20所示。

（3）投影键盘，如图1-21所示。

（4）可穿戴设备，如图1-22所示。

（5）个人健康顾问设备，如图1-23所示。

（6）3D打印技术，如图1-24所示。

图1-19 虚拟现实演示产品功能

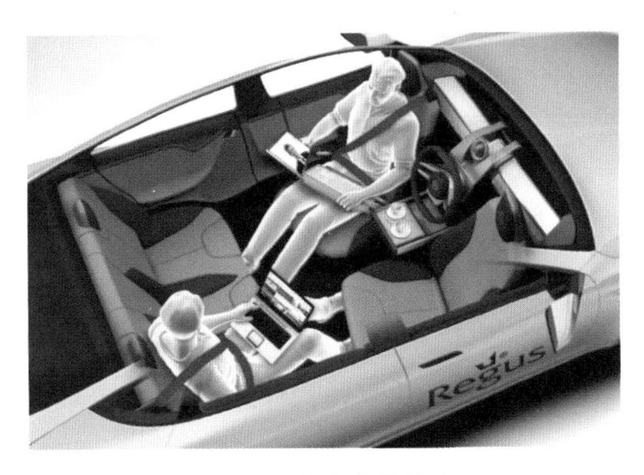

图1-20 无人驾驶汽车

图1-21 投影键盘

图1-22 可穿戴设备

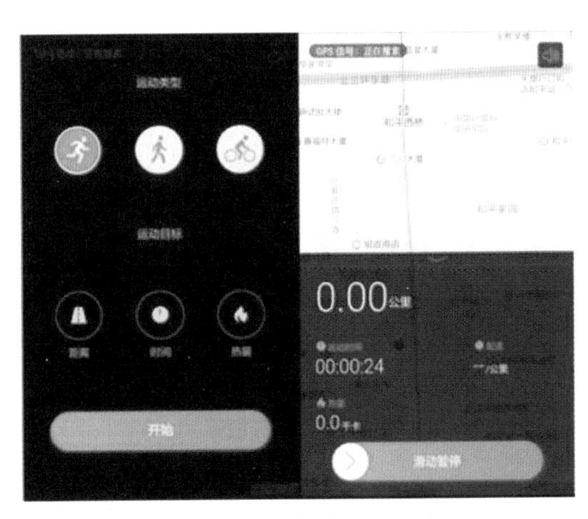

图1-23 个人健康顾问设备

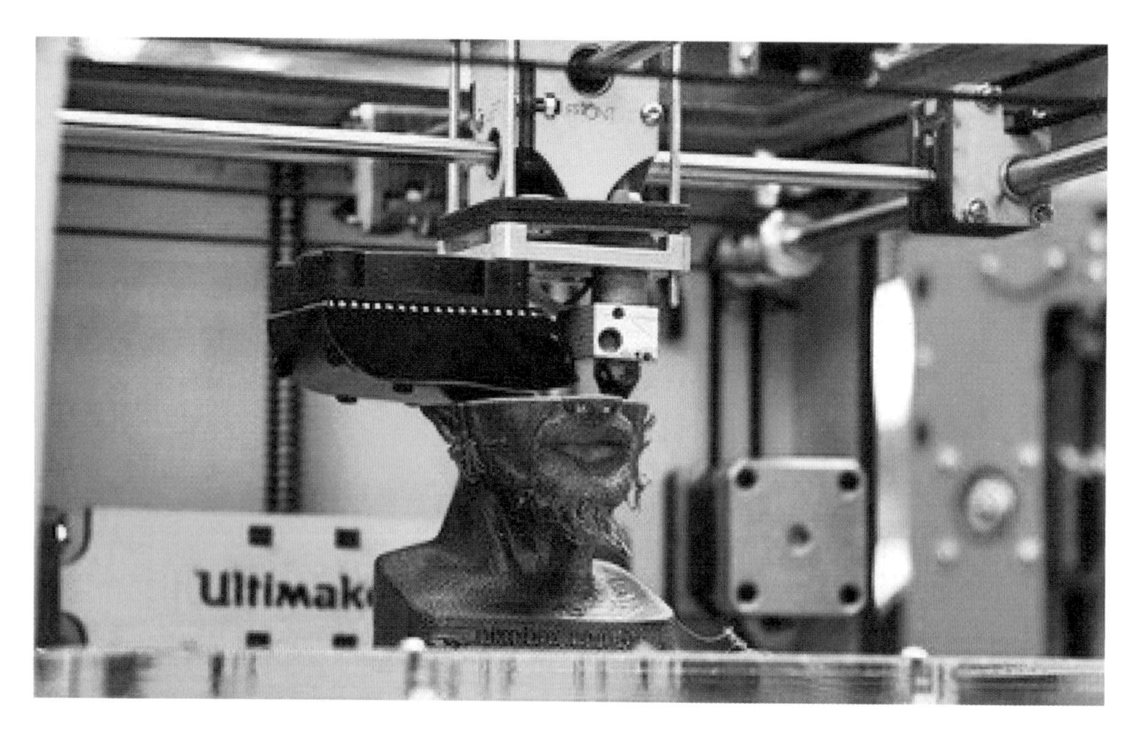

图1-24 3D打印技术

本/章/小/结

本章主要讲解了UI设计的基础内容，重点介绍UI设计流程和用户体验中的职业定位，并对UI行业发展前景做了简单的介绍。

思考与练习

1. 什么是UI设计?

2. UI的设计流程是怎样的?

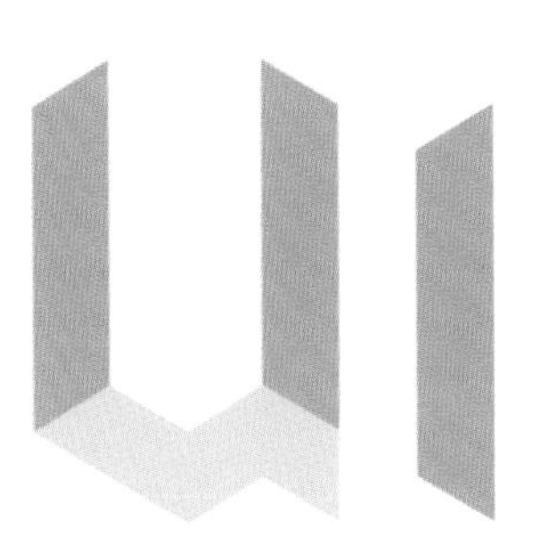

第二章

网页UI设计

章节导读

第一节 网页设计基本准则

网页设计的基本准则有以下几点。

1. 对齐（alignment）

判断一个网站的设计是业余水准还是专业水准就看能否恰当运用对齐准则。没有运用对齐准则的网页，所有的东西就像是随意散落在页面上，结构非常松散，没有较强的目的性。

对齐准则：设计网页时，网页上任何设计元素都不能随意放置，所有设计元素和页面上的其他元素要有视觉上的联系，这个联系手段就是对齐。

2. 重复（repetition）

专业的网页设计会保持一个统一的页面风格，每个页面的风格不会互相冲突。保持这种风格统一性的秘诀就在于运用重复准则。

重复准则：一些设计元素在整个网页设计过程中要存在一些重复。

重复准则可以帮助访问者知道网站上面哪些元素功能相同，或是这些元素在内容的重要性上属于哪个等级。

3. 对比（contrast）

在网页设计的时候，若所有的元素都

设计得相差不大，就很难找到所需要的内容。想要把内容区分出来，就必须用到对比准则。

对比准则：网页上的内容应该有一定的对比及区分度。

4. 相似（proximity）

一些糟糕的网页设计例子：看到一张图片，却不知道描述这张图片的具体文字是哪一段，花费很长时间才知道某一个设计元素和其他设计元素是同一类别。这些都是因为设计网页时，没有使用相似准则。

相似准则：相关联或者类似的项目应该组成一组。

第二节 网站导航设计

一、网站导航的表现形式

网站导航是网页界面设计中重要的视觉元素。它主要是为了更好地帮助用户访问网站内容。一个优秀的网站导航，应从用户的角度去设计，导航设计得是否合理将直接影响用户使用时的舒适度。在不同的网站中使用不同的导航形式，既要注重突出导航，又要注重整个页面的协调性。

1. 标签形式的导航

在一些图片比例较大、文字信息提供量少、网页视觉风格比较简单的网页中，常用标签形式的导航，如图2-1所示。

2. 按钮形式的导航

按钮形式的导航是最传统也是最容易让浏览者理解为单击的导航形式。按钮可制作成规则或不规则的精致美观的外形，来引导用户更好地使用，如图2-2所示。

3. 弹出菜单式的导航

网页的空间是有限的，为了能够节省页面的空间，而又不影响网站导航更好地发挥其作用，很多网站设计了弹出菜单式的导航。当将鼠标放在文字或图片上时，菜单就会立即弹出，这样不仅增添了网站的交互效果、节省了页面空间，而且使得整个网站更具活力，如图2-3所示。

4. 无框图标形式的导航

无框图标形式的导航是指将图标去掉边框，应用多种不规则的图案或线条的导航形式。使用这种形式的导航不仅能够给浏览者轻松自由感，而且能够增强网页的趣味性，丰富了网站的页面效果，如图2-4所示。

5. Flash动画形式的导航

目前许多网站上使用了Flash动画形

图2-1 标签形式的导航

图2-2 按钮形式的导航

图2-3 弹出菜单式导航

图2-4 无框图标形式的导航

式的导航。通常情况下，这种导航形式适用于动感时尚的网站页面，如图2-5所示。

6. 多导航系统

多导航系统通常用于内容较多的网站中，导航内部可以采用多种形式进行表现，以丰富网页效果，每个导航的作用都是不同的，不存在任何从属关系，如图2-6所示。

二、导航菜单在网页中的布局

网站导航如同启明灯，为浏览者顺畅阅读提供了便捷的指引作用。优秀的网页界面设计必须考虑将网站导航放在怎样的位置才能够达到既不过多地占用网页空间，又可以方便浏览者的使用的目的。

导航元素的位置不仅会影响到网站的整体视觉风格，而且关系到一个网站的品位以及用户访问网页的便利性。设计者应根据网页的整体版式，合理布置导航元素。

1. 布局在网页顶部

最初，网站制作技术发展并不成熟，在网页的下载速度上还有很大的局限性。由于受浏览器属性的影响，一般情况下在下载网页的相关信息时均是从上往下进行的，也因此决定了将重要的网站信息放置在页面的顶部。

目前，多数网站依然在使用顶部导航结构。这是因为顶部导航不仅可以节省网站页面的空间，而且符合人们长期以来的视觉习惯，便于浏览者快速捕捉网页信息，引导用户对网站的使用，可见这是设计的立足点以及吸引用户最好的表现方式，如图2-7所示。

在不同的情况下，顶部导航所起到的

图2-5 Flash动画形式的导航

图2-6 多导航系统

图2-7 在网页顶部的导航菜单

作用也是不同的。比如，在网站页面信息内容较多的情况下，顶部导航可起到节省页面空间的作用。然而，当页面内容较少时，就不适合使用顶部导航布局结构，这样只会增加页面的空洞感，所以，网页设计师在选择导航结构时，应根据整个页面的具体需要，合理而灵活地布置导航，以设计出优秀的网页页面。

2. 布局在网页底部

因为受显示器大小的限制，位于页面底部的导航并不会完全地显示出来，除非用户的显示器足够大。为了追求更加多样化的网站页面布局形式，网页设计师通常会采用框架结构，将导航固定在当前显示器所显示的页面底部，如图2-8所示。

因个人喜好问题，有些人并不喜欢使用框架结构来对网站导航进行布局。然而，即使使用了框架结构仍然会有很多问题需要解决，例如，打开网页的速度；更新时无法保存当前网页信息，仍需返回上层目录；用户在浏览页面时会产生视觉上的不适，增加了浏览页面的难度等。所以使用底部导航是比较麻烦的布局结构，一般情况下，在网页中应少使用底部导航。

但是底部导航还是有自己的优点的，比如，底部导航对上面区域的限制因素比其他网页布局结构要小。它还可以为网页标签、公司品牌留下足够的空间，若浏览者浏览完整个页面，希望继续浏览下一个页面时，那么他最终就会到达导航所在的页面底部位置。这样就丰富了页面布局的形式。在进行网站页面设计时，网页设计师可根据整个页面的布局需要灵活安排，设计出独特的、有创意的网页，如图2-9所示。

图2-8 在网页底部的导航菜单

图2-9 个性、有创意的网页底部导航

3. 布局在网页左侧

在网络技术发展初期，将导航布局在网页左侧是最常用的也是最大众化的网页布局结构，它占用网页左侧的空间，比较符合人们的视觉流程，即自左向右的浏览习惯。为了使网站导航更加醒目，更便于用户对页面的了解，在进行左侧导航设计时，可以使用不规则的图形对导航形态进行设计，也可以通过使用鲜艳而夺目的色块作为背景与导航上的文字形成鲜明的对比。需要注意的是，在进行左侧导航设计时，应随时考虑整个页面的协调性，采用不同的设计方法可设计出不同风格的导航效果，如图2-10所示。

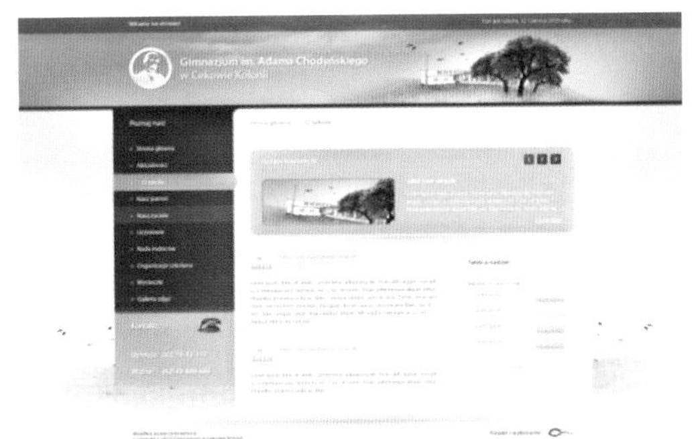

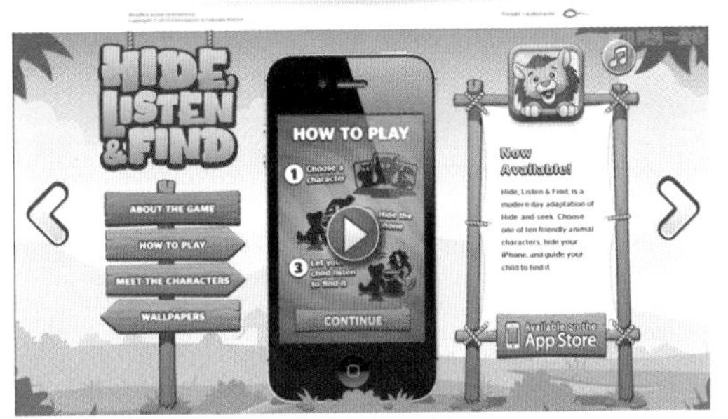

图2-10 网页左侧的导航菜单

在网站页面中，在不影响整体布局的同时，需要注重表现导航的突出性，即使网页左侧导航所采用的色彩和形态会影响右侧的内容也是没有关系的。因此，在网页设计中，采用这种左侧导航的布局结构可不用考虑怎样更好地修饰网页内容区域或构思新颖、独具创意等问题。

通常来说，左侧导航结构比较符合人们的视觉习惯，而且能够有效弥补因网页内容少而带来的网页空洞感，如图2-11所示。

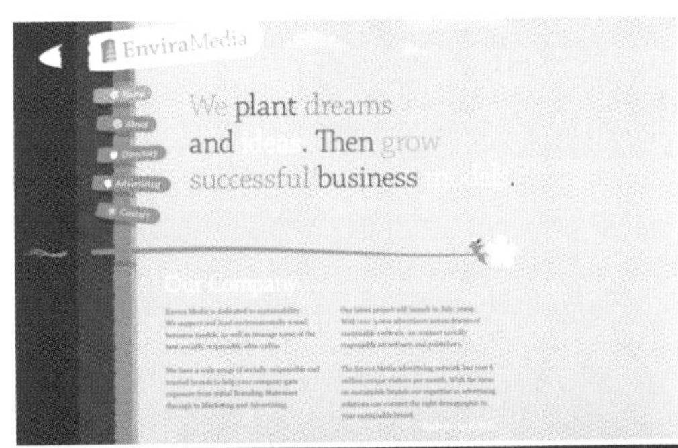

图2-11 网页左侧的导航菜单

4. 布局在网页右侧

若是在网页界面中使用右侧导航结构，那么右侧导航所蕴含的网站性质及信息将不会被用户注意到。相对于其他的导航结构而言，它会使用户感觉到不适应、不方便。但是，在进行网页界面设计时，若使用右侧导航结构，将会突破固定的网页布局结构，给浏览者带来耳目一新的感觉，从而诱导用户想要更加全面地了解网页信息，以及设计者采用这种导航方式的意图所在,如图2-12所示。采用右侧导航结构，丰富了网站页面的形式，形成了更加新颖的风格，如图2-13所示。

尽管有些人认为这种方式不会影响用户能否迅速进入浏览状态，但事实上，受阅读习惯的影响，用户并不会考虑使用右侧导航，在网页中也很少出现右侧导航。

5. 布局在网页中心

将导航布局在网页界面的中心位置，其主要目的是强调，而不是节省页面空间。将导航放在用户注意力的集中区，有利于帮助用户更方便地浏览网页内容，而且可以增加页面的新颖感，如图2-14所示。

通常情况下，将网页的导航放置于页面的中心在传递信息的实用性上具有一定

图2-12 网页右侧的导航菜单1

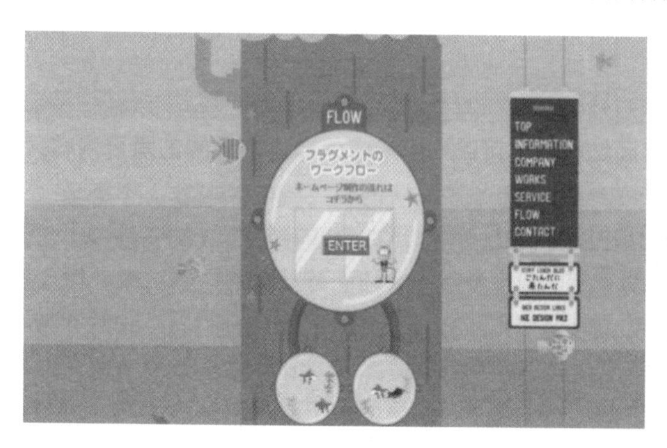

图2-13 网页右侧的导航菜单2

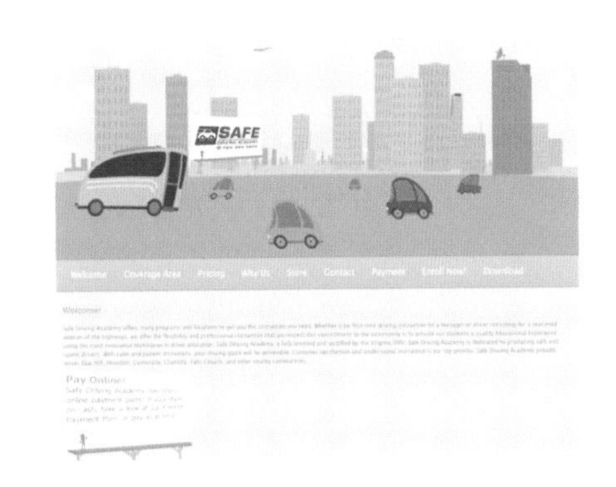

图2-14　网页中心的导航菜单1

的缺陷，在页面中采用中心导航，常常会给浏览者以简洁、单一的视觉印象。但是，在进行网页视觉风格设计时，设计者可巧妙地将信息内容构架、特殊的效果、独特的创意结合起来，使其产生同样丰富的页面效果，如图2-15所示。

三. 网站导航的视觉风格

导航设计是网页UI设计的重点。在设计网页界面时常常先从网站导航入手，网站导航的视觉风格将决定整个网页界面的风格特征，因此在设计网页界面时要格外注重导航的设计。随着网页制作水平的不断提高，越来越多的网站导航风格不断涌现，但是导航的视觉风格表现一定要和整个网站的各个页面风格保持一定的协调性。

优秀的网站导航，不仅有利于用户浏览网页内容，在第一时间内给用户最直观的信息传达，而且其不同的视觉风格表现也常常会给浏览者的心理带来不同的感受。规矩的导航表达出沉稳的特点，不规则的导航具有节奏感和韵律美，另类的导航具有新颖感，图标式的导航更加形象……总而言之，网站导航的视觉风格表现应和网页界面所体现的主体内容相一致。

1. 规矩的

规矩的网站导航风格在网页界面中比较常见，其导航形式比较单一、整齐、简洁，能够给浏览者稳定、平静的视觉感受，可以使用户非常直观地通过导航来了

图2-15　网页中心的导航菜单2

解所需内容，如图2-16所示。

2. 另类的

因人们对时尚的不断追求，越来越多另类的、新奇的网页界面风格随之产生。为了能够达到较好的视觉效果，有效地吸引受众的注意力，很多时尚动感类的网页界面多使用另类的网站导航风格，如图2-17所示。

3. 卡通的

在网页界面中采用卡通风格的导航可以给页面带来生机与活力，有效避免网页的单调和呆板。通常情况下，卡通风格的网站导航比较适用于儿童类的网页，可以完整表达出页面的主题内容，如图2-18所示。

4. 醒目的

对导航元素运用鲜明的色彩、不规则的外形以及特殊的效果等，可以使网站导航具有醒目的风格特征，丰富网页的效果，增加视觉特效，不仅可以给浏览者带来视觉上的美感，而且可以给浏览者留下深刻的印象，如图2-19所示。

5. 形象的

在网页中使用具有形象特征的导航设计，不仅可以丰富页面内容，增强网页的趣味感，而且可以给浏览者一目了然、耳目一新的感觉，这种网站导航风格在网页中比较常用，如图2-20所示。

6. 流动的

通过将线条或图形等辅助元素与导航元素相组合，能够使网站导航具有流动的风格特征，设计师在进行网页界面设计时可以巧妙地应用这一风格，对用户的视线进行引导，使用户迅速接收设计者想要传达的信息，如图2-21所示。

图2-16 规矩的网站导航

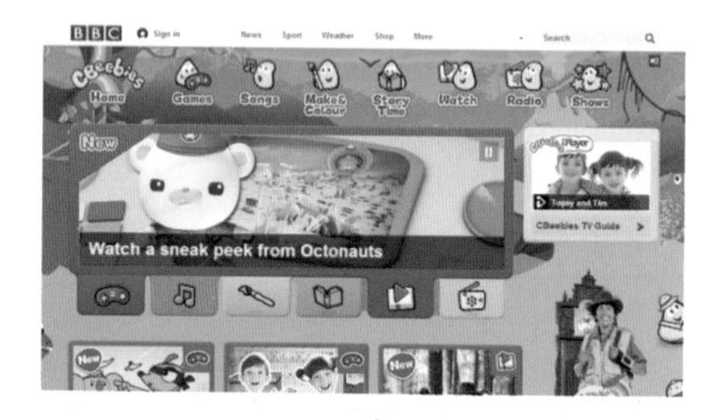

图2-17 另类的网站导航

图2-18 卡通的网页导航

图2-19 醒目的网页导航

图2-20　形象的网页导航

图2-21　流动的网页导航

7. 活跃的

在体育运动、音乐、娱乐等类型的网页中，常常用到具有活跃风格的网站导航。它可以有效地辅助页面，迅速传达信息，增加页面的动态效果，如图2-22所示。

8. 大气的

大气的导航风格在网页中也非常常用，它能够很好地与整个网站所有页面的被采整体风格相协调，而且能够节省页面空间，使页面更加整洁、更具阅读性。通常情况下，此类风格的网站导航多用于房地产、科技等类型的网站中，如图2-23所示。

9. 古朴的

古朴的网站导航风格具有非常浓厚的文化气息，典雅而有韵味，通常这类风格多用于文化艺术类网站中，如图2-24所示。

图2-22　活跃的网页导航

图2-23　大气的网页导航

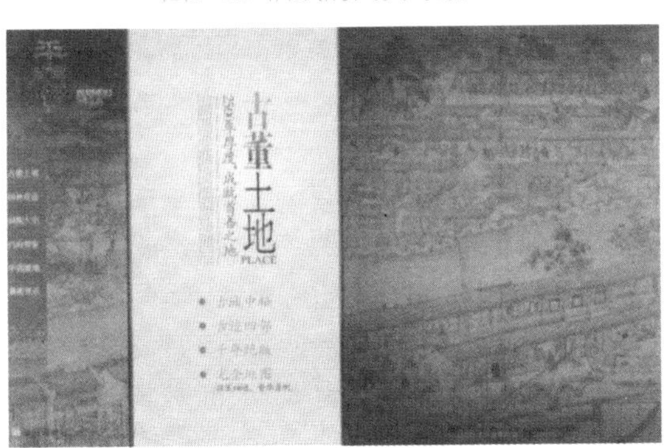

图2-24　古朴的网页导航

四、网页导航菜单设计赏析

（1）In Motion：多种颜色图标形成的菜单，如图2-25所示。

（2）ZOO：简洁的定位菜单，如图2-26所示。

（3）New Gotham：排版不错的菜单，如图2-27所示。

（4）Timberland：属于多级下拉菜单，如图2-28所示。

（5）Kenneth Cachia：简约的网站和极简单的菜单，如图2-29所示。

（6）Sparks：一个漂亮的HTML5的网站，菜单和网站色调非常搭配，如图2-30所示。

（7）New Citroen DS5：一个很好的隐藏式菜单，鼠标经过的时候菜单就会显示出来，如图2-31所示。

（8）Moment Skis：漂亮且简洁的横向菜单，鼠标移过去会有颜色变化，如图2-32所示。

（9）Carter Digital：很cool的页面设计与定位菜单配合，如图2-33所示。

（10）Divups：固定菜单和侧边导航不错，如图2-34所示。

（11）Chimp Chomp：漂亮的网页导航菜单，如图2-35所示。

（12）Analog：简约多色彩的导航菜单设计，如图2-36所示。

（13）Pongathon：漂亮的颜色，菜单具有盘旋效果，如图2-37所示。

（14）Inkling：简洁的设计配合简洁的菜单，再加一个动画背景，如图2-38所示。

（15）Keith Homemade Cakes：漂亮的布局，菜单由文字与图案组合，如图2-39所示。

图2-26 ZOO

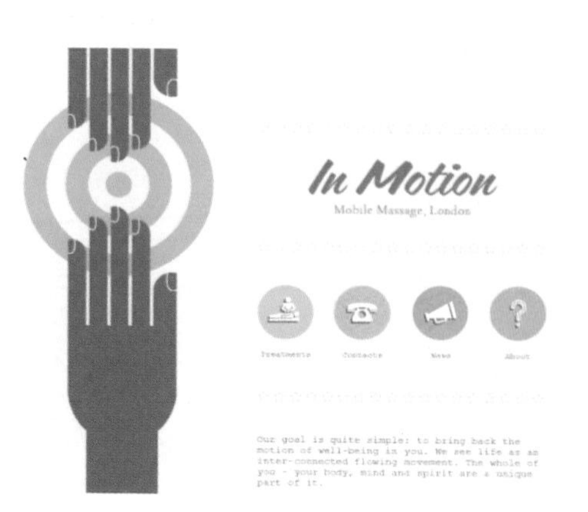

图2-25 In Motion

图2-27 New Gotham

图2-28 Timberland

图2-29 Kenneth Cachia

CORPORATE EVENTS

图2-30 Sparks

图2-31 New Citroen DS5

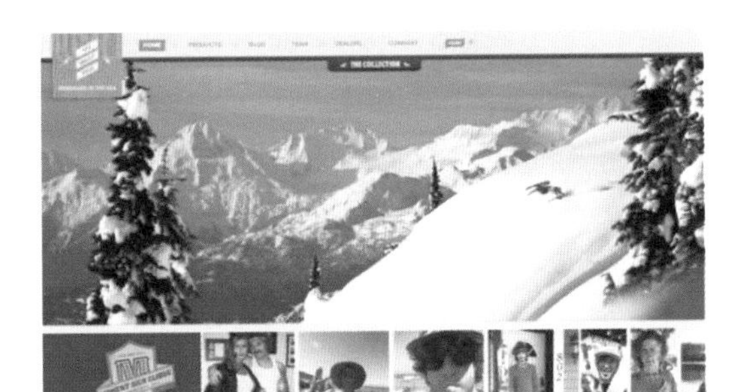

图2-32 Moment Skis

图2-34 Divups

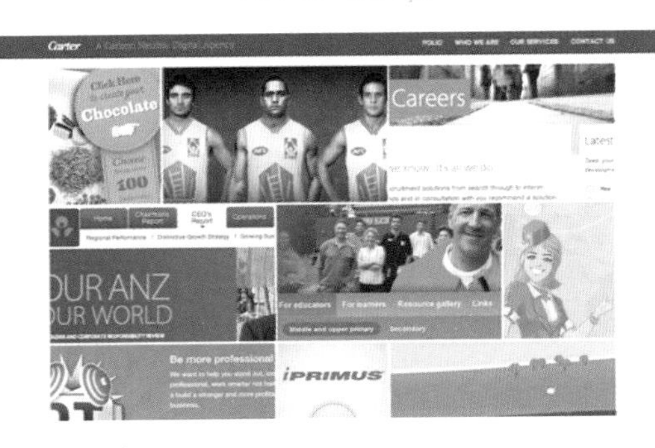

图2-33 Carter Digital

图2-35 Chimp Chomp

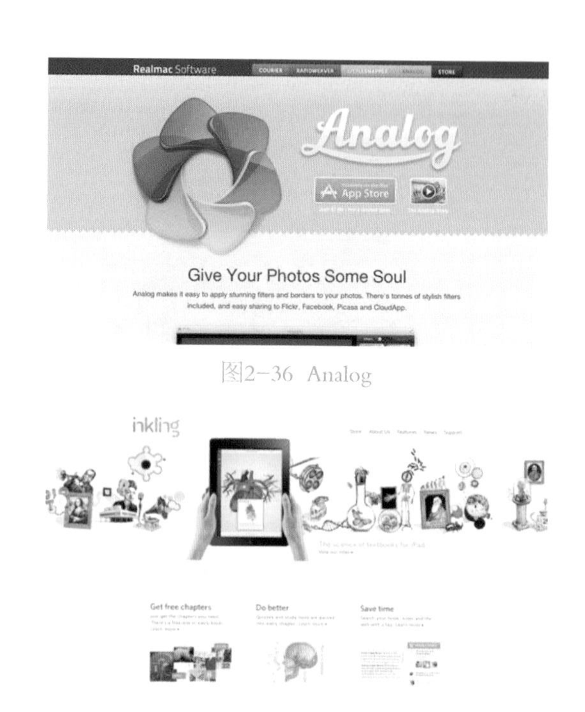

图2-36 Analog

图2-37 Pongathon

图2-38 Inkling

图2-39 Keith Homemade Cakes

小/贴/士

HTML 5是万维网的核心语言、标准通用标记语言下的一个应用超文本标记语言(HTML)的第五次重大修订版。

自1999年12月HTML标准HTML 4.01被发布后，后继的HTML 5及其他标准被束之高阁，为了推动Web标准化运动的发展，一些公司联合起来，成立了一个称作“Web超文本应用技术工作组（WHATWG）”的组织。WHATWG致力于Web表单及应用程序，而万维网联盟（W3C）专注于XHTML 2.0。在2006年，双方决定进行合作，来创建一个新版本的HTML。

HTML 5的第一份正式草案已于2008年1月22日公布。HTML 5仍处于完善之中。然而，现在大部分浏览器已经获得了某些HTML 5的支持。

第三节
网页布局与版式设计

一、网页布局

网页布局结构的标准是信息架构。信息架构是指根据最普遍、最常见的原则及标准对网页界面中的内容进行分类整理、确立标记体系与导航系统、实现网页内容的结构化，从而使浏览者更加方便、迅速地找到需要的信息。因此，信息架构是确定网页布局结构最重要的参考标准。

1. 网页布局的目的

在网页布局结构中，信息架构就像超市里各种商品的摆放方式。在超市里经常看到理货员依照不同的种类、价位将琳琅满目的商品进行摆放，这种常见的商品摆放方式有利于消费者方便、快捷地选购自己想要的商品。此外，这种整齐一致的商品摆放方式还能够给消费者带来强烈的视觉冲击，激发消费者的购买欲望。

相同的道理，信息架构的原则、标准及目的大致可以分为两类：一种是对信息进行分类，使其系统化、结构化，方便浏览者简捷、快速地了解各种信息，类似于按照种类与价位来区分商品一样；另一种是优先提供重要的信息，也就是说在不同时期重点提供可以吸引浏览者注意力的信息，从而引起符合网站目的的浏览者的关注。

2. 网页布局的操作顺序

网页布局必须能够规整、适当地传达网页信息，而且还应尽可能向浏览者提供最有效的信息，网页布局的具体内容及操作顺序可以分为以下几点：

（1）整理消费者与浏览者的观点、意见；

（2）着手分析浏览者的综合特性，划分浏览者类别并且确定目标消费人群；

（3）确立网站创建的目的，规划未来的发展方向；

（4）整理网站的内容并使其系统化，定义网站的内容结构，其中包括层次结构、超链接结构以及数据库结构；

（5）收集内容并且进行分类整理，检验网页之间的连接性，也就是导航系统的功能性；

（6）确定适合内容类型的有效标记体系；

（7）不同的页面放置不同的页面元素、构建不同的内容。

综上所述，信息架构是以消费者与浏览者的要求或意见为基准，收集、整理并加工内容的阶段，它强调可以简单、明了且有效地向浏览者传递内容和信息的所有方法。因此，在进行信息构架时，最重要的观点是浏览者和消费者的观点，这也就要求设计者需要站在消费者的立场上审视。通常情况下浏览者最容易反映出使用性，设计师要将其运用到设计作品中，如图2-40所示。

由此可见，使用性是以规划好的用户界面为主，并且用户界面的策划是在网页布局结构的基础上进行的，网页布局结构的确立则以信息架构为标准。

图2-40 网站页面的布局效果

二、常见的网页布局方式

在设计网页界面时，需要从整体上掌握各种要素的布局，只有充分地利用、有效地分割有限的页面空间，创造出新的空间并使其布局合理，方能设计出好的网页界面。在设计网页界面时，需要根据不同的网站性质及页面内容选择合适的布局形式，下面将介绍一些常见的网页布局方式。

1. “国”字形

这种结构是网页上应用最多的一种结构类型，是综合性网站页面中常用的版式，最上面的是网站的标题和横幅广告条，接下来就是网站的主要内容，左右分列小条内容，一般情况下左边是主菜单，右边放友情链接等次要内容，中间是主要内容，和左右一起罗列到底，最底端的是网站的一些基本信息、联系方式以及版权声明等。这种版面的优点是页面充实、内容丰富、信息量大；缺点则是页面拥挤、不够灵活，如图2-41所示。

2. 拐角形

拐角形布局，又称T字形布局，这种结构与上一种非常相似，就是网页上边和左右两边相结合的布局，一般右边为主要内容，所占比例较大。在实际运用中还可以改变T字形布局的形式，比如左右两栏式布局，一半是正文，另一半是图像或导航栏。这种版面的优点是页面结构清晰、主次分明、便于使用；缺点是规矩呆板，若细节、色彩不到位，很容易使浏览者感到乏味，如图2-42所示。

图2-41 “国”字形网页布局

图2-42　拐角形网页布局

3. 标题正文型

标题正文型即上面是网页标题或类似的一些内容，下面是网页正文内容，比如一些文章页面或者注册页面等都是这种类型的网页，如图2-43所示。

4. 左右分割型

这是一种左右分割的网页布局结构，通常左侧为导航链接，有时最上面会有一个小的标题或标志，右侧为网页正文内容。该类型的网页布局，结构清晰，一目了然，如图2-44所示。

5. 上下分割型

与左右分割的布局结构类似，区别只在于这是一种上下分割的网页布局结构，这种布局结构的网页，一般上面放置的是网页的标志与导航菜单，下面放置网页的正文内容，如图2-45所示。

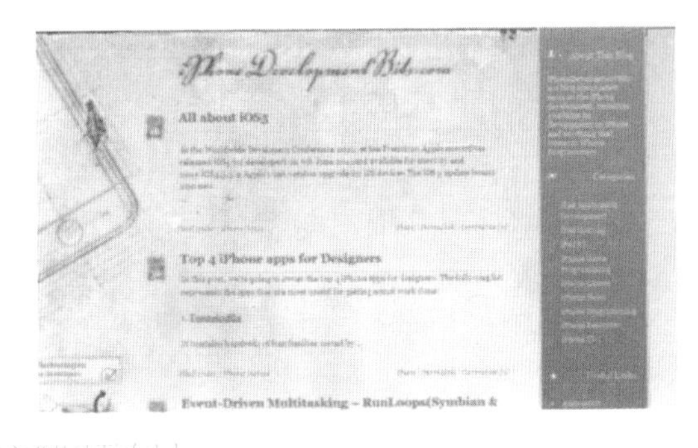

图2-43　标题正文型网页布局

图2-44　左右分割型网页布局

图2-45　上下分割型网页布局

图2-46 综合型网页布局

6. 综合型

综合型是结合左右框架型与上下框架型的网页结构布局方式，它是相对复杂的一种布局方式，如图2-46所示。

7. 封面型

这种类型基本上出现在一些网站的首页，大部分是一些精美的平面设计结合一些小的动画，植入几个简单的超链接或只是一个“进入”的超链接，甚至直接在首页的图片上进行超链接而没有任何注释。这种类型大部分出现在企业网站及个人网站的首页中，可以给浏览者带来赏心悦目的感受，如图2-47所示。

8. Flash型

其实Flash型网页布局和封面型布局结构是类似的，只是这种类型采用了流行的Flash动画。与封面型不同的是，因为Flash动画具有强大的交互表现功能，页面所表达的信息更为丰富，其视觉效果更加出众，如图2-48所示。

图2-47 封面型网页布局

图2-48 Flash型网页布局

三、网页布局方法

网站页面的布局是指将页面中各个构成元素，例如文字、图形图像、表格菜单等在网页浏览器中进行规则、有效的排版，并且从整体上调整好页面中各个部分的分布和排列。在对网页界面进行设计时，需要充分并且有效地对有限的空间进行合理的布局，从而制作出更好的页面。

1. 网页布局设计

网页布局设计是一个网站页面展现其美观、实用的最重要的方法。网站页面中的文字或图像等一些网页构成要素的排列是否协调，决定了网页给浏览者的视觉感受及页面的使用性，因此，怎样才能让网页看起来美观、大方、实用，是设计师在进行页面布局设计时首先需要考虑的问题。

在进行网页布局设计时需要多参考优秀的网页布局方式，在仔细观察那些布局方式的同时征求一下别人的建议，将丰富多彩的页面内容在有限的空间里用最好的方式展示出来，如图2-49所示。

2. 网页布局特征

在网页布局设计中，需要考虑到网页界面的使用性以及是否能够准确、快捷地传达信息。此外，还要考虑到网页界面视觉上是否具有美感及结构形态的设计是否合理等因素，不但要突出各个构成元素的特性，还需兼顾网页整体的视觉效果。在充分考虑网站的目的、性质以及浏览者的

图2-49 出色的网页布局设计

使用环境等因素的基础上再注入设计师自己独特的创意思想，这样即可创建出一个好的页面布局。

网页布局的难点在于每个浏览者的使用环境不尽相同，网页存在太多的变数，一般的设计无法胜任，因此，能否有效地处理这种情况，在对网页进行布局设计时格外重要。

如图2-50所示，分辨率为1024×768（像素）的网页界面较为方正，而分辨率为1280×800（像素）的网页界面则呈宽屏显示。虽然分辨率发生变化，该网页中内容的展现却没有任何问题，这就要求网页设计者在对网页布局进行设计时要考虑到用户使用环境的多样化。

3. 网页布局原则

网页布局的原则包括协调、一致、流动、均衡、强调等。

（1）协调：将网站中的每一个构成要素有效地结合起来，呈现给浏览者一个既美观、又实用的网页界面。

（2）一致：网站整个页面的构成部保持统一的风格，使其在视觉上整齐一致。

（3）流动：网页布局的设计可以让浏览者凭着自己的感觉走，并且页面的功能能够根据浏览者的兴趣链接到其感兴趣的内容上。

（4）均衡：将页面中的每个要素有序地进行排列，并且保持页面的稳定性，适当增加页面的使用性。

（5）强调：在不影响整体设计的情况下，用色彩间的搭配或留白的方式，将页面中想要突出展示的内容最大限度地展现出来，如图2-51所示。

此外，在进行网页布局设计时，还需要考虑到网页界面的醒目性、创造性、

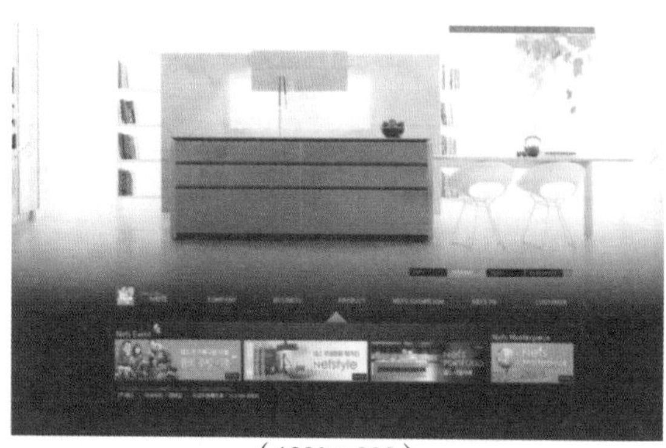

（1280×800）

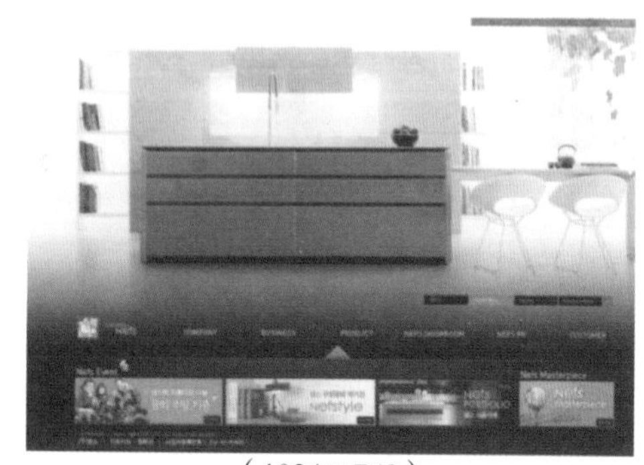

（1024×768）

图2-50 网站页面在不同分辨率下的显示效果

图2-51 精美的网页布局设计1

造型性、可读性以及明快性等特点。

（1）醒目性：吸引浏览者的注意，并且引导其对该页面中的某部分内容进行查看。

（2）创造性：让网页界面更加富有创造力及独特的个性特征。

（3）造型性：使网页界面在整体外观上保持平衡与稳定。

（4）可读性：网页中的信息内容简洁、易懂。

（5）明快性：指网页界面能够准确、快捷地传达页面中的信息内容，如图2-52所示。

四、网页形式的艺术表现

平面构成的原理已经广泛应用在不同的设计领域，网页界面设计领域也不例外。在设计网页界面时，运用平面构成原理可以使网页效果更加丰富。

1. 分割构成

在平面构成中，把整体分成部分，称为分割。在日常生活中这种现象随处可见，如房屋的吊顶、地板均构成了分割。下面介绍几种网页中常见的分割方法。

（1）等形分割：这种分割方法要求形状完全一样，若分割后再对分割界线加以取舍，会有良好的效果，如图2-53所示。

（2）自由分割：这种分割方法是不规则的，将画面自由分割，不同于数学规则分割产生的整齐效果，比较随意，给人活泼不受约束的感觉，如图2-54所示。

2. 对称构成

对称具有较强的秩序感，可以只局限于上下、左右或反射等几种对称形式，但会显得单调乏味。因此，在设计时要在几种基本形式的基础上灵活应用。

（1）左右对称：左右对称是平面构成中最常见的对称方式，该方式能够将对立的元素平衡地布置在同一个平面中，如图2-55所示，该页面采取左右对称结构，给人很强的视觉冲击。

（2）回转对称：回转对称给人一种对称平衡的感觉，使用该方式布局网页，既能够打破导航菜单单一的长条制作方法，又能够从美学角度使用该方法平衡页面，如图2-56所示。

图2-52　精美的网页布局设计2

图2-53 等形分割

图2-54 自由分割

图2-55 左右对称

图2-56 回转对称

五. 平衡构成

1. 对称平衡

若想要网页看上去美观、优雅，就应该做一个对称网站。这种效果很容易通过类似对象的中心轴线的任意一侧来完成。通过相同的尺寸对基于网格的文本段落，或是具有匹配文本相片的图像进行说明。这里有两个遵循这一格式的网站设计实例。

（1）Mount Barker High School，如图2-57所示。

（2）Wonder Bread Ballon，如图2-58所示。

新手可以尽量多运用白色，直到有足够的能力创造自己的设计。因此大多数人都喜欢干净、简洁且完美对称的网页，但是一些别出心裁的设计师会采用更加新颖的、更复杂的设计布局。

2. 不对称平衡

不对称平衡带来一种自由随意的感觉。虽然有时候看上去不是那么自然，但是它还是经常在网页设计中得到应用。不对称平衡常常将一些大的高清图片作为页面背景，主体远离了中心轴线，目的是将更醒目的标题留在中间。不对称平衡的网站设计实例如下。

（1）Orangina European Site，如图2-59所示。

（2）The Enterprise Foundation，如图2-60所示。

不对称平衡设计的主要目的是使主体移位到左边或右边（或顶部或底部）。因此，若是决定要用不对称功能，应该准备好多次的试验，以免混淆网站的访问者。不论什么类型的对称，核心就是要让整体平衡。

3. 水平平衡

水平平衡是网页最经典的页面布局。大多数人都习惯从左向右阅读，因此左右布局也是最自然的一种布局方式。这是最经典的一种布局设计，若客户比较传统，那么设计也应该简单明了。案例参见Business Accessorie，如图2-61所示。

4. 垂直平衡

垂直平衡用于顶部与底部元素非常相似的情形。这样的布局常常用于小图片的展示，比如下面的例子。

（1）Portfolio by RyanM. Stryker，如图2-62所示。

（2）Paradox Labs，如图2-63所示。

平衡是网页设计中最重要也是最容易忽略的因素。视觉上的平衡能够通过对界面元素的布局来调和，例如选择最合适的配合，调整元素的大小和位置。有的时候，也需要大胆创新，不应拘泥于传统。

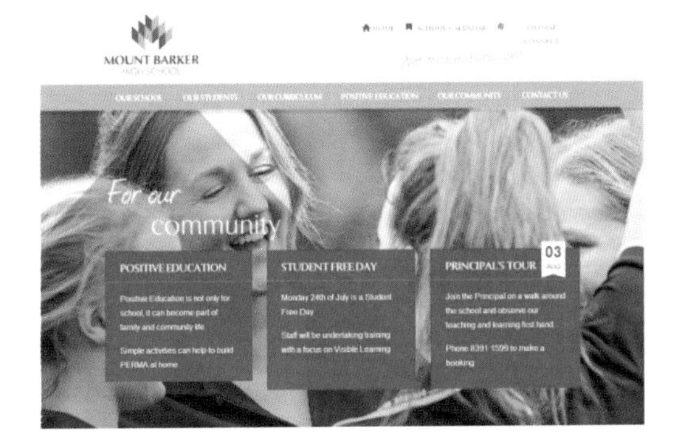

图2-57 Mount Barker High School

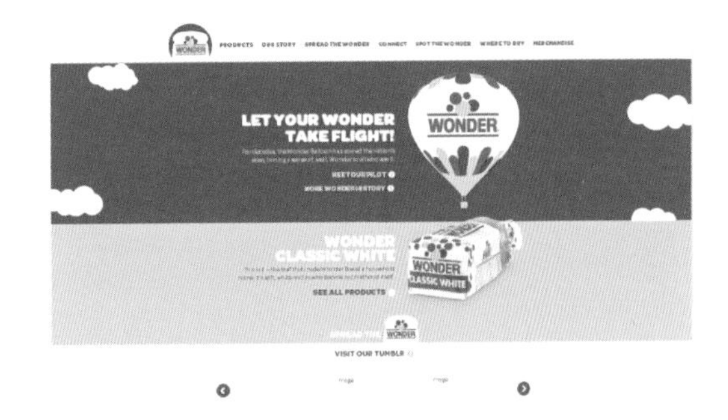

图2-58 Wonder Bread Ballon

图2-59 Orangina European Site

图2-60 The Enterprise Foundation

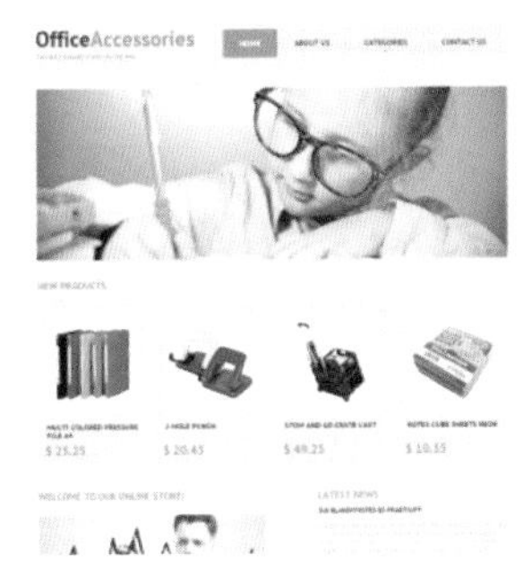

图2-61 Business Accessorie

图2-62 Portfolio by Ryan M. Stryker

图2-63 Paradox Labs

六、网页界面设计风格

在网页界面设计中，大众化的网页界面布局形态是比较常用的。它注重文本信息的快速传递以及方便用户熟练地使用网页所提供的功能。独特的、有创意的个性化网页界面布局不但可以增加界面的新颖感与趣味感，而且给浏览者耳目一新的感觉。

1. 大众化设计风格

目前网络上各种类型的网站类似于现实生活中的一些建筑物，虽然在规模上会有较大的区别，但是，从外观上来看却具有相似性。大众化布局形态的网页与其类似，网页的规模可能会存在很大的差别，但外观相似。

大众化网页界面布局形态具有传达大量文本信息的优势，常用在一些搜索、专业门户、购物等内容较多的功能型网站中。大众化网页界面布局形态就是指忠实于快速传达信息的网页界面布局类型，它主要是通过应用相似的界面布局结构和形态给用户留下熟悉而深刻的印象。这样就可以方便用户对网页的使用。然而，其在表现独特性和创意性方面缺少了自身特色的，如图2-64所示。

大众化网页界面并不是一种外观上普通、设计标准相同的网页界面布局类型。它同样能够根据设计要素的策划和表现，设计出低档、高档、幼稚、成熟等多种风格的网站。所以，在进行网页界面设计时，为了有效地提高网站的整体水平与质量，要求设计师对表现网页界面的各种要素进行细致的设计策划，同时保持网页界面整体的连贯性，给人以成熟感，如图2-65所示。

2. 个性化设计风格

具有个性化的网页指界面在布局外观及结构形态上能够表现出一种独特性、新颖性的风格的网页。可通过这种网页去把握设计师所设计的具有个性化外观形态的网站的意图。

在设计个性化网页时，首先，设计师应从企业或产品的经营发展理念出发，深入理解所需要表达的主题内容，隐喻所确定的象征物形态并且类推出几何学的线条和形态。其次，设计具有差别化的网页布局形态。在设计的过程中，可以按照设计师的意图和表现策略，不断进行尝试，以

图2-64 大众化网页界面1

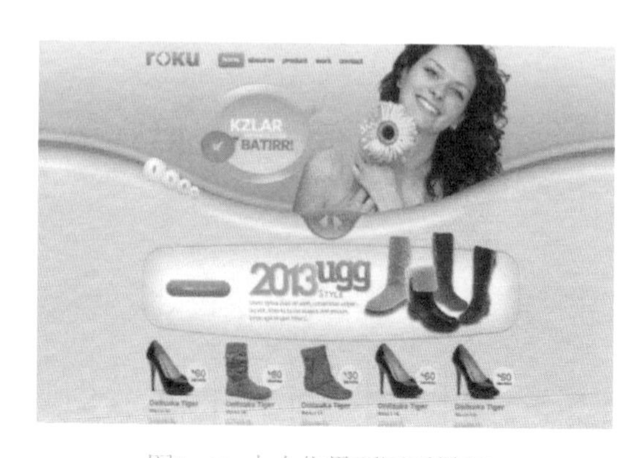

图2-65 大众化界面网页界面2

设计出具有多样化的网页布局形态的网站。此外，还需要考虑的是这种布局形态是否符合网站的性质，以及在审美上能否达到一定的协调性，如图2-66所示。

图2-66 个性化的网页界面布局设计

第四节 网页UI配色

一、色彩理论

1. 颜色（图2-67）

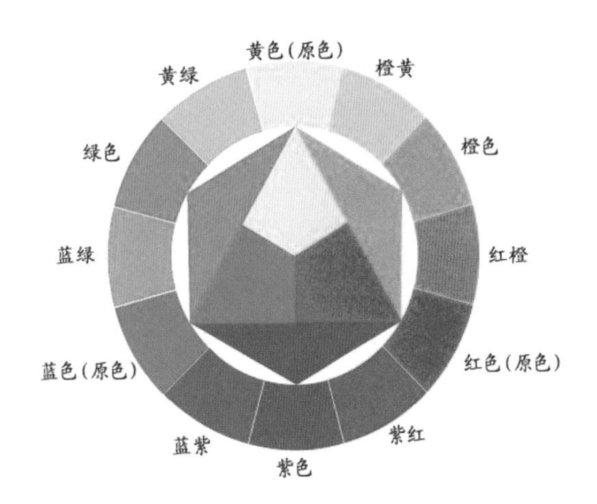

图2-67 颜色

在设计领域，颜色是特别主观的一样事物。某种颜色会唤起某人的情绪反应，但是相同的颜色对于另外一个人而言，唤起的可能是另一种完全不同的情绪反应。颜色理论是自成体系的一门学科。一些人的工作就是研究颜色是怎样影响不同人（个体或者群体）的。有时，像改变颜色的色调或是饱和度这样小的调整都可能给人带来完全不同的感受。

色调（hue）是最基本的颜色术语，一般用来表示物体的颜色。设计的色调可用来给网站的访问者传递重要信息。

色度（chroma）是指颜色的纯度。

饱和度（saturation）是指某一色调在特定的光照条件下是怎样呈现的，可以把饱和度看成是色调的强与弱、浊与清。

明度（value）也被称作亮度，它是指颜色的暗或明。

当灰色加入到一个色调中时，就产生了色值（tone），色值要比纯的色调柔和或是暗淡些；当黑色加入到一个色调中时，就产生了暗色泽；当白色加入到一种色调中时，就会形成浅色泽。

图2-68 暖色

（1）暖色（warm colors，如图2-68所示）:包括红、橙、黄以及这三种颜色的变种。分别是烈焰、落叶以及日出、日落的颜色，它们往往象征着活力、激情和积极。

红和黄这两种颜色属于三原色，而橙色则处于两种颜色之间，这意味着红色与黄色是真正的暖色，无法通过混合一种暖色和冷色获得。在设计中可使用暖色来体现出激情、快乐、热忱和活力等。

①红色（原色，如图2-69所示）：一种非常强烈的颜色，让人联想到烈焰、暴力、战争等，它也使人联想到爱与激情。在古代，它既和恶魔有关，也和爱神丘比特有关。实际上红色会给人带来身体上的反应，如提高血压和呼吸频率，也有资料表明它可以加快人体的新陈代谢。红色和愤怒有关，也与盛大的事件有关。红色同样预示着危险，这就是交通灯和标志使用红色的原因，大多数警告标志都是红色。

图2-69 红色

在中国，红色象征着繁荣和幸福，它用于谋求幸运的降临。在其他一些东方文化中，红色是结婚日新娘着装的颜色。不过在南非，红色则是丧服的颜色。红色也和共产主义有关。因红十字会的宣传，在非洲，红色已经成为艾滋病防治的标志色。

图2-70 暗红色的运用

在设计中，红色是一种很重的色彩，若是在设计中使用过多，会产生一种压倒性的感官效果，特别是使用纯红色时。如果设计师想在设计中添加力量和激情的感觉，红色就是一种非常不错的颜色。不过浅红更能够体现活力，而深红则更能体现力量和优雅的一面。

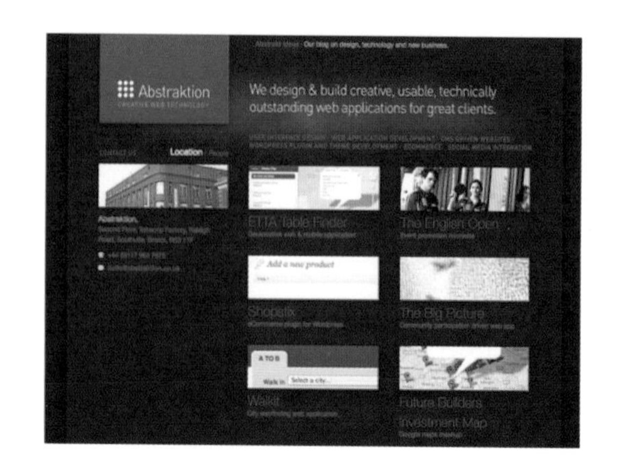

图2-71 红色调的运用

下面介绍几个跟红色有关的设计案例。

A.作品中的暗红色使得这个站点优雅又具有力度，如图2-70所示。

B. 真正的红色调在黑色背景反衬中非常显眼，使得网站高端而富有力度，如图2-71所示。

C.网站中鲜红色的高亮区有一种充满活力与运动的感觉，如图2-72所示。

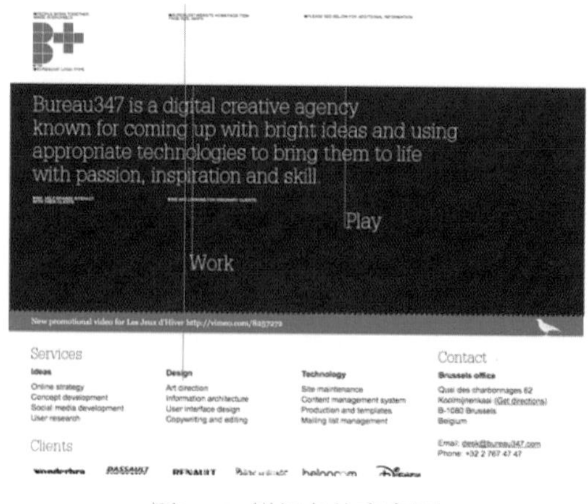

图2-72 鲜红色的高亮区

D. 因为混用了格郎基元素（grunge），这个网站上的暗红色看起来更像是血的颜色，如图2-73所示。

E. 当暗红色与白色或是灰色结合使用时，会给人一种非常优雅和专业的印象，如图2-74所示。

②橙色（合成色，如图2-75所示）：一种充满生机与活力的颜色。柔和的橙色让人联想到大地和秋色。因为它与季节的变换有关，橙色通常用来表现变化和运动的感觉。

因为橙色与同名的水果有关，它也让人联想到健康与活力。在设计中，橙色不像红色那样强烈，但也能抓住观众的注意力。通常认为橙色更友善和诱人，不像红色那样具有挑衅性。

下面介绍几个关于橙色的设计案例。

A. 橙色在这里的用法最为常见，用来代表火焰，如图2-76所示。

B. 当深橙色抵消了酸橙绿，这种颜色便担当起一种中立的底色，如图2-77所示。

C. 用橙色来烘托友好而诱人的印

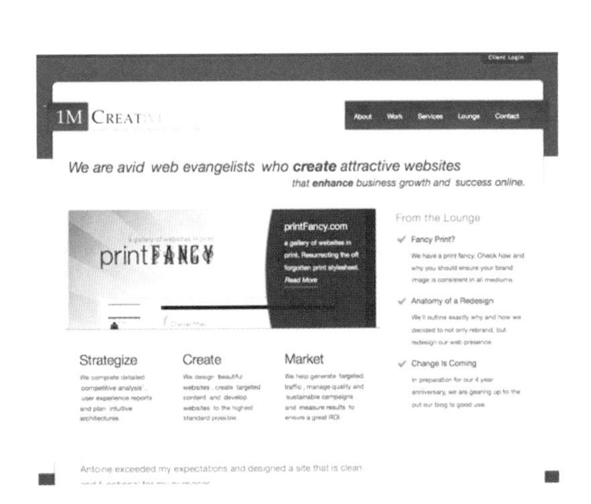

图2-74 暗红色与其他颜色的结合

图2-75 橙色

图2-76 橙色代表火焰

图2-73 格朗基元素混用

图2-77 深橙色成为中立底色

象，如图2-78所示。

D. 橙色高亮区极大地吸引了眼球，并将读者的注意力吸引到行动呼吁上来，如图2-79所示。

③黄色（原色，如图2-80所示）:被认为是最明亮、最具活力的暖色。它让人联想到快乐与阳光，不过，黄色也与欺诈和懦弱有关。黄色也和希望有关，在一些国度里，有亲人参军打仗的家里会挂有黄丝带。黄色也与危险有关，不过没有红色那么强烈。在一些国度，黄色的意义完全不同。比如：在埃及，黄色是奔丧的颜色；在日本，则代表勇气；在印度，黄色是商人的颜色。

在设计中，鲜黄色能够增添快乐和愉悦感觉。柔和的黄色往往用作婴儿和小孩的中性色（相对蓝色或者粉红色）。淡黄色相对鲜黄色而言给人一种更为内敛的快乐感受。深黄色和金黄色有时很有古韵，当需要营造一种永恒的感觉时，即可使用这种颜色。

下面介绍几个关于黄色的设计案例。

A. 网站上鲜黄色的页眉和图片给网站增添了一种活力和积极向上的感觉，如图2-81所示。

B. 在页眉中，浅黄色是作为一种中性色使用的，配上手画的插画，给人一种非常愉悦的感受，如图2-82所示。

C. 浅黄色的高亮区将观众的注意力带向了网站最重要的一个部分，如图2-83所示。

D. 鲜黄色的向日葵让网站的访客想起夏日，结合土黄色的背景，给人一种自

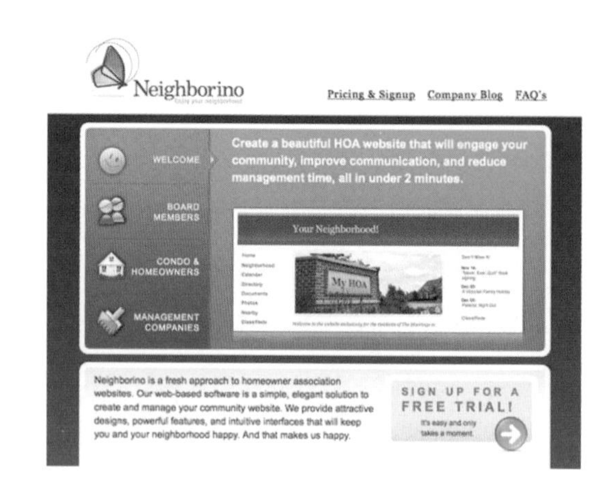

图2-78 橙色的运用

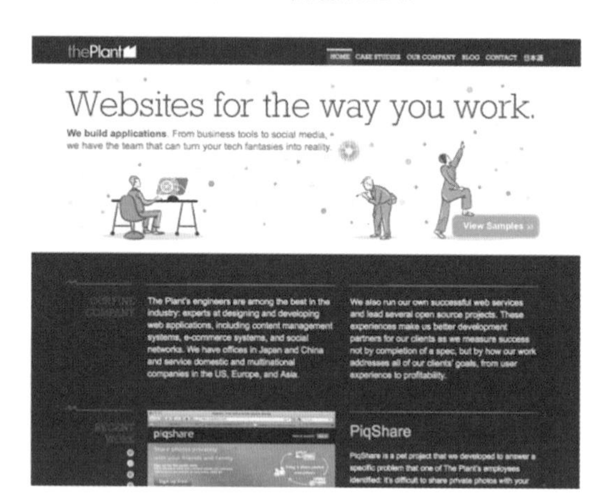

图2-79 橙色高亮区

图2-80 黄色

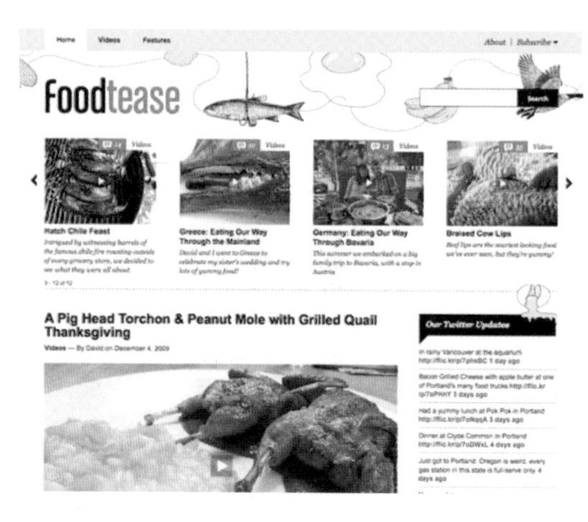

图2-81 鲜黄色的页眉和图片

在可靠的感觉，如图2-84所示。

E.页眉的鲜黄色给设计作品增添了一些活力，如图2-85所示。

（2）冷色（cool colors，见图2-86所示）:包括绿色、蓝色和紫色，相对暖色，强度要弱一些。它们是夜、水以及自然的代表颜色，通常给人的感觉是舒缓、放松、有点冷淡。

蓝色是冷色系中唯一的原色，这意味着其他颜色是由蓝色混合某种暖色形成的（混合黄色得到绿色，混合红色得到紫色），绿色继承了黄色的一些属性，然而紫色则继承了红色的一些属性。在设计中使用冷色可以营造一种冷静或专业的感觉。

①绿色（合成色，如图2-87所示）:一种非常务实的颜色。它象征着新的开始和成长。它也意味着新生和富饶。此外，

图2-82　浅黄色的页眉

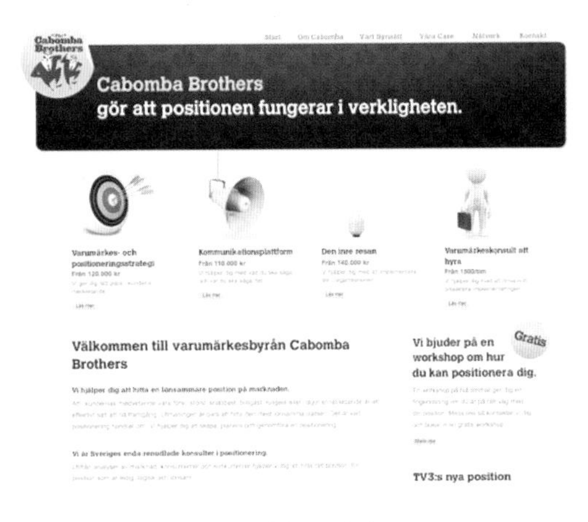

图2-83　浅黄色的元素

图2-84　鲜黄色的向日葵

图2-85　鲜黄色的页眉

图2-86　冷色

图2-87　绿色

绿色也可表示嫉妒、猜忌和缺乏经验。绿色继承了蓝色所具备的平静的属性，同时它也吸收了一些黄色的活力。在设计中，绿色有一种平衡与协调的效果，并且很稳定。对于与财富、安定、新生以及自然相关的设计，绿色非常合适。亮绿色更具活力和生机，橄榄绿更多表示自然界，而暗绿色则是富饶的最典型代表。

下面介绍几个关于绿色的设计案例。

A. 网站上使用的柔和的绿色给浏览者一种非常实在、自然的感受，如图2-88所示。

B. 网站翠绿色的页眉配合绿叶的装饰给浏览者一种自然活泼的感受，如图2-89所示。

C. 网站偏橄榄色的绿色给人带来一种大自然的质感，非常契合网站的主题，如图2-90所示。

D. 网站复古风格的翠绿色给浏览者一种清晰而又充满活力的感受，如图2-91所示。

E. 这是另一个非常有自然清新感觉的橄榄绿网站，如图2-92所示。

②蓝色（原色，如图2-93所示）:在英语中，蓝色往往与忧伤有关。蓝色也广泛用来象征冷静与责任。浅蓝色有一种非常清新以及友好的感觉，而深蓝色则更多地表示可靠和力度。蓝色也与和平有关。在某些文化中，蓝色有灵魂和宗教上的寓意（如圣母玛利亚常会被描绘成身着蓝色的长袍）。

蓝色的含义很大程度上取决于色调与暗色泽。在设计中，蓝色的暗色泽会影响

图2-88 柔和的绿色

图2-89 翠绿色的页眉

图2-90 偏橄榄色的绿色

图2-91 复古风格的翠绿色

图2-92　橄榄绿网站

图2-93　蓝色

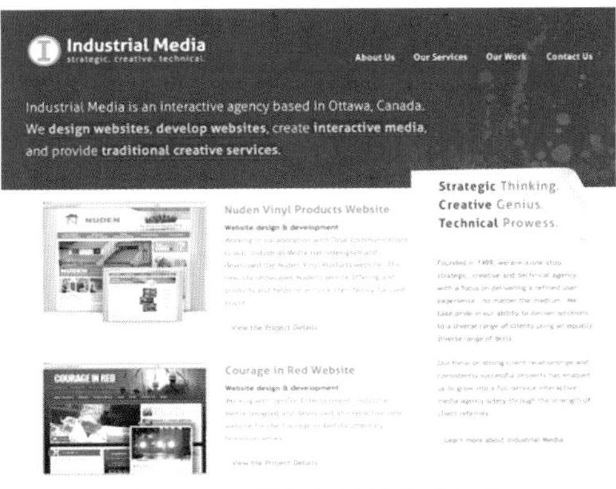

图2-94　深蓝色的运用

图2-95　深蓝色和浅蓝色的运用

图2-96　天蓝色的网站

图2-97　浅蓝色的网站

作品给人的感受。浅蓝色一般表示放松和平静；亮蓝色通常表示活力和清新；深蓝色非常适用于公司类型的网站，这类场合的感染力与可靠性是很重要的。

下面介绍几个关于蓝色的设计案例。

A. 深蓝色给人一种可靠的感觉，而亮蓝色与浅蓝色则不会给人稳重的感觉，如图2-94所示。

B. 网站的深蓝色给人一种非常专业的感受，当结合白色背景时，更是如此，而浅蓝色则给网站增添了一丝趣味，如图2-95所示。

C. 网站的天蓝色给人一种年轻、时尚的感觉，浅红色高亮区则进一步强调这一点，如图2-96所示。

D. 网站柔和的浅蓝色给人的第一印象是放松与平静，如图2-97所示。

③紫色（合成色，如图2-98所示）：一直以来，紫色均与高贵有关。它是红色和蓝色的合成色，具有这两种颜色的一些属性。它也与创造力及想象力有关。

在泰国，紫色是寡妇的葬服色。深紫

图2-98 紫色

色往往与财富和忠诚有关；浅紫色淡则更多地让人想到春天与浪漫。

下面介绍几个关于紫色的设计案例。

A. 这里用的紫色让人想到高贵，如图2-99所示。

B. 这里所用的浅紫色及中度紫色很好地传达出了创造力的感觉，如图2-100所示。

C. 网站上亮紫色和红紫色的色调使网站具有一种富有和活力的外观，如图2-101所示。

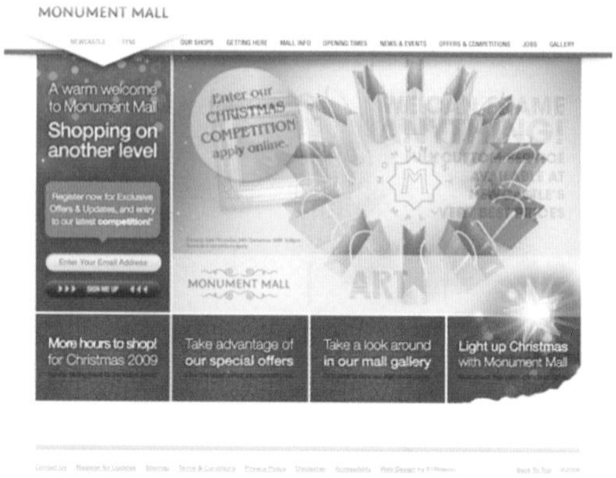

D. 暗紫色的背景使得整个网站富有创造性，如图2-102所示。

E. 网站上暗紫色的高亮区给人一种奢华及精致的感觉，如图2-103所示。

（3）中性色（图2-104）：一般用作设计作品的背景色。中性色通常和亮色混用。不过也可在设计中单独使用，制作出老道的布局来。中性色的含义及其给人的影响极易受到周围暖色和冷色的影响。

①黑色是最强烈的中性色，如图2-105所示。从好的方面看，它与力量、高雅、严谨有关；从坏的方面看，它与邪恶、死亡有关。黑色是很多西方国家的葬礼色。在一些文化中，它和叛乱关系紧密，并且也与万圣节和玄学有关。黑色往往用在一些前卫和高雅的设计作品中。它可以很保

图2-99 紫色的运用

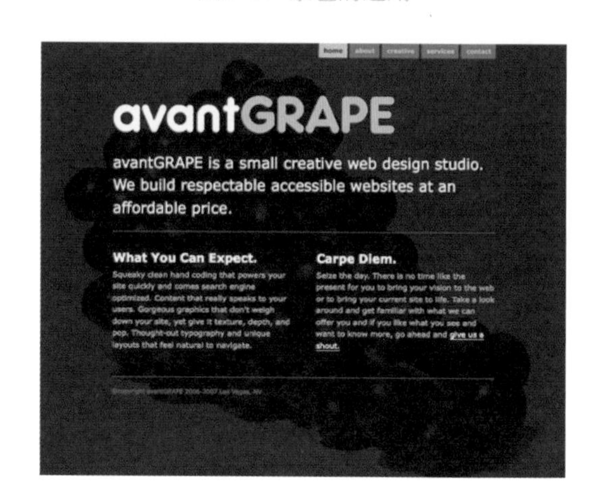

图2-100 浅紫色和中度紫色的运用

图2-101 亮紫色和红紫色的运用

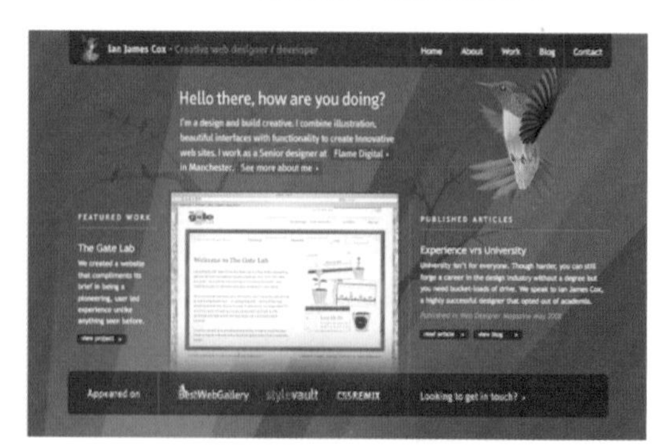

图2-102 暗紫色的背景

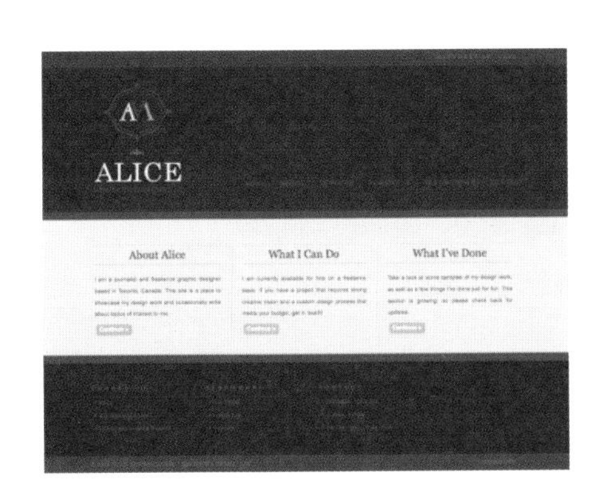

图2-103 暗紫色的高亮区

图2-104 中性色

图2-105 黑色

守，也可以很现代，可以很传统，也可以做到不落俗套，这主要取决于和它搭配的颜色。由于它的中立性，在设计中，黑色一般都是字体排版及其他功能模块的颜色。黑色可以很容易传达出一种老练及神秘的感觉。

下面介绍几个关于黑色的设计案例。

A. 黑色的高亮区搭配亮色和深褐色的背景，使整个设计作品具有一种前卫的外观，如图2-106所示。

B. 混合冰蓝色的黑色看起来也带有寒意，如图2-107所示。

C.令人满足且充满愉悦性的绿色柔和了黑色的冷硬，创造了一种踏实、平静的安详感，如图2-108所示。

D. 黑色的高亮区给网站增添了老练与现代的气息，如图2-109所示。

②白色。在光谱上，黑色的另一头就是白色，不过跟黑色一样，它可以与其他任何颜色搭配。白色往往与纯洁、干净、贞操联系起来。在西方，白色通常是新娘礼服的颜色。它还与医疗行业有关，尤其是跟医生、护士有关。白色也与上帝有关，天使就被人认为是身穿白色衣服的。

在设计中，白色往往作为中立的背景，可以使设计作品中的其他颜色有更重的分量。它也可以用于传达简洁的理念。在极简约风格的设计中，白色用得最多。

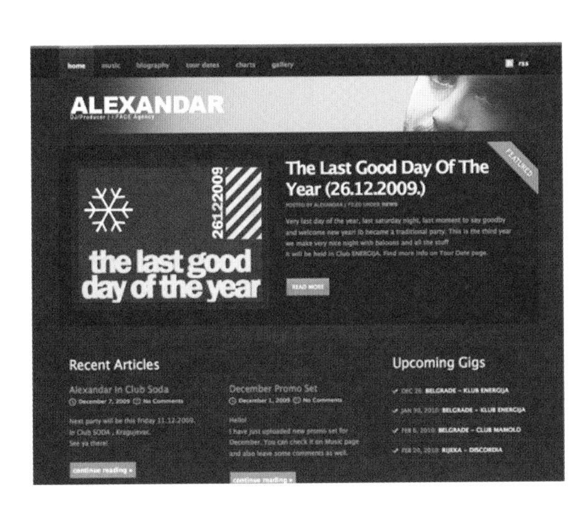

图2-106 黑色的高亮区 1

图2-107 混合冰蓝色的黑色的运用

图2-108　绿色柔和黑色

图2-109　黑色的高亮区2

在设计中，白色可以用来表示冬天或是夏天，具体取决于白色周围的设计图案及颜色。

下面介绍几个关于白色的设计案例。

A. Fuelhaus网站的白色用来与铁蓝色形成对比，如图2-110所示。

B. 在极简约设计风格的网站中，白色背景是非常常见的。相对于黑色的字体排版，白色能获得非常出色的对比，如图2-111所示。

C. 白色被当作强调色用，从而让网站的整体效果变得柔和，如图2-112所示。

D. 白色混合灰色使得设计作品柔和而洁净，如图2-113所示。

③灰色是一种中立色，如图2-114所示，位于光谱冷色区一端。有时，灰色使人联想到忧郁或压抑，在一些设计中常用浅灰色取代白色，用深灰色取代黑色。

灰色往往会显得保守和正式，不过也可以显得很现代。在公司的设计作品中背景经常用到，给人正式及专业的感觉。它也可以是一种非常深奥的色彩。纯灰色是黑色的暗色泽，而其他灰色则有蓝色或是褐色混入其中。

下面介绍几个关于灰色的设计案例。

A. 浅灰色给设计带来一种平缓而安静的感觉，如图2-115所示。

B. 这里浅灰色给排版增添了现代

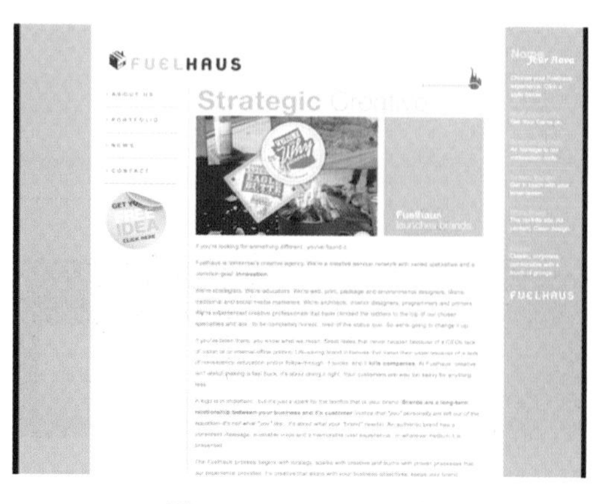

图2-110　Fuelhaus网站

图2-111　白色背景

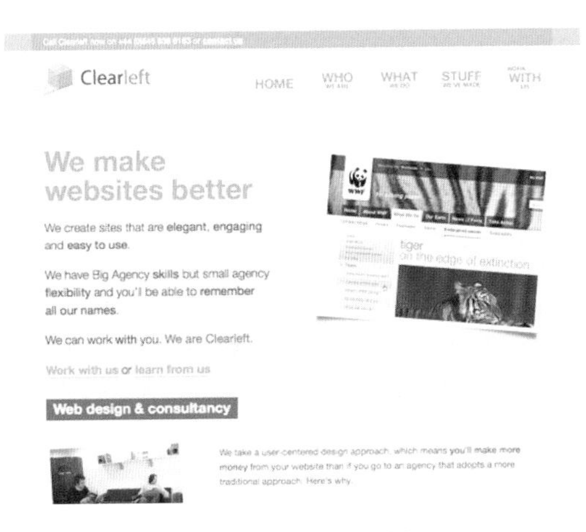

图2-112 白色的运用1

图2-113 白色的运用2

图2-114 灰色

图2-115 浅灰色的运用1

感，如图2-116所示。

C. 网站上的冷灰色给人一种现代且精致的感觉，如图2-117所示。

D. 深灰色的背景与浅灰色的排版色给设计带来一种鲜明的现代感，如图2-118所示。

E. 设计中广泛使用的各种灰色泽给网站的设计带来一种老练而专业的外观，如图2-119所示。

④褐色，如图2-120所示。

褐色往往与大地，树木和岩石扯上关系。它是彻头彻尾的自然色与暖系中立色。因其坚定和质朴的性质，褐色也与信赖及可靠联系起来。它也可以被视作迟钝无趣。

在设计作品中，褐色通常都用作背景色。这种颜色在木质纹理和石质纹理中很常见。它可以给设计带来温暖和健康的感觉。有时也用深褐色来取代黑色，用作背景色或是字体色。

下面介绍几个关于褐色的设计案例。

A. 这里运用的灰褐色给人一种可靠、值得信赖的感觉，如图2-121所示。

图2-116 浅灰色的运用2

图2-117 冷灰色的网站

图2-118 深灰色和浅灰色的运用

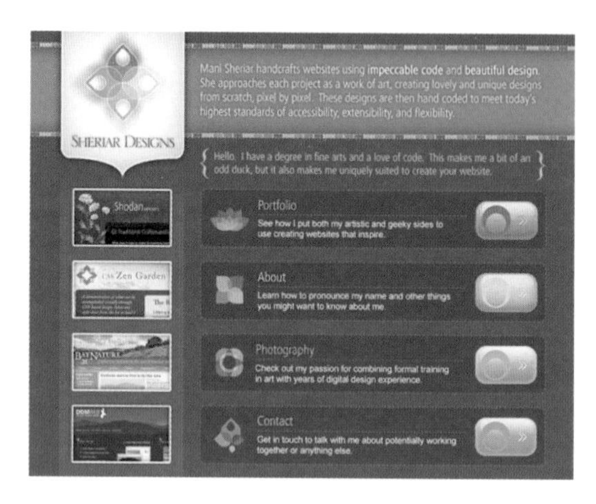

图2-119 灰色泽的运用

B. 这里的橙褐色给人一种踏实而可靠的感觉，如图2-122所示。

C. 背景中用到的深褐色给设计带来一种朴实、稳固的感觉，让其中的浅色真正突显出来，如图2-123所示。

D. 木纹理褐色的一种常用用法，在这里，暖褐色给极简约设计风格的网站增加了一些亲切感，如图2-124所示。

E. 灰褐色的背景在这里给人一种可靠且脚踏实地的感觉，如图2-125所示。

（5）米黄色和茶色。在色谱上，米黄色具有特殊性，它既可以带有暖色值也可以带有冷色值，这取决于它附近的颜色。它带有褐色的暖色质与白色的冷色质。在通常情况下，米黄色是保守色，也可以用来象征虔诚。

在设计中，米黄色往往用作背景，在以纸张材质做素材的背景中，这种色彩非常常见。它会呈现出周围颜色的特质。它在设计作品中与其他颜色搭配使用，极少会影响到设计作品给人的最终印象。

下面介绍几个关于米黄色和茶色的设计案例。

A. 因为周围的亮色，这里的淡茶色

图2-120 褐色

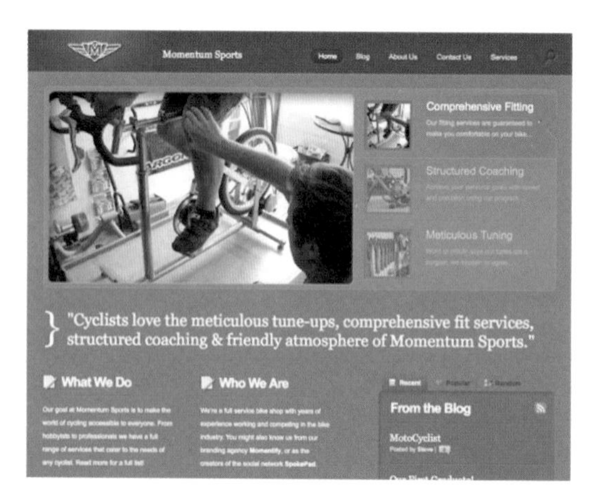

图2-121 灰褐色的运用

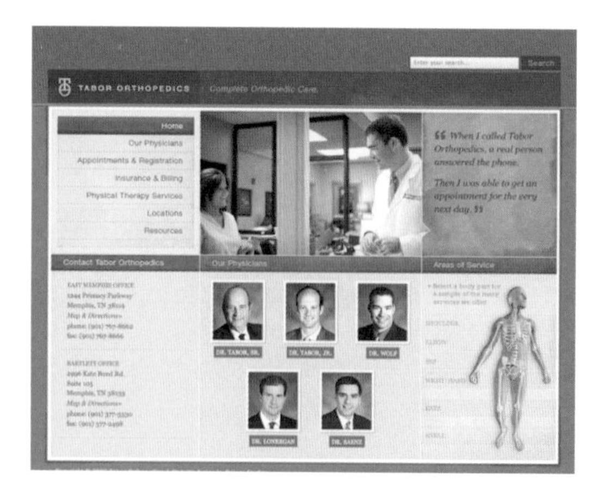

图2-122 橙褐色的运用

图2-123　深褐色背景

图2-124　暖褐色的运用

图2-125　灰褐色背景

背景给浏览者一种年轻、清新的感觉，如图2-126所示。

B. 淡茶色的背景使得整个设计作品保守而雅致的感觉，如图2-127所示。

C. 网站上橙色与褐色高亮区让茶黄色的背景看起来更温暖，如图2-128所示。

D. 茶黄色一般用在纸袋的纹理中，而更灰一点的茶色则用作水泥或石头的材质，如图2-129所示。

E. 网站上米黄色的标题背景与其他高亮区使得整个设计作品文雅而传统，如图2-130所示。

（6）奶油色和乳白色。奶油色带有一点褐色的温暖，更多的是混杂白色的冷意，这种颜色往往很安静，会唤起一种历史的质感。奶油色是镇定色，带有白色的纯粹，也带有一点暖意。

在设计中，乳白色能够给网站带来一种高雅而又镇定的感觉。当与桃红色和褐色这类质朴色结合使用时，它可以从中吸收质朴的性质。它可以用来冲淡暗色，而不会产生使用白色时所形成的强烈对比。

下面介绍几个关于奶油色和乳白色的设计案例。

A. 奶油色的背景含有一点暖色的特性，中和了网站上的一些冷色，如图2-131所示。

B. 浅灰色的奶油色背景因桔褐色的高亮区而显得更有暖意，如图2-132所示。

C. 奶油色的背景增强了设计中图片所蕴含的复古主题，如图2-133所示。

D. 乳白色结合浅色整体给网站带来一种非常优雅的外观，如图2-134所示。

2. 色彩属性

若想要在设计中有效地使用颜色，就需要了解一下颜色的理论术语，透彻地了解色相、色度以及饱和度等概念。

（1）色相：最基本的颜色术语，往

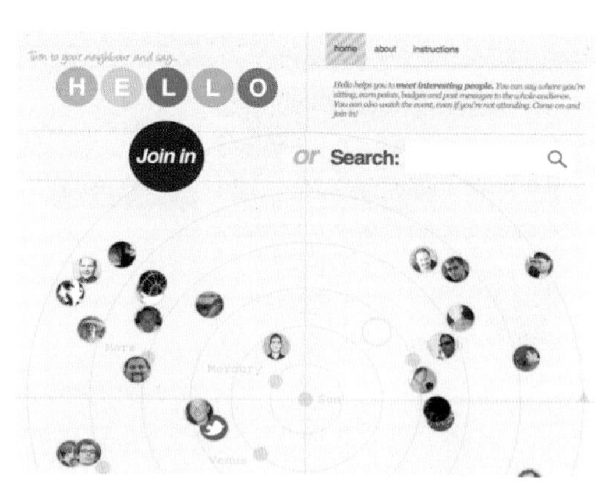

图2-126 淡茶色背景1

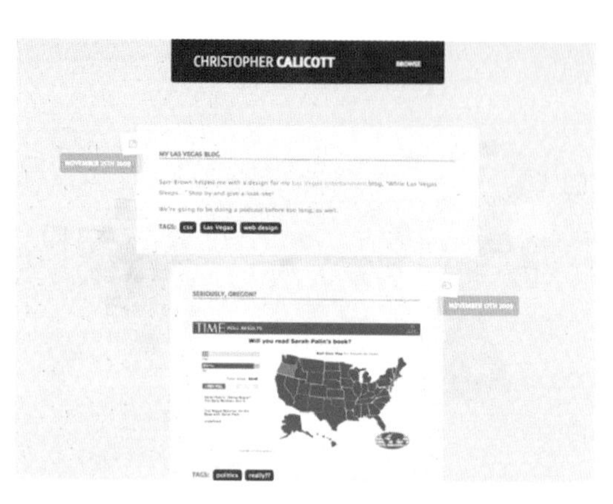

图2-127 淡茶色背景2

图2-128 茶黄色背景

图2-129 更灰一点的茶色的运用

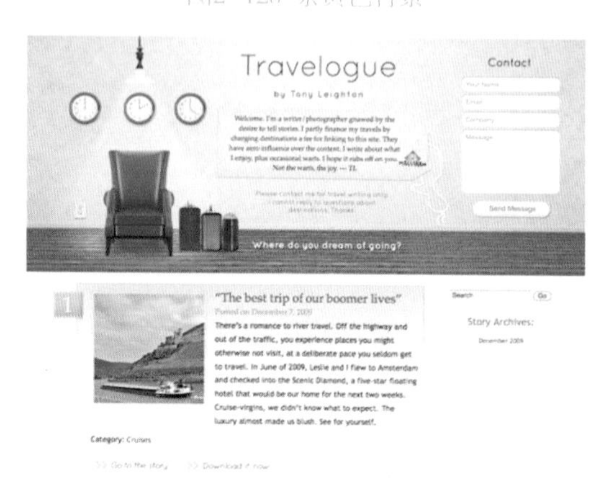

图2-130 米黄色的标题背景

图2-131 奶油色背景1

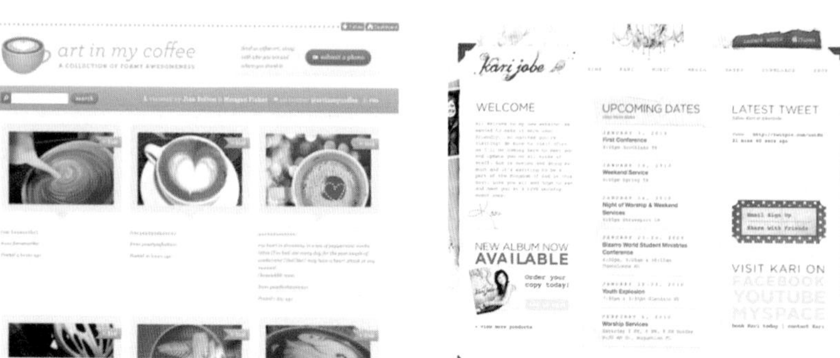

图2-132 桔褐色高亮区

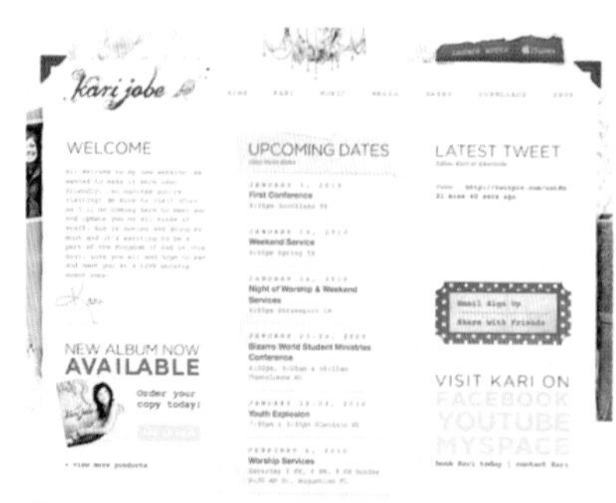

图2-133 奶油色背景2

图2-134 乳白色的运用

往指一个物体的颜色。通常所说的“蓝色”“绿色”“红色”，实际上就是指色相。设计当中色相的使用向网站的访问者传递了重要的信息。

下面介绍几个关于色相的设计案例。

①Happy Twitmas网站背景与版式的一些部分所使用的主色相是鲜红色，如图2-135所示。

②使用大量的纯色相能够增添外观的有趣性，看起来妙趣横生，如这个网站的标题及其他一些地方所体现的那样，如图2-136所示。

③纯红色在网页设计中是非常受欢迎的颜色，如图2-137所示。

④这个网站的标题和标志（logo）混合使用了大量的纯色相，如图2-138所示。

⑤纯绿色一般很少看到，因此较之其他颜色显得更出众，如图2-139所示。

（2）色度:颜色的纯度。高色度的色相当中没有黑色、白色或灰色。添加了白色、黑色或灰色将降低色度。它类似于饱和度，但又不完全一样。色度可看作是一个颜色相对于白色的亮度。

在设计当中，应避免使用具有非常相似色度的色相，而要选择那些具有相同或差异较大色度的色相。

下面介绍几个关于色度的设计案例。

①浅蓝色具有很高的色度，所以在黑色和白色之间非常突出，如图2-140所示。

②这是另一个具有高色度蓝色的网站，虽然其中包含了一些色度略低的浅色

图2-135 鲜红色的主色相

图2-136 大量的纯色相1

图2-137 纯红色的运用

图2-138 大量的纯色相2

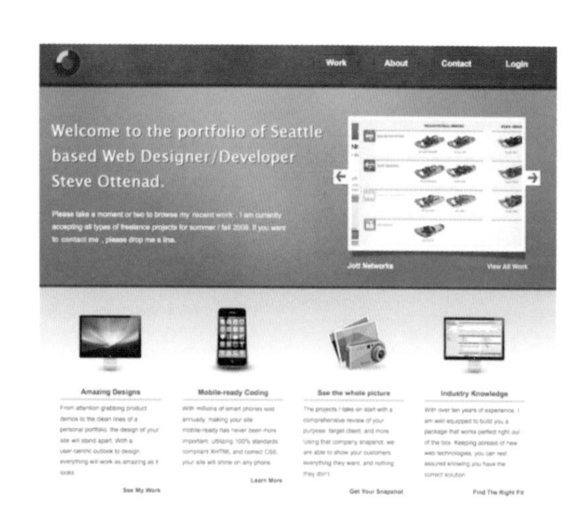

图2-139 纯绿色的运用

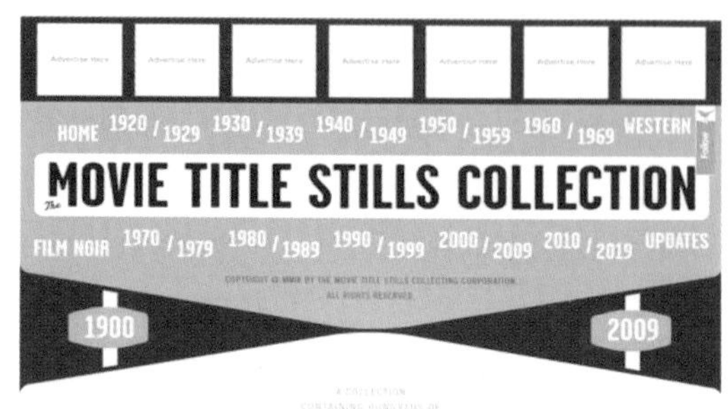

图2-140 浅蓝色的运用

调和阴影色调，如图2-141所示。

③在同样的色调中结合高饱和度与低饱和度可以呈现复杂而典雅的设计效果，如图2-142所示。

④具有高色度的颜色是中庸型设计的首选，如图2-143所示。

⑤不同色度的应用可以制造出非常适宜的视觉渐变效果，如图2-144所示。

（3）饱和度：是色调在特定的照明条件下呈现出的样子。形容饱和度的术语是弱、强，或用弱色相及纯色相来表示。

在设计当中，相似级别饱和度的颜色让设计看起来更具连贯性。与色度一样，具有相似但不完全相同饱和度的颜色能够让访客有不和谐之感。

下面介绍几个关于饱和度的设计案例。

①本例所使用的大量不同的色相均具有相似的饱和度水平，为整体的设计增添了协调感，如图2-145所示。

②饱和度水平相似的色彩的相结合创造出一种柔和的设计效果，如图2-146所

图2-141 高色度蓝色的网站

图2-142 结合高、低饱和度

图2-143 中庸型设计

图2-144　不同色度的应用

图2-145　不同色相的运用

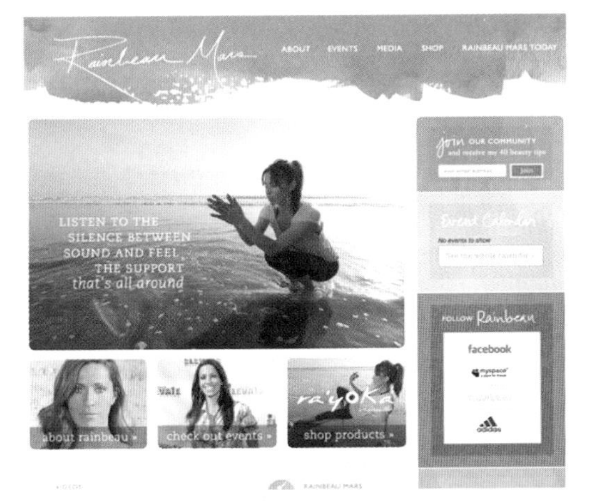

图2-146　柔和的设计效果

示。

③如图2-147所示，低饱和度水平的色相不一定更鲜亮。

④这是一个演示如何在低饱和度背景中使用高饱和度色相以达到突出效果的极好例子，如图2-148所示。

（4）明度：也被称作“亮度”。它指的是颜色的明暗程度。亮的颜色具有很高的明度值。例如，橙色的明度比深蓝色或暗紫色的要高。黑色的明度是所有色相中最低的，而白色的明度是最高的。

在设计中使用明度的时候，最好选用不同明度的颜色，特别是高色度的颜色。利用高对比度的颜色通常可以设计出更具美感的效果。

下面介绍几个关于明度的设计案例。

①具有高明度黄色的使用在低明度的黑色和灰色中非常突出，如图2-149所示。

②该网站使用了两种不同明度的蓝色调。因为不同的明度对比强烈，整体效果更具视觉上的吸引力，如图2-150所示。

③即使在非常类似的色调中，人类的眼睛也可以辨识出不同的明度，如图2-151所示。

（5）色调：当灰色加入某色相时就形成了色调。色调往往比纯色相看起来更暗淡或更柔和。

色调在设计中非常容易被应用。掺入更多灰色的色调可使网站具有一定的古旧感。不同的色调可以为外观效果增添一些精致优雅的感觉。

下面介绍几个关于色调的设计案例。

①色调的应用可以使网站看起来非常精致，并增添一些复古的韵味，如图2-152所示。

②这个网站将不同色调、阴影色调以

图2-147 低饱和度水平的色相

图2-148 突出效果

图2-149 高明度黄色的使用

图2-150 不同明度的蓝色调

图2-151 不同明度的辨识

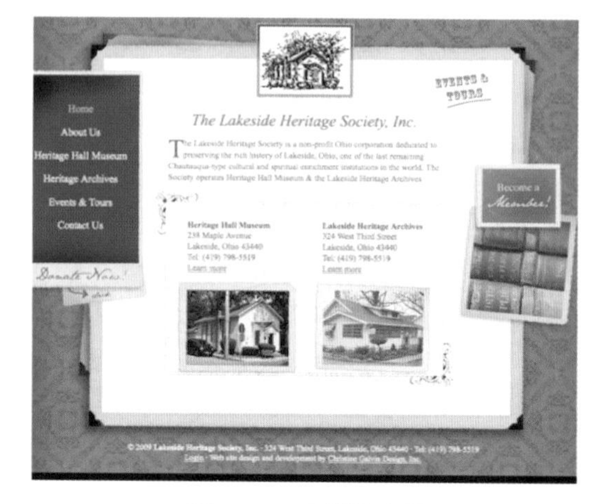

图2-152 色调的应用

及浅色调的蓝色结合使用，如图2-153所示。

③色调可以通过在周边加入灰色来强调，如图2-154所示。

④在有色调的背景下,纯色相（白色）可以真正地被突出，如图2-155所示。

⑤通常认为可能是灰色的一些颜色实际上是其他颜色的色调。在本例中，背景实际上是加入了大量灰色的蓝色色调，如图2-156所示。

（6）阴影色调:当在色相中加入黑色使其更暗时就形成了阴影色调。这个词常

图2-153 不同色调的运用

图2-154 加入灰色来强调强调

图2-155 突出纯色相

图2-156 加入大量灰色的蓝色色调

常被错误地用来描述浅色调或色调，但实际上阴影色调只应用于加入了黑色，从而使色相更深的情况。

在设计中，较深的色调往往被用于替代黑色，并可以用作非彩色。综合应用阴影色调和浅色调是防止外观看起来过于阴暗和厚重的最好的方法。

下面介绍几个关于阴影色调的设计案例。

①乔纳森·穆尔的网站在背景上应用了不同阴影色调的紫色，而在其他部分则使用了一些浅色调，如图2-157所示。

②有效结合阴影色调与浅色调，亮点在于页头的设计上，如图2-158所示。

（7）浅色调

当白色加入某色相使其变亮就形成了浅色调。非常亮的浅色调也称为柔和粉色，但对于任何加入白色的纯色相来说都是浅色调。

浅色调一般应用于创建女性化的或较亮的设计当中。柔和的浅色调可让设计更具女性化。这种方法在复古的设计中效果非常好，在针对婴幼儿家长的网站上也非常受欢迎。

图2-157　不同阴影色调的紫色

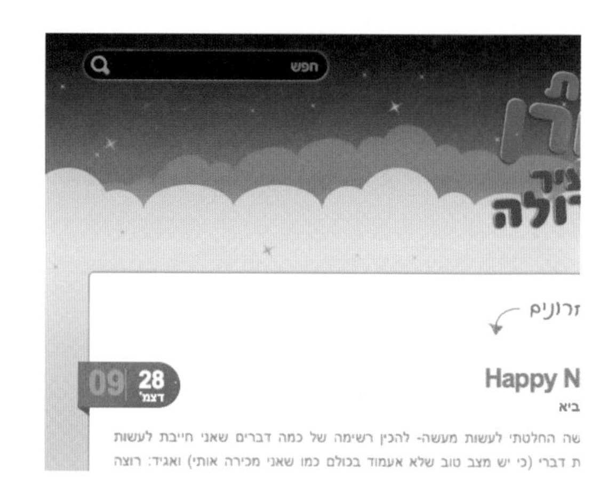

图2-158　阴影色调与浅色调的结合

下面介绍几个关于浅色调的设计案例。

①卡欧·卡多佐的网站在背景及其他元素当中应用了不同的浅绿色色调，如图2-159所示。

②费尔南多·斯朗斯的网站应用了浅蓝色色调，使得网站看起来柔和而精致，如图2-160所示。

③浅色调在基于水彩的设计中也非常流行，如图2-161所示。

④为体现复杂的变化梯度而组合的浅色调，如图2-162所示。

3. 基础配色

（1）传统的配色方案类型：基本的12色轮图（图2-163）是创建配色方案的重要工具。

①单色配色方案。单色配色方案是在特定色调内的阴影色与浅色的配色。这是创建配色方案最简单的方法，因为它们均来自同一色相，很难创建出一个不和谐的或者丑陋的方案。

这里有三个单色配色方案的例子，如图2-164所示。对于这些配色方案而言，从左到右的第一个颜色通常被用作标题。第二个颜色将用于正文，或是用作背景。第三个颜色将可能用于背景，若第二个颜色被用作背景，那么它将被用于正文，而最后两种颜色将作为强调，用在图形中。

②类比配色方案。类比配色方案是仅

图2-159　应用不同的浅绿色色调

图2-160　应用浅蓝色色调

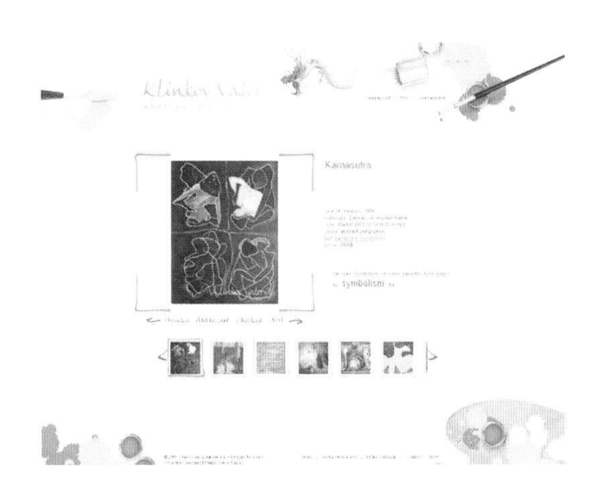

图2-161 浅色调在水彩设计中的应用

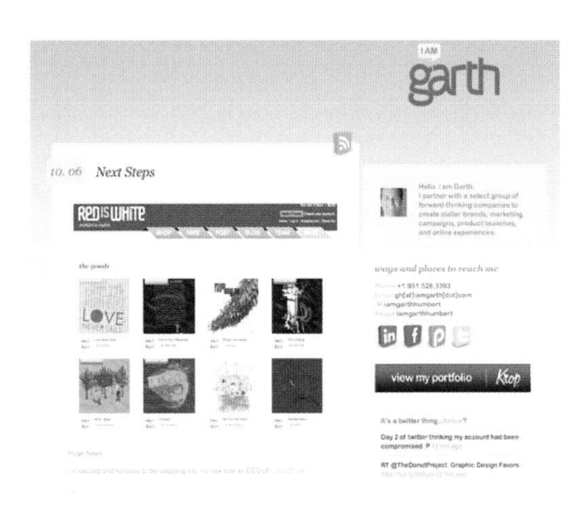

图2-162 体现复杂的变化梯度

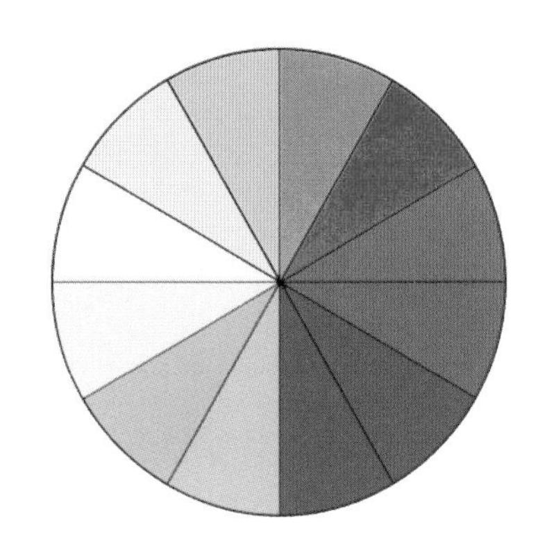

图2-163 12色轮图

图2-164 单色配色方案

次于单色的一个容易创建的配色方案。类比方案是由在12色轮图中相邻的三种颜色创建的。通常来说，类比配色方案均具有相同的色度水平，但通过色调、阴影色和浅色的使用，可增加这些方案的趣味，还可以适应设计网站的需要。

下面介绍几个关于类比的设计案例。

A. 图2-165是一个传统的类比配色方案，虽然它的视觉感染力非常强，但是对于设计一个让人印象深刻的网站而言，颜色的对比度还不够强。

B. 图2-166是和上例有相同色相的配色方案，但是色度上的调整体现出多样性。它更适合于现在的网站设计。

③互补配色方案。互补配色方案是通过将色轮上对立面的颜色相互融合来创建。这些配色方案最基本的形式是只由两种颜色构成，但是可以很容易通过色调、浅色与阴影色的形式扩展。

温馨提示：即使使用彼此相邻的具有相同色度或明度而又完全相反的颜色，可能会使配色看起来很不和谐，从严格意义上来说，它们的边界看起来会非常刺眼。因此最好通过在它们之间留白，或是在它们之间加入另一个过渡色来避免这种情况。

下面介绍几个关于互补的设计案例。

A. 大量浅色、阴影色和色调的应用

让这个配色方案看起来非常具有通用特性，如图2-167所示。

B.另一个具有广范围色度的互补配色方案，如图2-168所示。

④分列互补配色方案。分列互补配色方案与互补配色方案几乎一样简单。这种配色方案使用的颜色是位于基础色相对角位置的色相相邻左右的两种颜色，而非色轮上对角的颜色。

下面介绍几个关于分列互补的设计案例。

A.图2-169是一个以黄绿色为基础色相的配色方案。这种类型的配色方案拥有足够的色度及明度差别。

B.具有广范围色度的调色板，如图2-170所示。

⑤三元配色方案。三元配色方案由在12色轮中具有相等间隔的色相组成。与其他配色方案相比，这种方案稍显不同。

下面介绍几个关于三元配色方案的设计案例。

A. 在三元配色方案中，使用一种颜色的浅色或深色版本，和另外两种颜色的两种阴影色、色调或浅色一同使用，让这种单一的颜色在配色方案中显得中立，可作为中和色使用，如图2-171所示。

B. 将一种非常明亮的色相搭配一对柔和的色相使用可以让这种明亮的色相更为突出，如图2-172所示。

⑥双互补（四元）配色方案。四元配色方案可能是最难有效完成的一种方案。

下面介绍几个关于双互补（四元）配色方案的设计案例。

A.图2-173是非常不起眼的四元配色方案。使用这种配色方案的最佳方法是在设计中把一种颜色当作主要颜色，其他的颜色只用来突出它。

B. 当使用相似的色度与明度创建配色方案时，四元配色方案的效果非常好。只需添加一个中和色用作文本与强调，如使用暗灰色或黑色，如图2-174所示。

C. 对于深色配色方案而言，图2-175的效果也非常好。

⑦自定义配色方案。自定义配色方案是最难创建的。自定义配色方案并不基于任何正式的规则，且不遵照某种预定义的

图2-165 传统的类比配色方案

图2-166 多样性的色度

图2-167 通用特性的配色方案

图2-168 具有广范围色度的互补配色方案

图2-169 以黄绿色为基础色相的配色方案

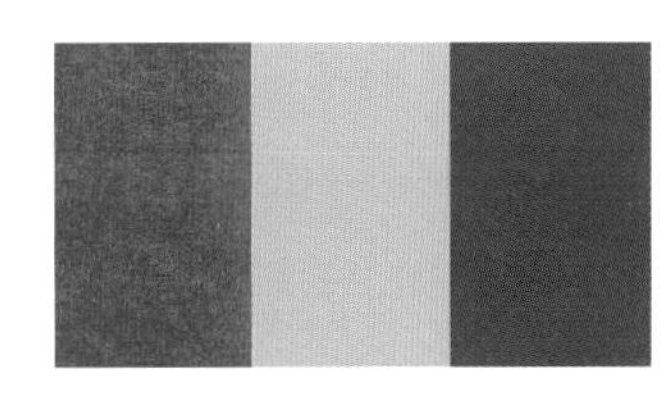

图2-170 具有广范围色度的调色板

图2-171 中和色

图2-172 突出明亮的色相

图2-173 四元配色方案

图2-174 添加中和色

配色方案。在创建这种类型的配色方案时，请谨记色度、明度及饱和度等因素。

下面介绍几个关于自定义配色方案的设计案例。

A. 图2-176的所有颜色都有相同级别的色度与饱和度。

B. 使用具有类似色度和饱和度的颜色是非常有效的，且创建出的整个配色方案非常具有内聚力，如图2-177所示。

C. 在都是低色度的颜色中应用一种高色度的颜色是另一种有效的方法，这种高色度的颜色可以用作强调，如图2-178所示。

（2）创建一个配色方案:创建属于自己的配色方案。虽然掌握不同颜色之间相互作用的方式以及创建传统的配色方案是非常重要的，但是对于有可能去创建自定义配色方案的大部分设计项目而言，无需严格遵循任何预定义的模式。

为了对每一种方案均有一个感性认

图2-175 深色配色方案

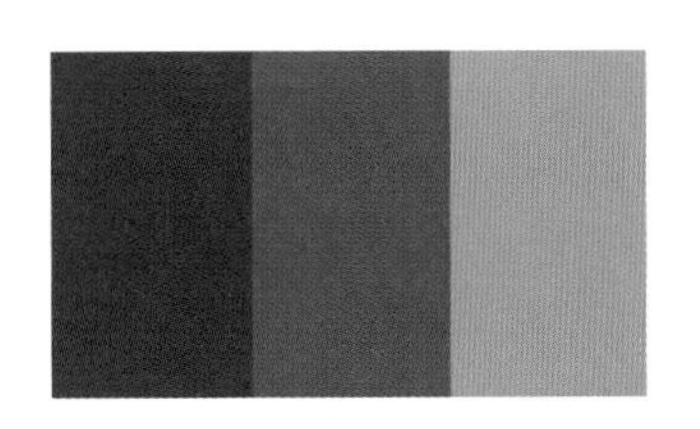

图2-176 相同级别的色度与饱和度

图2-177 具有内聚力的配色方案

图2-178高色度的颜色用做强调

识，可以先从最基础的单色配色方案开始。虽然曾经提到传统的配色方案模式在设计中不常用到，但是单色配色方案却是这一规则的例外。

下面介绍几个关于创建配色方案的设计案例。

A. 对于服装店而言，将白色作为中和色是一个传统的配色方案，如图2-179所示。

B. 设计博客需要用阴影色与浅灰色组成的配色方案，如图2-180所示。

C. 图2-181可以看作类比配色方案，但其中省略了一个颜色，它是由深紫色和红紫色组成。在色轮上这两个颜色彼此相邻，看起来效果很好，尤其是当它们使用不同级别的明度和饱和度时。

D. 在灰色配色方案中添加两个红色色调能够引起视觉上的关注，同时也为设计中的特定部分增添了潜在的特别强调，如图2-182所示。

E. 图2-183中，不再使用紫色色相，而是使用酒红色。酒红色也是在色轮上与红紫色相邻的颜色。加入了在色轮上位于紫色对角上的浅黄色调,它充当中和色，并且与其他色相相比，看起来更像是白色。

F. 虽然这个配色方案乍一眼看上去像另一个标准的灰色和红色调色板，但若是更仔细地研究一下，将会发现灰色其实是蓝色调。蓝色与红色构成了四阶配色方案的三分之二，但在没有黄色的时候看起来也很好，尤其是在当红色保持高纯度而蓝色色调淡化到几乎变为灰色的点时，如图2-184所示。

在配色方案中使用浅色、色调和阴影色是非常重要的。纯色相都有类似于明度和饱和度的等级,这就导致配色方案既具有不可替代的压倒性，同时也很枯燥。

当将色调、阴影色与浅色这些概念混合在一起时，12色轮在设计中可以使用的颜色数量将无限增多。创建具有专业外观配色方案的最简单方法是为某一非纯色相

图2-179 白色为中和色

图2-180 阴影色与浅灰色组成的配色方案

图2-181 类比配色方案

图2-182 潜在的特别强调

图2-183 酒红色和浅黄色的应用

图2-184 蓝色与红色的应用

的特定颜色选用一些色调、浅色和阴影色，加入到另一个纯的或是接近纯的色相中，这些色相在色轮中至少间隔三个颜色（在二维、四维或分列互补配色方案中用作强调色）。这种方法为配色方案增加了视觉冲击力，同时也不失平衡感。

中性色是创建一个配色方案的另一个重要组成部分。灰色，黑色，白色，棕色，棕褐色及灰白色通常被认为是中性色。褐色，棕褐色和灰白色常常使配色方案在视觉上有温暖的感觉（因为它们其实都是橙色和黄色的色调，阴影色和浅色）。灰色根据周边的颜色呈现出暖色或冷色的效果。黑色与白色的也同样可以是暖色或冷色，这取决于周围的颜色。

黑色和白色是可以加入任意配色方案中的中性色。然而为了加入更多的视觉冲击力，可以考虑使用稍亮或稍暗的灰色代替白色或黑色的位置。

添加褐色、棕褐色和灰白色色调更具技巧一些。对于褐色而言，可以考虑在黑色的位置使用一种非常暗的巧克力棕色。灰淡白色在多数情况下可以替代白色或浅灰色。棕褐色也可以代替灰色的位置（通过添加小额灰色来创建色调会更容易些）。

（3）配色方案中使用照片：在线的自动化工具可自动完成这项工作，如 Kuler、Photoshop来完成制作。

使用Kuler，不仅可以搜索网站上的照片，也可以上传自己本机上的图片。

下面是使用Kuler和Photoshop两种工具进行配色的案例。以图2-185为例。

①以下是Kuler基于这张图片创建的原始配色方案。Kuler上基于图片创建配色方案最棒的功能就是“选择基调”选项，如图2-186所示。其中包括彩色、亮色、柔和色、深色和暗色。下列配色方案是使用同一张照片得到的每一种基调。

A. 彩色，如图2-187所示。

B. 亮色，如图2-188所示。

C. 柔和色，如图2-189所示。

D. 深色，如图2-190所示。

E. 暗色，如图2-191所示。

②使用同一张图片在Photoshop中创建一个彩色配色方案。与Kuler相比，这种方法的科学性较低。通常使用滴管工具选择一种颜色，然后在图像中的不同点上点击直至找到和它相配的另一种颜色。

在Photoshop中基于一张图片创建配色方案是最简单的方法，可从相关单色开始。使用色彩相对丰富的图像会使难度增加。

（4）最简单的配色方案：在其他中

图2-185 基础图形

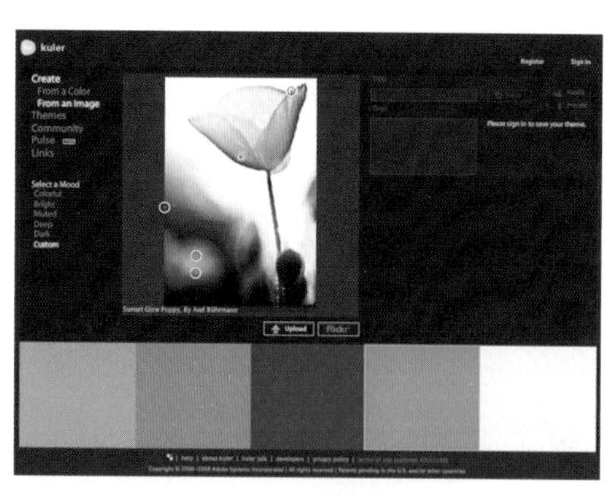

图2-186　选择基调

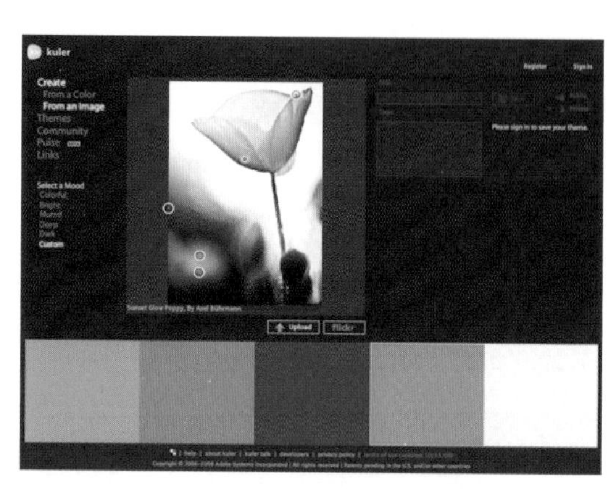

图2-187　彩色

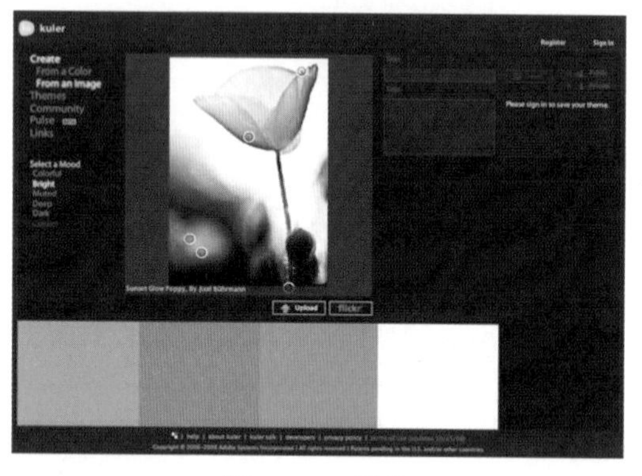

图2-188　亮色

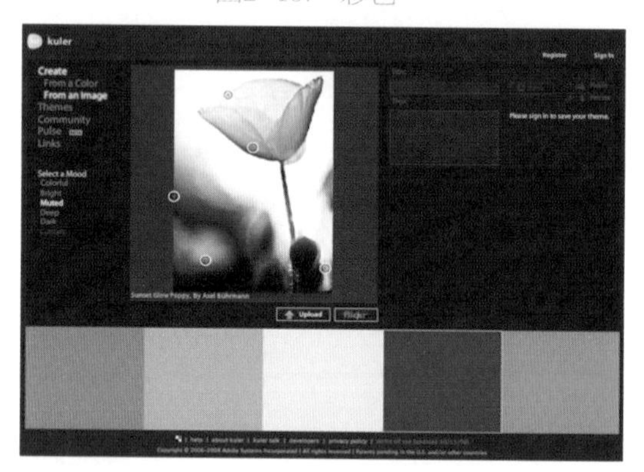

图2-189　柔和色

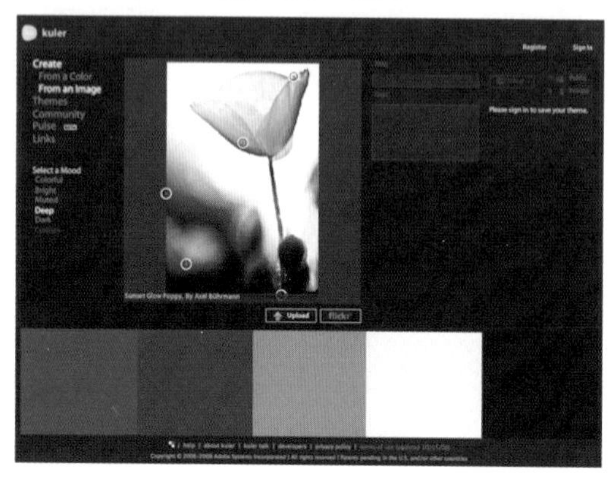

图2-190　深色

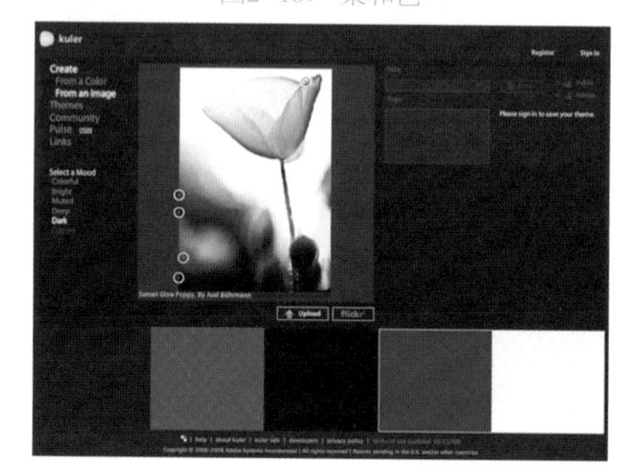

图2-191　暗色

性色调色板中添加强调亮色是创建配色方案的最简单方法。使用这种方法也可以创造出最引人注目的视觉效果。

下面介绍最简单的配色方案，如图2-192所示。这里使用棕色而不是灰色，使得整个方案看起来更偏向于暖色。

在这种类型的方案中，可用任何颜色的色调代替灰色或棕色，只需要保持接近灰色的范围即可得到最简单的结果。作为一般规则，冷灰色和纯灰色对于现代设计来说是最佳选择。

（5）网站颜色的数量：大部分网站可能只在设计中使用3种颜色，甚至有一些只使用2种，而部分网站可能使用8种或10种颜色，这相对于仅使用少量颜色的网站来说难度更大。通过实验决定在设计中使用多少种颜色。可以从五种颜色的调色板开始，然后在设计的过程中决定是增加还是减少颜色以达到最合适的状态。

添加一种颜色最简单的方法就是立足于已有的传统配色方案，然后基于这些配色方案来开始工作。这至少给出一个方向定位，直到有其他的颜色可以考虑。

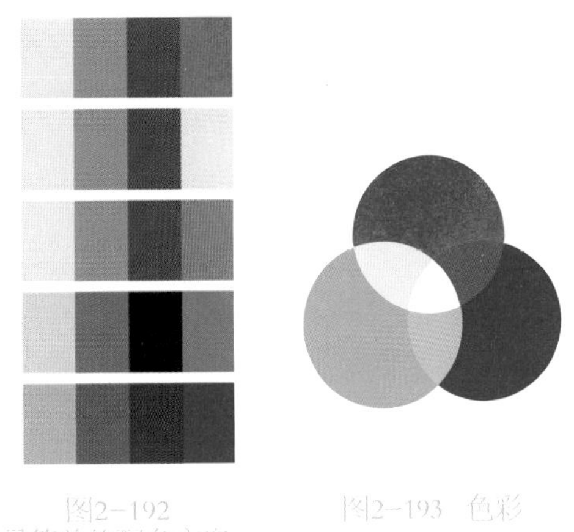

图2-192 最简单的配色方案

图2-193 色彩

二、 色彩的搭配

色彩搭配既是一项技术性工作，也是一项艺术性很强的工作。因此，设计者在设计网页时，除了考虑网页本身的特点外，还应遵循一定的艺术规律，才能设计出色彩鲜明、风格独特的网页。

1. 网页UI配色基础

色彩本身没有任何含义，但是色彩可以在不知不觉间影响人的心理，左右人的情绪。不同色彩之间的对比具有不同的效果。当两种颜色同时存在时，这两种颜色可能会各自走向自己色彩表现的极端。例如，红色和绿色对比，红的更红，绿的更绿；黑色与白色对比，黑的更黑，白的更白（图2-193）。因为人的视觉不同，对比的效果通常也会因人而异。当长时间看一种纯色，例如红色，然后看看周围的人，会发现他们的脸色变成了绿色，这正是因为红色和周围颜色的对比，形成了人们视觉的刺激。色彩的对比还会受很多其他因素的影响，例如色彩的面积、时间、亮度等，如图2-194所示。

色彩的对比有很多方法，色相的对比就是其中的一种。比如，当湖水蓝和深蓝色对比时，会发觉深蓝色带点紫色，而湖水蓝则带点绿色。各种纯色的对比会产生鲜明的色彩效果，很容易给人带来视觉和心理的满足。比如红色与黄色对比，红色会使人想起玫瑰的味道，而黄色则会让人想起柠檬的味道，如图2-195所示。

小/贴/士

三基色和三原色

三基色是光学的色，包括红、绿、蓝；三原色是颜料的色，包括红、黄、蓝。

三基色按一定的比例搭配可成为白光；三原色按一定的比例搭配可成为黑色颜料。

三基色不能配出黑光；三原色不能配出白色颜料。

图2-194　网页中色彩的搭配

图2-195　网页中优秀的色彩搭配

纯度对比也是色彩对比的一种，例如，黄色是比较夺目的颜色，但是加入灰色会失去其夺目的光彩。一般混入黑、白、灰色来对比纯色，以降低其纯度。纯度的对比会使得色彩的效果更明确。除了色相对比、纯度对比之外，色彩搭配还会受到下列因素的影响：

（1）色彩的大小和形状：有很多因素可以影响色彩的对比效果，色彩的大小就是其中最重要的一项。若两种色彩面积相同，则这两种颜色之间的对比就十分强烈，但是当两者大小变得不一样时，小面积色彩就会成为大面积色彩的补充。色彩的面积大小会使色彩的对比产生生动的效果，例如，在一大片绿色中加入一小点红色，可以看到红色在绿色的衬托下非常抢眼，这就是色彩的面积产生的对比效果。在大面积的色彩衬托下，小面积的纯色会比较突出，但是如果小面积的色彩是较淡的色彩，则会让人感觉不到这种色彩的存在。例如，在黄色中加入淡灰色，人们就根本不会注意到淡灰色，如图2-196所示。

在不同的形状上面使用同一种色彩也会有不同的效果。例如，在一个正方形和一条线上运用红色，就会发现，正方形更能够表现红色稳重、喜庆的感觉。所以不同的形状也会影响色彩的表现效果。如图2-197所示。

（2）色彩的位置：色彩所处位置的不同也会造成色彩对比的不同。例如，把两个同样大小的色彩放在不同的位置，比如放在前后两个位置，就会觉得后面的颜色要比前面的颜色暗一些。正是因为所处位置的不同，导致视觉感受也不同。很多软件中都有渐变工具，应用这个工具，会使人觉得多种色彩在一起会有不同的效果。色相相同但是纯度不同的色彩组合经常会产生令人吃惊的效果。

不要认为色彩的渐变非常简单，它是色彩运用的一种技巧。色彩的渐变中有一种类似于乐曲旋律一样的变化，暗色中包含高亮度的对比，给人清晰的感觉，如深红中间是鲜红；中性色和低亮度的对比，给人模糊、朦胧、深奥的感觉，如草绿中间是浅灰；纯色和低亮度的对比，给人轻柔、欢快的感觉，如浅蓝色与白色；纯色和暗色的对比，给人强硬、不可改变的感

图2-196　色彩的面积对比效果

图2-197　不同形状的色彩对比效果

觉；纯色和高亮度色彩的对比，给人跳跃舞动的感觉，如黄色和白色的对比。

色彩的搭配是一门艺术，灵活运用色彩搭配可以让设计的网页更具亲和力和感染力。当然，要设计出漂亮的网页UI，还需要灵活地运用色彩，并且在设计网页UI的时候加上自己的创意。

2. 网页UI配色原则

色彩搭配在网页UI设计中是非常重要的，色彩的选择更多的只是依据个人的感觉与经验，当然也有一些是感受到视觉因素的影响。

（1）整体色调统一：如果要使设计充满生气、稳健，或是具有冷清、温暖、寒冷等感觉，就必须从整体色调的角度来考虑。只有控制好构成整体色调的色相、明度、纯度关系及面积关系等，才可能控制好整体色调。

首先，要在配色中确定占大面积的主色调颜色，同时根据这一颜色来选择不同的配色方案，从中选择最适宜的。如果用暖色系作为整体色调，则会呈现出温暖的感觉，反之亦然。若用暖色和纯度高的色彩作为整体色调，则会给人火热、刺激的感觉；若以冷色和纯度低的色彩为主色调，则会给人清冷、平静的感觉；若以明度高的色彩为主色调，则会给人亮丽、轻快的感觉；若以明度低的色彩为主色调，则会显得比较庄重、肃穆；若取色相和明度对比强烈的主色调，则会显得活泼；若取类似或同一色系的色彩为主色调，则会显得稳健；若主色调中色相数量多，则会显得华丽；若主色调中色相数量少，则会显得淡雅、清新。整体色调的选择都要依据网页所要表达的内容来决定，如图2-198所示。

（2）配色的平衡：颜色的平衡就是颜色强弱、轻重、浓淡这几种关系的平衡。即使网页使用的是相同的配色，也应根据图形的形状和面积的大小来决定其是否成为调和色。通常来说，同类色配色比较平衡，而处于补色关系且明度也相似的纯色配色，例如红和蓝、绿的配色，会因为过分强烈而让人感到刺眼，称之为不调和色。但如果把一个色彩的面积缩小，或加入白色、黑色调和，或者是改变其明度和彩度并取得平衡，则可以使得这种不调和色变得调和。纯度高而且强烈的色彩和同样明度的浊色或灰色配合时，如果前者的面积小，而后者的面积大，则可以很容易地取得平衡。将明色与暗色上下配置时，若明色在上、暗色在下，则会显得安定；反之，若暗色在上、明色在下，则会产生一种动感，如图2-199所示。

（3）配色时要有重点色：配色时，可将某个颜色作为重点色，使得整体配色平衡。在整体配色的关系不明确时，需要突出一个重点色来平衡配色关系。选择重点时应注意：重点色应使用比其他色调更强烈的颜色；重点色应选用与整体色调相对比的调和色；重点色应该用在极小的面积上，而不能大面积地使用；选择重点色必须考虑配色方面的平衡效果，如图2-200所示。

（4）配色的节奏：颜色配置会产生整体色调，而这种配置关系反复出现、排列就产生了节奏。这种节奏与颜色的排放、形状、质感等因素有关。因为逐渐地改变色相、明度、纯度，会使得配色产生有规则的变化，所以就产生了阶调的节奏。将色相、明暗、强弱等变化反复使用，就会产生反复的节奏，也可以通过色彩赋予的网页跳跃及方向感来产生动感的节奏等，如图2-201所示。

三、网页UI配色的方法

色彩不同的网页给人的感觉也不同。一般在选择网页色彩时，会选择和网页类型相符的颜色，而且尽可能少用几种颜色，调和各种颜色，使其有稳定感是最好的。

1. 主题色

色彩作为视觉信息，无时无刻不在影响着人类的正常生活。美妙的自然色彩，刺激并感染着人们的视觉与心理情感，提供给人们丰富的视觉空间。主题色是指在网页中最主要的颜色，其中包括大面积的

图2-198　整体色调统一

图2-199　配色平衡

图2-200　选择重点色

图2-201　配色产生节奏

背景色、装饰图形颜色等构成视觉中心的颜色。主题色是网页配色的中心色，搭配的其他颜色一般以此为基础，如图2-202所示。

网页主题色主要是网页中整体栏目或中心图像所形成的中等面积的色块。它在网页空间中具有重要的地位，往往形成网页中的视觉中心。网页主题色的选择一般有两种方式：如果要产生鲜明、生动的效果，则选择与背景色或者辅助色呈对比的色彩；如果要使整体协调、稳重，则应该选择与背景色、辅助色相近的颜色，如图2-203所示。

2. 背景色

背景色是指网页中大块面积的表面颜色，即使是同一组网页，若是背景色不同，带给人的感觉也可能会截然不同。背景色因为占绝对的面积优势，支配着整个空间的效果，是网页配色首要关注的重点。

目前网页背景常使用的颜色主要有白色、纯色、渐变颜色等几种类型。网页背景色也称为网页的“支配色”，网页背景色是决定网页整体配色给人带来何种印象的重要颜色。在人们的脑海中，有时看到色彩就会想到相应的事物，眼睛是视觉传达的最佳工具。当看到一个画面时，人们第一眼看到的就是色彩，如绿色带给人一种很清爽的感觉，象征着健康，故而人们不需要看主题字，就知道这个画面在传达着哪些信息，简单易懂，如图2-204所示。

网页的背景色对网页整体空间效果的影响比较大，因为网页背景在网页中占据的面积最大。若是使用亮丽的颜色作为网页的背景色，可以给人活跃、热烈的印象，而使用柔和的色调作为网页的背景色，则形成易于协调的背景，如图2-205所示。

图2-202　使用明度较高的紫红色作为网页主题色的效果

图2-203　主题色和背景色之间的对比配色

图2-204　使用绿色渐变作为背景色的网页

图2-205　使用柔和的蓝色作为背景色的网页

3. 辅助色

通常来说，一个网站页面一般都存在不止一种的颜色。除了具有视觉中心作用的主题色外，还包括陪衬主题色或与主题色互相呼应而产生的辅助色。辅助色的视觉重要性仅次于主题色和背景色，常常用于陪衬主题色，使得主题色更加突出。辅助色通常应用于网页中较小的元素，如按钮、图标等。

辅助色给主题色配以衬托，能够令网页瞬间充满活力，给人鲜活的感觉。辅助色和主题色的色相相反，具有突出主题的作用。如果辅助色面积太大或是纯度过强，都会弱化关键的主题色，因此相对暗淡、适当的面积才会达到理想的效果，如图2-206所示。

在网页中为主题色搭配辅助色，能够使网页画面产生动感，活力倍增。网页辅助色一般与网页主题色保持一定的色彩差异，既能够突显出网页主题色，又能够丰富网页整体的视觉效果，如图2-207所示。

4. 点缀色

点缀色是指网页中较小一处面积的颜色，如图片、文字、图标和其他网页装饰颜色。点缀色常常采用强烈的色彩，常以对比色或高纯度色彩加以表现。

点缀色通常用来打破单调的网页整体效果，所以如果选择与背景色过于接近的点缀色，就不会产生理想的效果。为了营造出生动的网页空间氛围，点缀色应选择较鲜艳的颜色。在少数情况下，为了特别营造低调柔和的整体氛围，点缀色还可以选用与背景色接近的色彩，如图2-208所示。

对于网页点缀色而言，主题色、背景色和辅助色都可能是网页点缀色的背景。在网页中，面积越小，色彩越强，点缀色的效果才会越突出。例如，在需要表现清新、自然的网页配色中使用绿叶来点缀网页画面，使整个画面瞬间变得生动活泼，有生机感，绿色树叶既不抢占网页画面的主题色彩，又不失点缀的效果，主次分明，有层次感，如图2-209所示。

四、网页中的文本配色

与图像或图形布局要素相比，文本配色需要更强的可读性和可识别性。因此文本的配色与背景的对比度等问题就需要多

图2-206 搭配红色和黄色的辅助色的效果

图2-207 搭配红色辅助色的效果

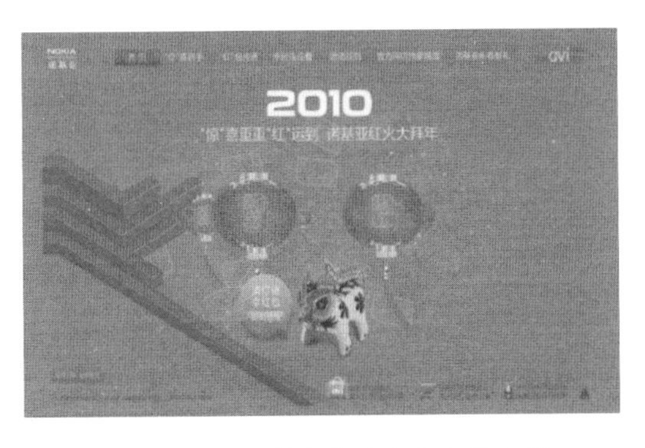

图2-208 使用蓝色作为点缀色的效果

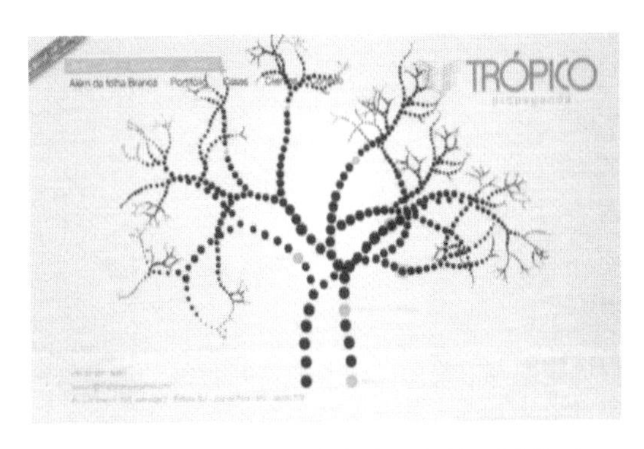

图2-209 使用绿色作为点缀色的网页页面

动脑筋。很显然，如果文字的颜色与背景色有明显的差异，那么其可读性和可识别性就会很强。此时主要使用的配色是明度的对比配色或者利用补色关系的配色。

1. 网页与文本的配色关系

实际上，想在网页中恰当地使用颜色，就应考虑各个要素的特点。背景和文字若是使用近似的颜色，其可识别性就会下降，这是文本字号大小处于某个值时的特征，即各要素的大小如果发生了改变，色彩也需要相应改变。

如果使用灰色或白色等无彩色背景，则网页的可读性高，与其他颜色也容易配合，如图2-210所示。但若是想使用一些比较有个性的颜色，就要注意颜色的对比度问题，多试验几种颜色，要努力寻找适合的颜色。此外，在文本背景下使用图像，如果使用对比度高的图像，那么可识别性就要下降。这种情况下就得考虑图像的对比度，并使用只有颜色的背景，如图2-211所示。

网页文字设计的一个重要方面就是对文字色彩的应用，合理地使用文字色彩可以使文字更加醒目、突出，以有效地吸引浏览者的视线，而且还能够烘托网页气氛，形成不同的网页风格，如图2-212所示。

标题字号若是大于一定值，即使使用与背景相近的颜色，对其可识别性也不会有太大的影响。相反，如果与周围的颜色互为补充，可以给人整体上调和的感觉。若整体使用比较接近的颜色，那么就对想调整的内容使用它的补色，这也是配色的一种方法，如图2-213所示。

图2-210 无彩色背景

图2-211 只有颜色的背景

图2-212 文字彩色的应用

图2-213 使用补色来配色

2. 良好的网页文本配色

色彩是非常主观的东西，有些色彩之所以会流行起来，深受人们的喜爱，那是因为配色除了注重原则之外，还符合下列几个要素。

（1）顺应了政治、经济、时代的变化和发展趋势，与人们的日常生活息息相关。

（2）明显和其他有同样诉求的色彩不同，跳出传统的思维。

（3）浏览者看到的时候不会感到厌恶，无论是多么与概念、诉求、形象相符合的色彩，只要不被浏览者所接受，就是失败的色彩。

（4）与图片、照片或商品搭配起来，没有不协调感，或是任何怪异之处。

（5）能让人感受到色彩背后所要强调的故事性、情绪性以及心理层面的感觉。

（6）在页面上的色彩要切合主题内容，表现出层次感，因为不同的主题，所适合的色彩不尽相同。

（7）明度上的对比、纯度上的对比及冷暖对比均属于文字颜色对比度的范畴。颜色的运用能否实现想要的设计效果、设计情感以及设计思想，这些都是设计优秀的网页所必须注重的问题。

3. 网页文本配色要点

首先决定主要的色调，如暖、寒、华丽、朴实感所代表的色调意义，根据色调选择一个主要的颜色。

思考主要颜色布置在网页中的哪个位置比较合适，以营造出最佳的视觉效果。接着选择第二、第三辅助色彩。

在选择辅助色彩时，应注意颜色的明暗、对比、均衡关系，同时在与主色调搭配使用时，需要考虑其面积大小的分配。

在配色过程中，宜思考色彩间的关系，同时使用色盘作为对照工具，依照个人美感和经验进行微调。

五、 网页元素的色彩搭配

网页中的几个关键要素，例如网页logo与网页广告、导航菜单、背景与文字以及超链接文字的颜色应该如何协调，是网页配色时需要认真考虑的问题。

1. logo与广告

logo与网页广告是宣传网站最重要的工具，因此这两个部分一定要在页面上脱颖而出。怎样做到这一点呢？可以将

logo与广告做得像象形文字，并从色彩方面跟网页的主题色分离开来。有时候为了更突出，也可以使用和主题色相反的颜色，如图2-214、图2-215所示。

2. 导航菜单

网页导航是网页视觉设计中非常重要的视觉元素，它的主要功能是更好地帮助用户访问网站内容，一个优秀的网页导航，应该从用户的角度去进行设计，导航设计得合理与否将直接影响到用户使用时的舒适性，在不同的网页中使用不同的导航形式，既要注重突出表现导航，又需注重整个页面的协调性。

导航菜单是网站的指路灯，如果浏览者想要在网页间跳转，就必须通过导航或页面中的一些小标题了解网站的结构与内容。因此网站导航可以使用稍微具有跳跃性的色彩，吸引浏览者的视线，让浏览者感到网站结构清晰、明了、层次分明，如图2-216所示。

3. 背景与文字

如果一个网站想要使用背景颜色，必须要考虑到背景用色和前景文字的搭配问题。一般的网站侧重的是文字，因此背景可以选择纯度或者明度较低的色彩，文字使用比较突出的亮色，让人一目了然。

有些网站为了给浏览者留下深刻的印象，会在背景上做文章。例如一个空白页的某一个部分用了大块的亮色，给人豁然开朗的感觉。为了吸引浏览者的视线，突出的是背景，因此文章就要显得暗一些，这样才能跟背景区分开来，便于浏览者阅

图2-214　突出网页logo效果

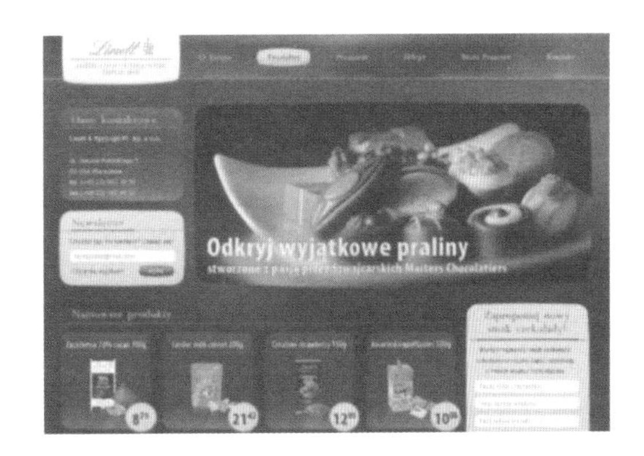

图2-215　柔和统一的网页广告配色

图2-216　导航菜单

读。如图2-217所示，文字与背景采用对比色调，使得文字清晰、易读。

艺术性的网页文字设计能够更加充分地去利用这一优势，以个性鲜明的文字色彩，突出体现网页的整体设计风格，或清淡高雅，或原始古拙，或前卫现代，或宁静悠远。总之，只要把握住文字的色彩与网页的整体基调，风格相一致，局部中有对比，对比中又不失协调，即可自由地表达出不同网页的个性特点，如图2-218所示。

4. 超链接文字

一个网站不可能只有单一的一个网页，因此文字与图片的超链接是网站中不可缺少的一部分。现代人的生活节奏非常快，不可能浪费太多的时间去寻找网站的超链接。所以，要设置独特的超链接颜色，让人感觉到它的与众不同，自然而然的去单击鼠标。

这里特别指出文字超链接，因为文字超链接不同于叙述性的文字，所以文字超链接的颜色不能与其他文字的颜色一样。突出网页中超链接文字的方法主要包括两种：一种是当鼠标移至超链接文字上时，超链接文字颜色改变；另一种是当鼠标移至超链接文字上时，超链接文字的背景颜色发生改变，从而突出显示超链接文字。

六、影响网页配色的因素

在网页界面中可以使用强烈而感性的颜色，或使用冷静的无彩色，也可以不时用一下平常不太使用但可以产生美妙效果的颜色，但是盲目地使用颜色会使网页界面显得非常杂乱，令人厌烦。

1. 根据行业特征选择网页配色

通常人们对色彩的印象并不是绝对的，会依照行业的不同产生不同的联想，如提及医院，人们常常在脑海中联想到白色；说到邮局，一般会想到绿色，这是从时代与社会中慢慢固定下来的知觉联想，充分利用好这些职业色彩的印象，在设计网页界面时所挑选的颜色更能够引起人们的共鸣。

在网页界面配色的时候，除了需要以主观意识作为基础，还需要辅以客观的分析方法，例如市场调查或消费者调查，在确定颜色后，还应结合色彩的基本要素加以规划，以便于可以更好地应用到设计中，如表2-1所示。

图2-217 文字和背景采用对比色调

图2-218 艺术性的网页文字设计

表2-1　依照行业的特点所归纳出来的行业形象色彩表

色系	符合的行业形象
红色系	食品、电器、计算机、电子信息、餐厅、眼镜、化妆品、宗教、消防军警、照相、光学、服务、衣帽百货、医疗药品
橙色系	百货、食品、建筑、石化
黄色系	房屋、水果、房地产买卖、中介、秘书、古董、农业、营养、照明、化工、电气、设计、当铺
咖啡色系	律师、法官、机械买卖、土地买卖、丧葬业、鉴定师、会计师、石板石器、水泥、防水业、企业顾问、秘书、经销代理商、建筑建材、沙石业、农场、鞋业、皮革业
绿色系	艺术、出版、印刷、书店、花艺、蔬果、文具、园艺、教育、金融、药草、作家、公务界、政治、司法、音乐、服饰纺织、纸业、素食业、造景
蓝色系	运输业、水族馆、渔业、观光业、加油站、传播、航空、进出口贸易、药品、化工、体育用品、航海、水利、导游、旅行业、冷饮、海产、冷冻业、游览公司、运输、休闲事业、演艺事业、唱片业
紫色系	美发、化妆美容、服饰、装饰品、手工艺、百货
黑色系	丧葬业、汽车
白色系	保险、律师、金融银行、企业管理、证券、珠宝业、武术、网站经营、电子商务、汽车、交通运输、学术、医疗、机械、科技、模具仪器、金属加工、钟表

如图2-219所示的网页界面，使用表现女性温柔与甜美的粉红色和灰蓝色进行配色，页面效果温和而可爱，使用洋红色则突出了重点内容。如图2-220所示的网页界面，使用橙色作为网页的主色调，让人心情愉悦，与绿色相搭配，表现出健康、绿色的主题，使人心情开朗。

2. 根据色彩联想选择网站配色

设计者想让网页界面传达什么样的形象，以及给人什么样的感觉，这与色彩的选择有很大的关系。

色彩有各种各样的心理效果与情感效果，会引起各种各样的感受和遐想。例如，看见绿色时会联想到树叶、草地；看到蓝色时会联想到海洋、水。无论是看见某种色彩还是听见某种色彩名称，心里就会自动描绘出这种色彩会带来的或喜欢、或讨厌、或开心、或悲伤的情绪。这种对色彩的心理反应或联想，往往与每个人过去的经验、生活环境、家庭背景、性格、

图2-219　减肥药的网页界面

图2-220　乌龙茗茶的网页界面

职业等有着密切的关系，虽然每个人都不同，但在设计网页界面时，仍需要以大多数人的联想作为依据，这样可以避免产生较大的形象误差，如表2-2所示。

如图2-221所示的网页界面，使用黄色到红橙色的渐变颜色作为网页背景，与明亮的黄色及高纯度的红色搭配，体现出快乐和活泼。如图2-222所示的网页界面，使用绿色作为主色调，墨绿色表现出了深邃与宁静，浅绿色表现出了活力，整个页面让人感觉宁静和自然。

3. 根据产品销售周期选择网页配色

色彩是商品非常重要的外部特征，决定着产品在消费者脑海中是去还是留的命运，而色彩为产品带来的高附加值的竞争力更为惊人。在产品同质化趋势日益加剧的今天，怎样让自己的品牌第一时间“跳”出来，迅速锁定消费者的目光？

（1）新品上市期。新的商品刚刚进入市场，并没有被大多数消费者所认

表2-2 色彩的联想

颜色		具体联想	抽象联想
红色		火焰、太阳、血色、苹果、草莓、玫瑰花	热情的、危险的、愤怒的、炎热的、勇气的、兴奋的
橙色		夕阳、南瓜、橘子、柿子	积极的、活力的、快乐的
黄色		月亮、星星、向日葵、鲜花、柠檬、香蕉、黄金	活泼的、醒目的、光明的、幸福的
绿色		自然、植物、叶子、西瓜、邮局、蔬菜	悠闲的、环保的、放松的、健康的、协调的、年轻的、新鲜的
蓝色		天空、大海、清水、湖泊、山川	清凉的、寒冷的、冷静的、庄严、诚实的、清爽的、神圣的
靛色		制服、茄子	认真的、严格的、沉着的、顺从的、孤立的
紫色		藤花、紫罗兰、葡萄、紫水晶	神秘的、高贵的、富有灵性的、忧郁的、浪漫的
黑色		夜晚、黑暗、乌鸦、黑发、墨、礼服、丧服、墨水	死亡的、神秘的、高级的、厚重的、恐怖的、邪恶的、绝望的、孤独的
白色		雪、云、兔子、纸、婚纱、白衣、天鹅、白米、盐、砂糖、牛奶	清洁的、纯真的、新鲜的、正义的、圣洁的、寒冷的
灰色		云、烟雾、阴沉的天空、水泥、沙子、老鼠	朴素的、优柔寡断的、模糊的、忧郁的、消极的、暗沉的

图2-221　瓜子的网页界面

图2-222　某公司的网页界面

识，消费者对新商品需要有一个接受的过程。为了突出宣传的效果，增强消费者对新商品的记忆，在新商品宣传界面的设计中，应尽可能使用色彩艳丽的单一色系的色调，以不模糊商品诉求为重点。

（2）产品推期。经过了前期对产品的大力宣传，消费者已经对产品慢慢熟悉，产品也拥有了一定的消费群体。在该阶段，不同品牌同质化的产品开始逐渐增多，无法避免地会产生竞争，为了在同质化的产品中脱颖而出，这时候产品宣传网页的色彩应以比较鲜明、鲜艳的色彩作为设计的重点，使其与同质化的产品产生差异。

（3）稳定销售期。经过不断的进步与发展，产品在市场中已经占有一定的市场地位，消费者对该产品也非常了解，并且该产品拥有一定数量的忠实消费者。该阶段，维护现有顾客对该产品的信赖就会变得非常重要，这时在网页界面设计中所使用的色彩，必须与产品理念相吻合，从而使消费者更了解产品理念，并感到安心。

（4）产品衰退期。市场是残酷的，大部分产品会经历一个从兴盛到衰退的过程，随着其他产品的更新，更流行的产品依次出现，消费者对该产品不再有新鲜感，销售量也会出现下滑趋势，这时产品就进入了衰退期。此时维持消费者对产品的新鲜感便是最大的重点，该阶段网页界面所使用的颜色必须是流行色或有新意义的独特色彩，将网页界面从色彩到结构做一个整体的更新，再次唤回消费者对产品的兴趣。

第五节
网页UI设计案例

一、web登入界面设计

（1）创建画布，如图2-223所示。

图2-223　创建画布

（2）绘制显示区1200px，如图2-224和图2-225所示。

（3）设置首页图片显示区域，如图2-226所示。

（4）如图2-227大小，距离顶部300 px。

（5）导入图片，在两图层之间利用Alt+左键创建蒙版遮罩，如图2-228，效果如图2-229所示。

（6）打开logo并调整大小，放置在左侧与显示区参考线切合，如图 2-230和图2-231所示。

图2-224 创建矩形

图2-225 绘制显示区

图2-226 设置首页图片显示区域

图2-227 显示大小

图2-228 创建蒙版遮罩

TMALL天猫

图2-230 打开logo

图2-229 创建后的效果

图2-231 放置logo

（7）绘制登入框样式，如图2–232所示。

（8）选择二维码，缩放到对应位置，如图2–233所示。

（9）在二维码上面绘制正方形，对二维码进行遮挡，如图2–234所示。

（10）输入密码登入文字，创建圆角矩形，制作输入框，如图2–235所示。

（11）描边颜色如图2–236所示。

（12）编辑内部输入文字，如图2–237所示。

（13）选择输入框形状与文字，进行水平、垂直对齐，如图2–238和图2–239所示。

（14）复制账号输入框，制作密码输入框，如图2–240所示。

（15）再次复制创建登入按钮，如图2–241所示。

（16）设置登入文字字号，如图2–242所示。

（17）给二维码添加图层样式，使颜色叠加，色彩与登入按钮一致，如图2–243所示。

图2–232 绘制登入框样式

图2–233 缩放二维码

图2–234 绘制正方形

图2–235 制作输入框

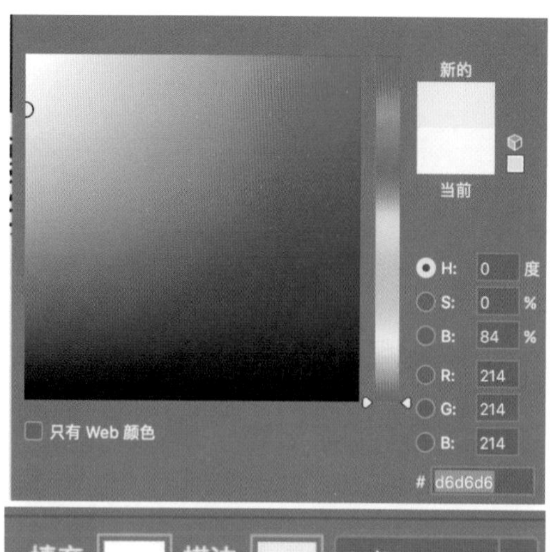

图2-236　描边颜色

图2-237　编辑内部输入文字

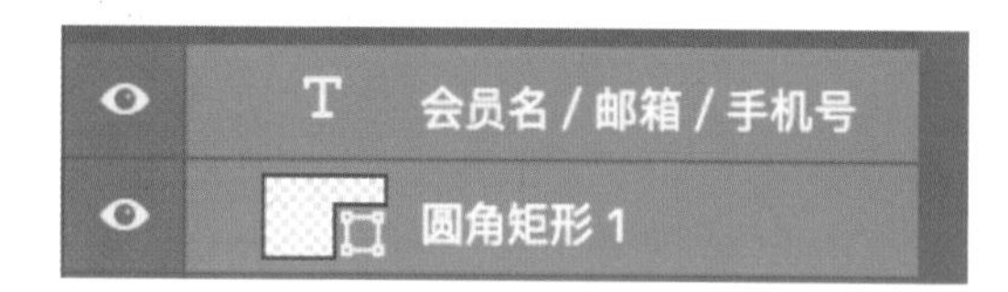

图2-238　选择输入框形状及文字

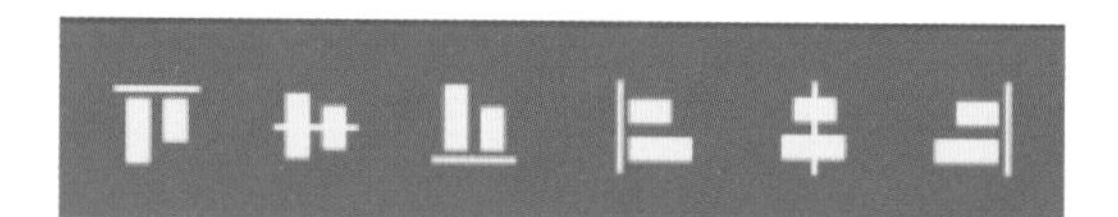

图2-239　水平、垂直对齐

图2-240　制作密码输入框

图2-242　设置登入文字字号

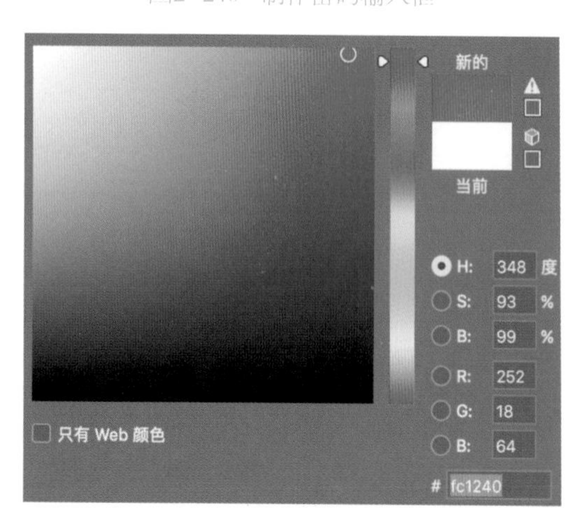

图2-241　创建登入按钮

图2-243　添加图层样式

（18）选择背景，对透明度进行调节，如图2-244所示。

（19）绘制按钮大小，如图2-245所示。

（20）创建圆形形状，如图2-246所示。

（21）设置圆形颜色，如图2-247所示。

（22）绘制另一个圆形，大小如图2-248所示。

（23）选择绘制的形状图层，布尔运算选择减法，选择矩形进行处理，如图2-249所示。

（24）最终样式如图2-250所示。

（25）绘制密码图标，如图2-251所示。

（26）设置圆角矩形半径大小，如图2-252所示。

（27）选择圆角矩形，绘制锁头，复制形状，布尔运算选择减法，利用Ctrl+T键进行缩放，如图2-253所示。

（28）得到形状，选择圆角矩形的锁心，复制并删除形状，之后再粘贴，如图2-254所示。

（29）选择两个图标，设置，色彩，如图2-255所示。

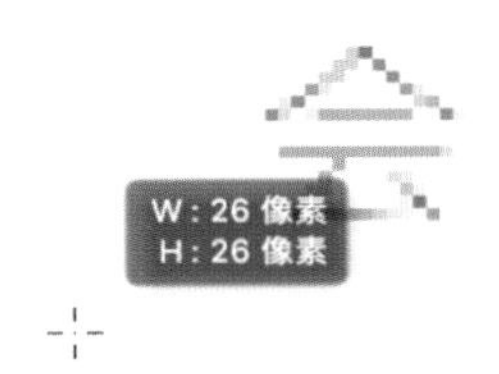

图2-245　绘制按钮大小

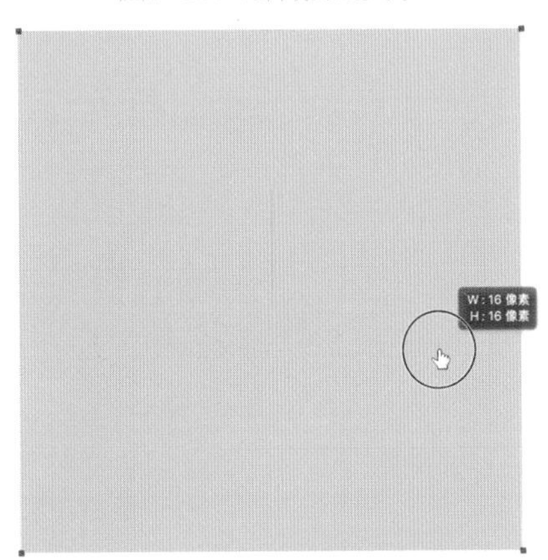

图2-246　创建圆形形状

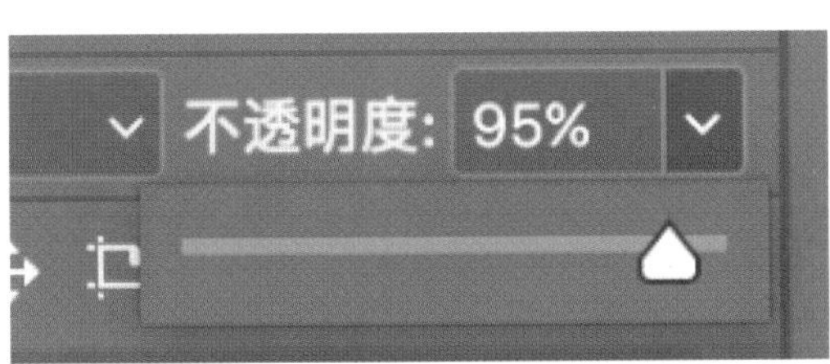

图2-244　调节透明度

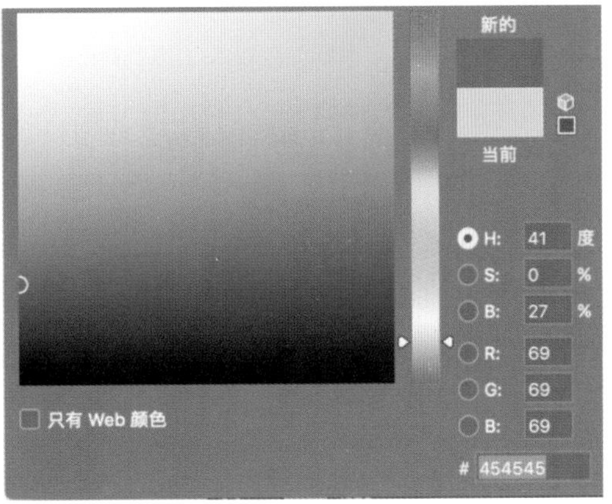

图2-247　设置圆形颜色

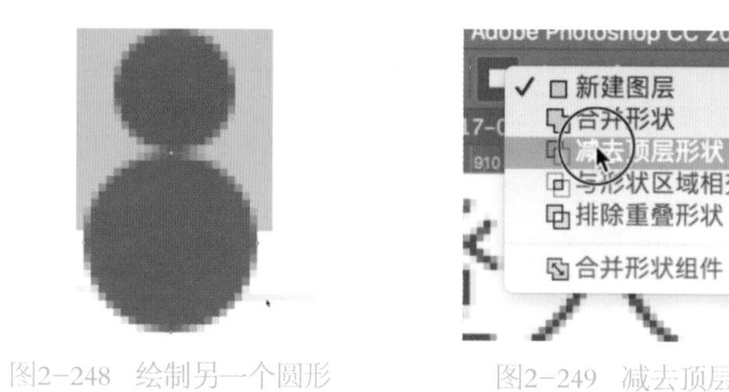

图2-248　绘制另一个圆形

图2-249　减去顶层样式

图2-250　最终样式

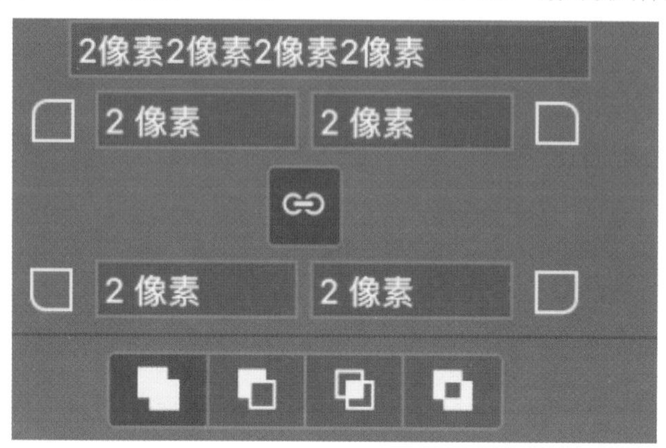

图2-252　设置圆角矩形半径大小

图2-251　绘制密码图标

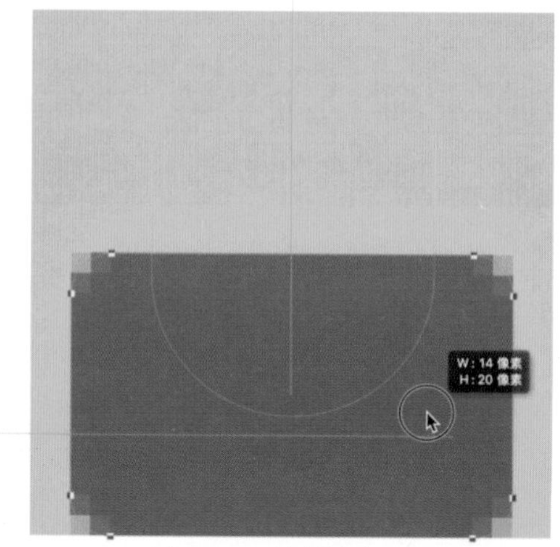

图2-253　绘制锁头

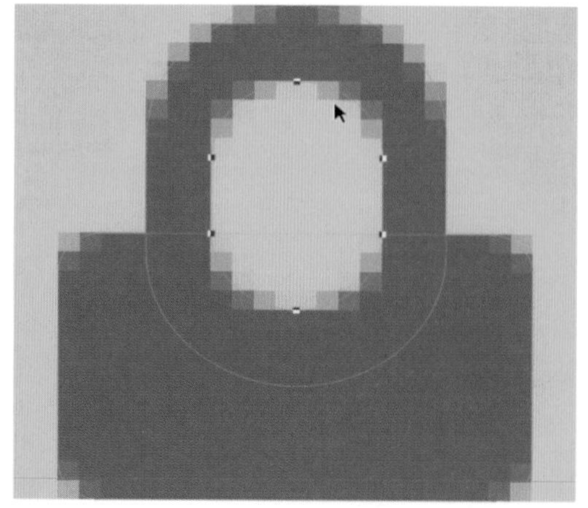

图2-254　选择锁心

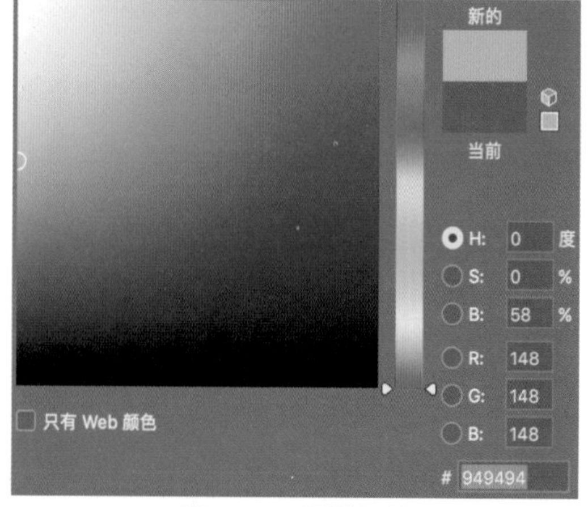

图2-255　设置色彩

（30）Web登入界面的完成效果如图2-256所示。

二、web首页设计

（1）创建web画布，尺寸为1440px×900px，效果如图2-257所示。

（2）创建参考线，显示区域为1200px，导航栏高度为100px，如图2-258所示。

（3）选择文字工具，编辑logo大小。字号为36px，如图2-259所示。

（4）效果如图2-260和图2-261所示，黑色区域为显示区域。

（5）导入图片，铺满全部画布，如图2-262所示。

（6）使用矩形工具创建白色矩形，作为导航栏背景，如图2-263和图2-264所示。

（7）绘制menu栏并设置字体大小，如图2-265和图2-266所示。

W: 1440
H: 900

图2-257　创建web画布

TMALL天猫

图2-256　完成效果图

（8）绘制menu栏选中效果，使用矩形绘制对应尺寸形状，将透明度调整到60%～80%，如图2-267所示。

（9）编辑文字，文字字号为50px，选择所有文字进行垂直中心分布，如图2-268所示。

（10）制作功能选中效果，如图2-269所示。

（11）绘制选中背景形状，尺寸如图2-270所示，颜色如图2-271所示，对齐放置。

图2-258　创建参考线

图2-259　编辑logo大小

图2-260 效果图1

图2-261 效果图2

图2-262 导入图片

图2-263 创建白色矩形

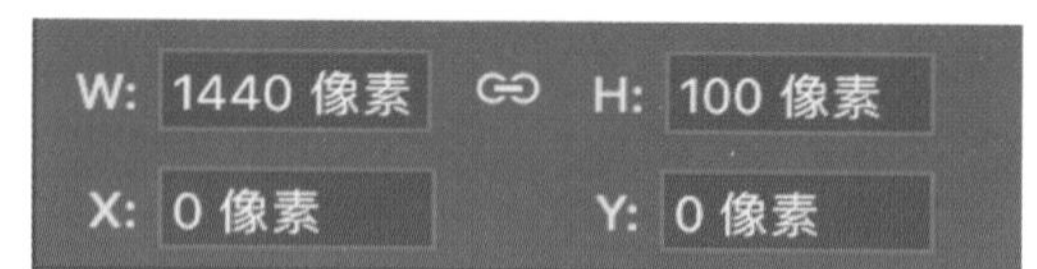

图2-264 矩形大小

图2-266 menu的字体大小

图2-265 绘制menu栏

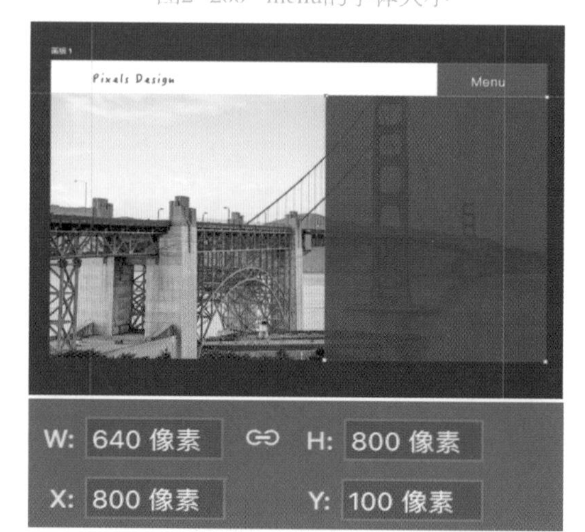

图2-267 绘制对应尺寸形状

图2-268 创建文字及字号

图2-269 制作功能选中效果

（12）使用矩形绘制箭头，如图2-272所示。

（13）绘制menu图标，保证大小为偶数，如图2-273所示。

（14）最终完成，调节细节，如图2-274所示。

三、维多利亚秘密界面设计

（1）创建画布，设置1200px显示区，如图2-275所示。

（2）选择“视图”－“显示”－“网格”方便进行布局控制，如图2-276所示。

（3）按照图中样式设置对应功能区参考线，如图2-277所示。

（4）绘制矩形，来规定顶部品牌导航的空间及大小，如图2-278所示。

（5）颜色设置如图2-279所示。

（6）导入图片素材，如图2-280所示。

（7）绘制右侧功能按钮，设置各按钮区域，如图2-281所示。

（8）拉取参考线，如图2-282所示。

（9）选择矩形工具制作信封图标，外轮廓，如图2-283～图2-285所示。

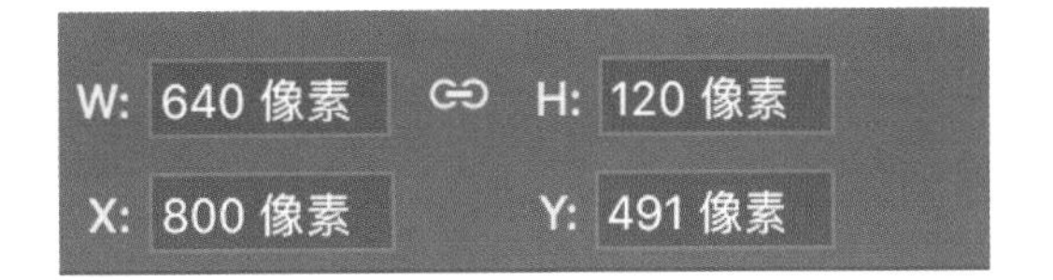

图2-270 绘制的尺寸 及字号

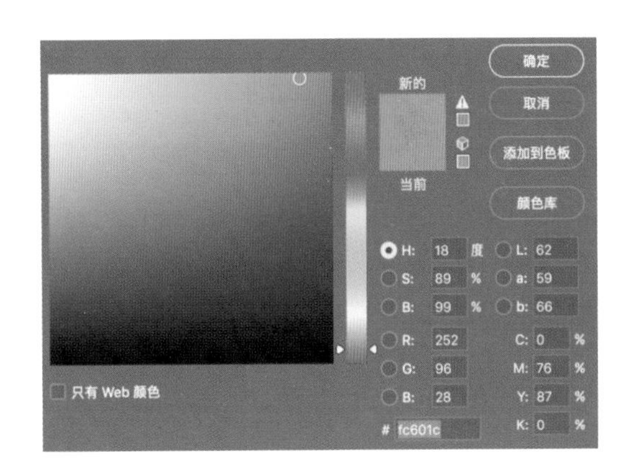

图2-271 绘制的颜色

图2-272 绘制箭头

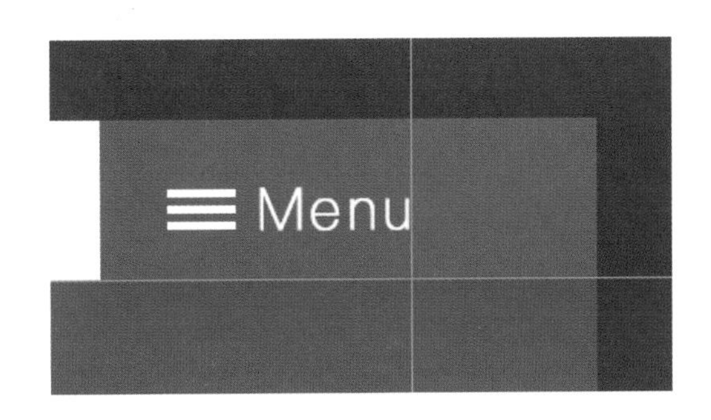

图2-273 绘制menu图标

图2-274 调节细节

图2-275 创建画布

图2-276 进行布局控制

图2-277 设置对应功能区参考线

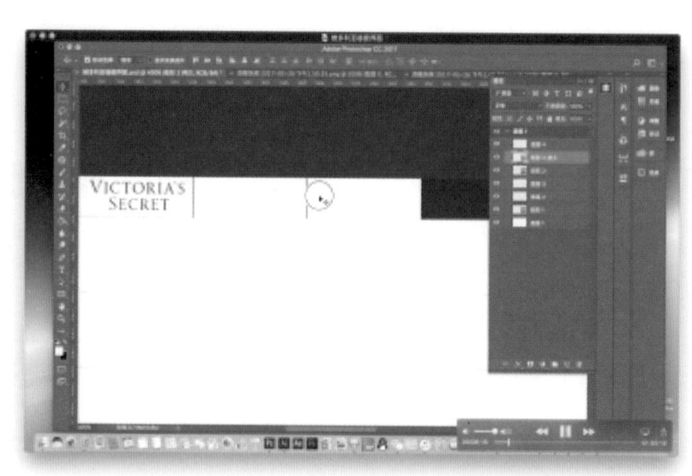

图2-278 绘制矩形

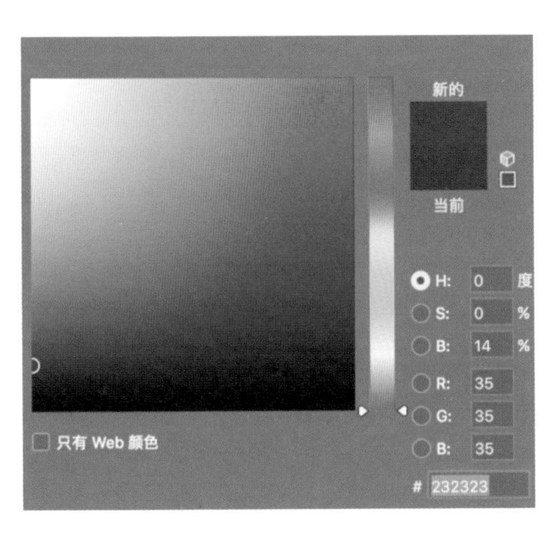

图2-279　颜色设置

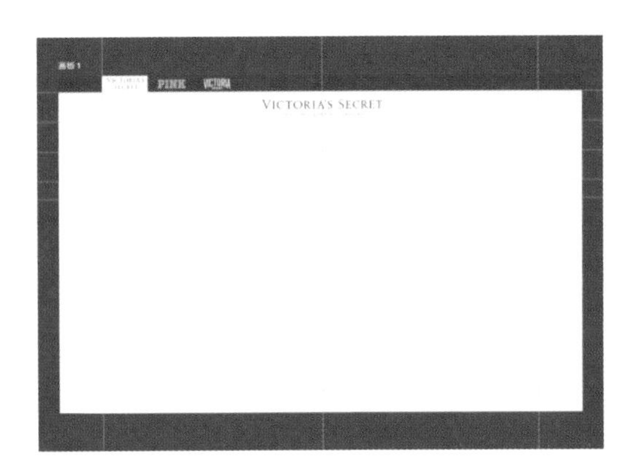

图2-280　导入图片素材

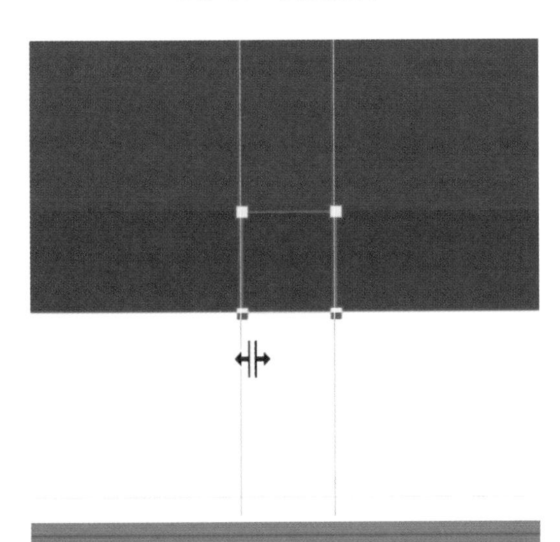

图2-281　绘制右侧功能按钮

图2-282　拉取参考线

图2-283　确定颜色

图2-284　绘制矩形

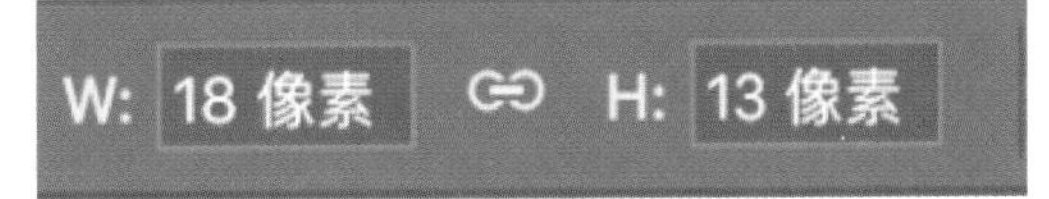

图2-285　确定大小

（10）选择矩形形状下的自定义形状，从中选择心形形状，如图2-286所示。

（11）布尔运算设置为减法，在矩形形状上绘制心形形状，如图2-287和图2-288所示。

（12）绘制向下箭头，如图2-289所示。

（13）选择椭圆形状，如图2-290所示。

（14）绘制大小，如图2-291所示。

（15）再次选择椭圆形状，绘制如图2-292的样式。

（16）选择后来绘制的椭圆形状，选择，直接选择工具选择最下面的锚点，删除锚点后得到个人中心图标，如图2-293所示。

（17）选择自定义形状，选择问号图标，将刚才做的向下图标复制移动到对应位置，如图2-294～图2-296所示。

（18）选择自定义形状，选择心型图标，选择文字工具并添加14px的文字，如图2-297和图2-298所示。

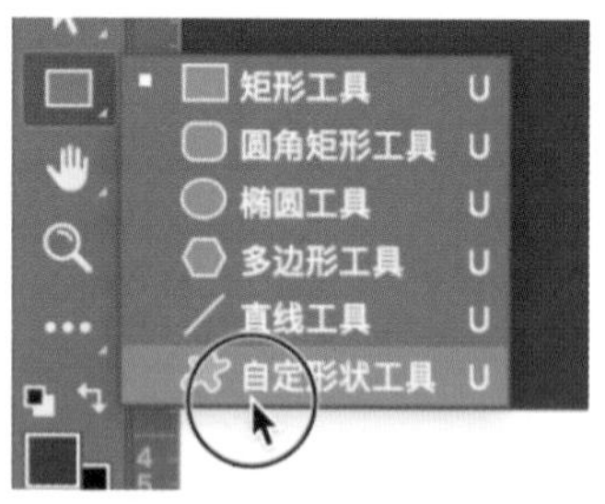

图2-286 选择自定义形状

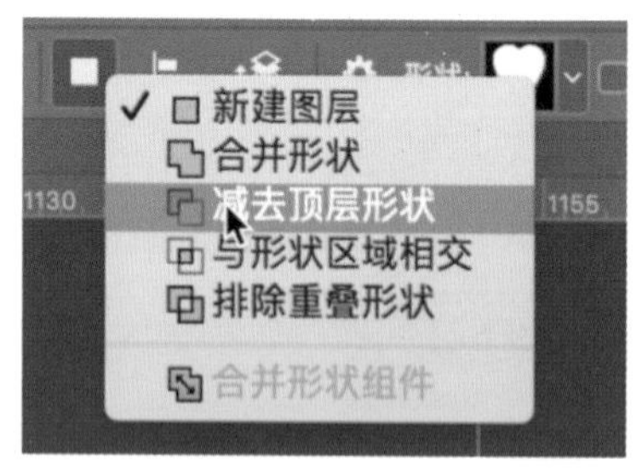

图2-287 减去顶层形状

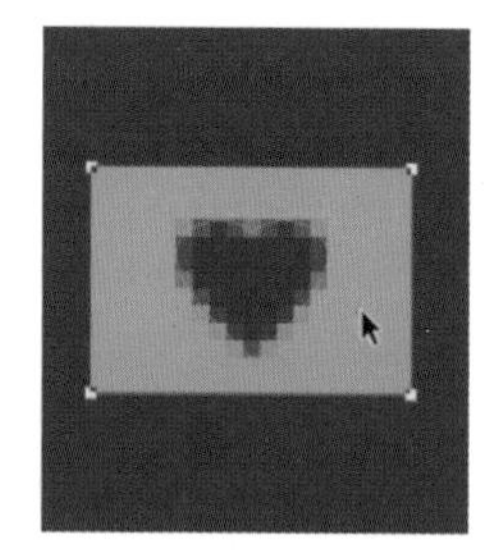
图2-288 绘制心形形状

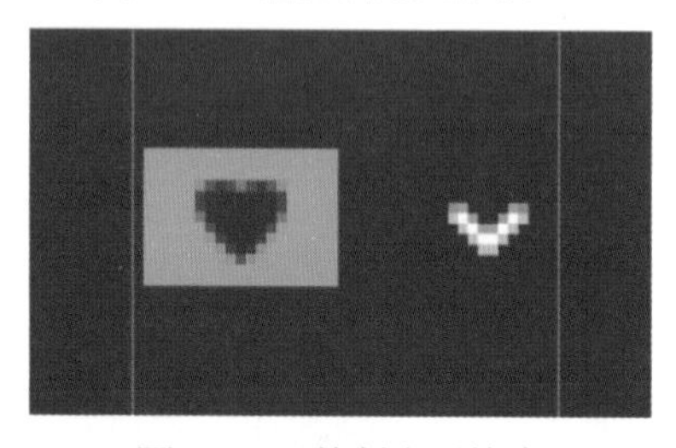
图2-289 绘制向下箭头

图2-290 选择椭圆形状

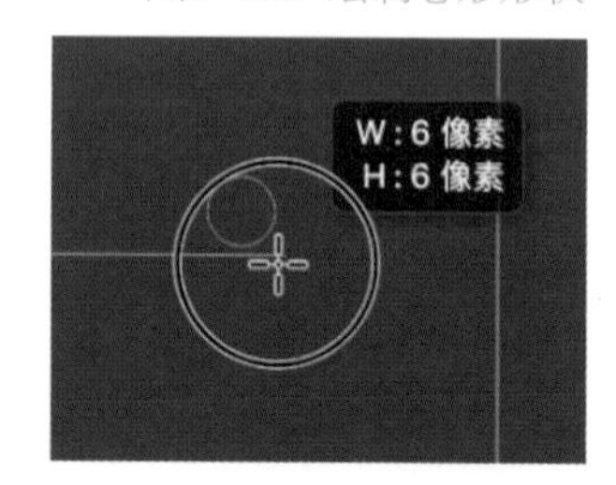

图2-291 设置大小

图2-292 绘制样式

图2-293 删除锚点

图2-294 选择自定义形状

图2-296 移动向下图标

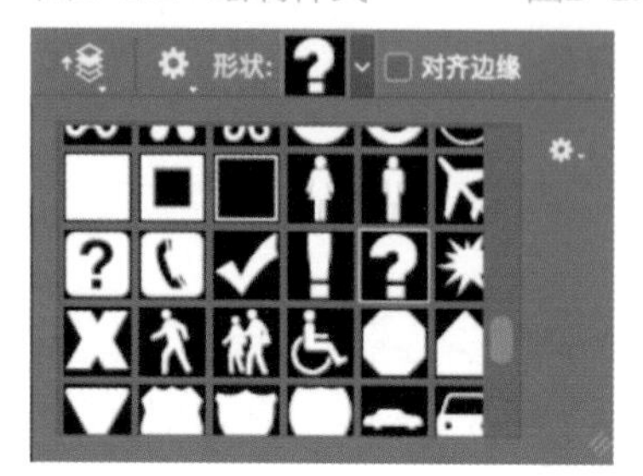

图2-295 选择问号图标

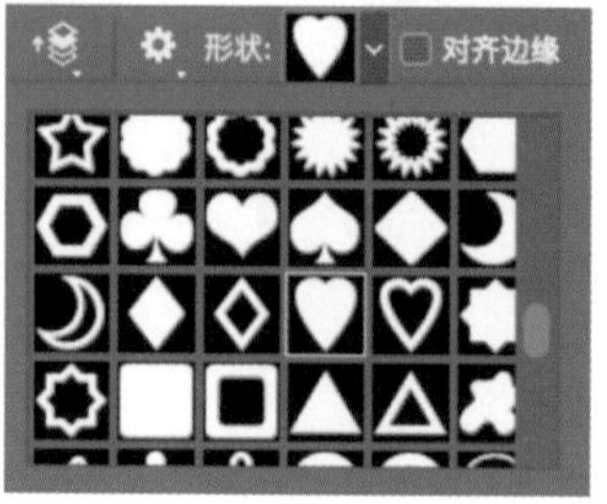

图2-297 选择心形图标

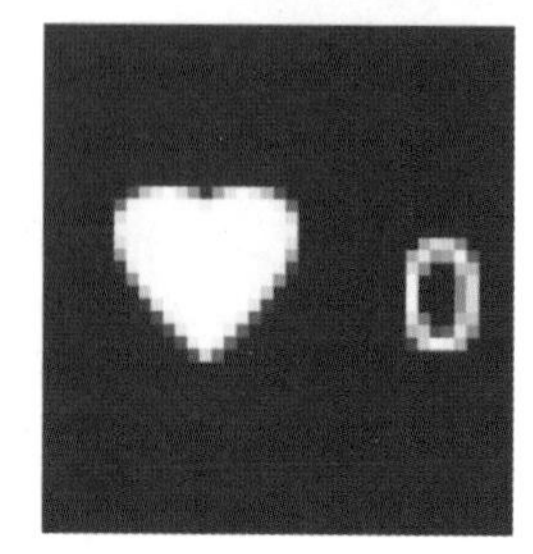
图2-298 添加文字

（19）绘制圆角矩形形状。

（20）选择钢笔工具，将布尔运算调节成合并形状，绘制对应形状，得到购物车图标，如图2-299~图2-303所示。

（21）效果如图2-304所示，导入logo文件到对应位置，注意控制图片大小。

（22）利用文字工具编辑“Angel Card”和“Get Email”，设置如图2-305和图2-306所示。

（23）绘制两个文字间的分割线，如图2-307～图2-310所示。

（24）绘制右侧搜索栏，如图2-311、图2-312所示。

（25）选择椭圆形状，利用Shift键创建正圆，如图2-313和图2-314所示。

（26）复制圆形，然后粘贴到本图层，将布尔运算设置成减去，Ctrl+T键进行缩放，如图2-315所示。

（27）绘制圆角矩形形状，如图2-316所示。

（28）利用Ctrl+T键进行旋转，如图2-317所示。

图2-299 选择圆角矩形

图2-300 绘制圆角矩形

图2-301 选择钢笔工具

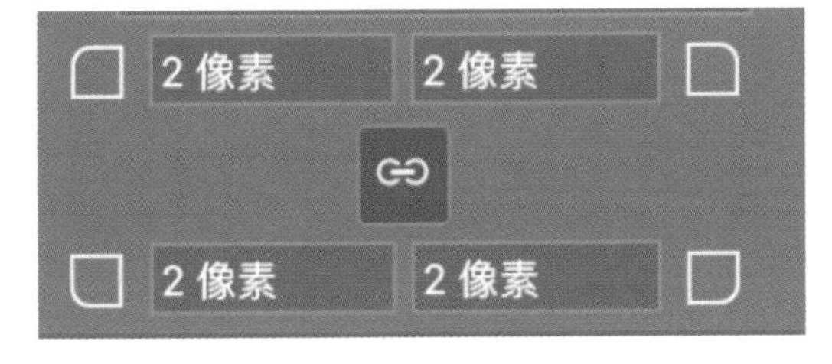

图2-302 绘制大小

图2-303 设置圆角矩形形状

图2-304 导入logo文件

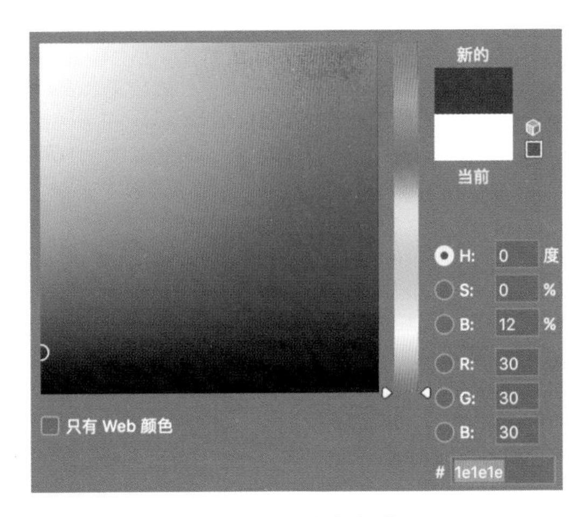

图2-305 文字颜色

图2-306 设置文字字体及大小

图2-307 选择工具　　图2-308 设置分割线长度

图2-309 设置分割线颜色

图2-310 绘制分割线

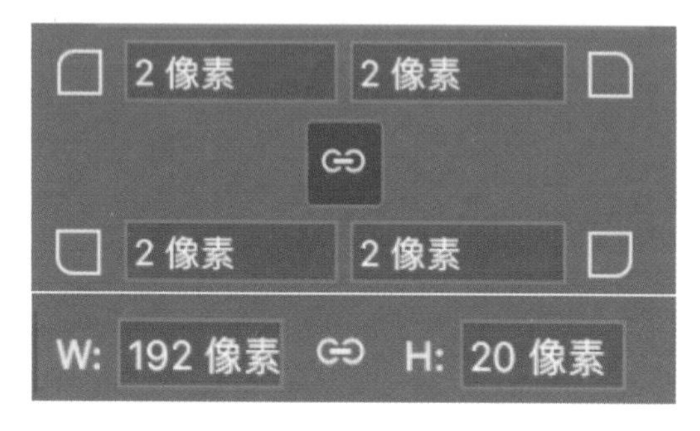

图2-311 设置绘制的大小

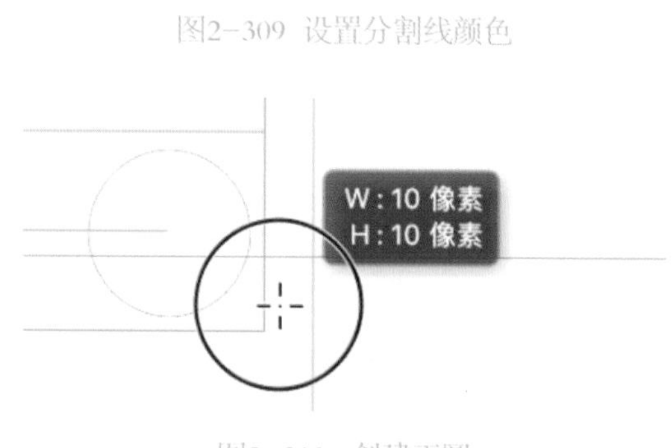

图2-313 创建正圆

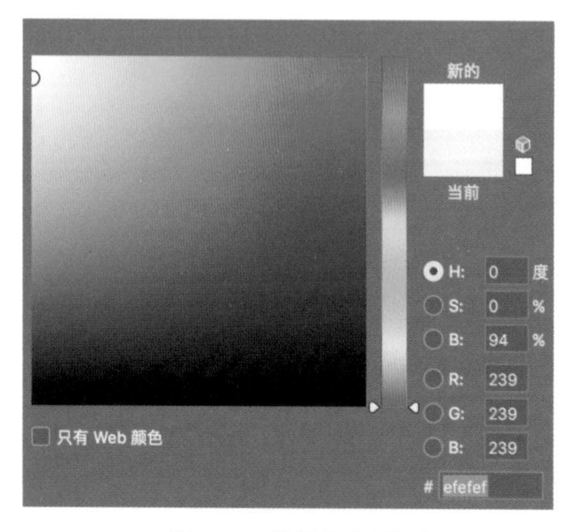

图2-312 设置搜索栏颜色

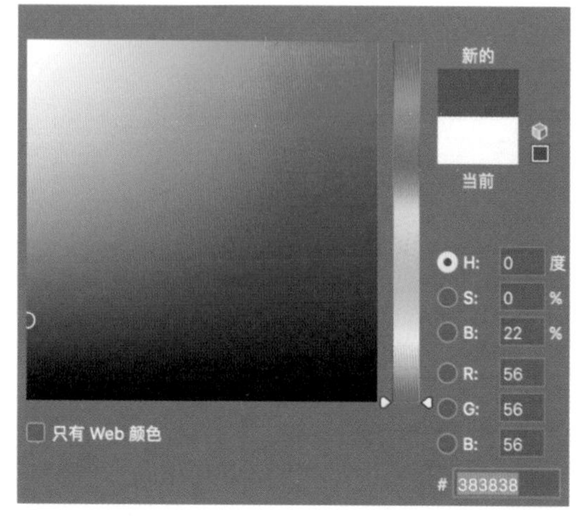

图2-314 设置正圆颜色

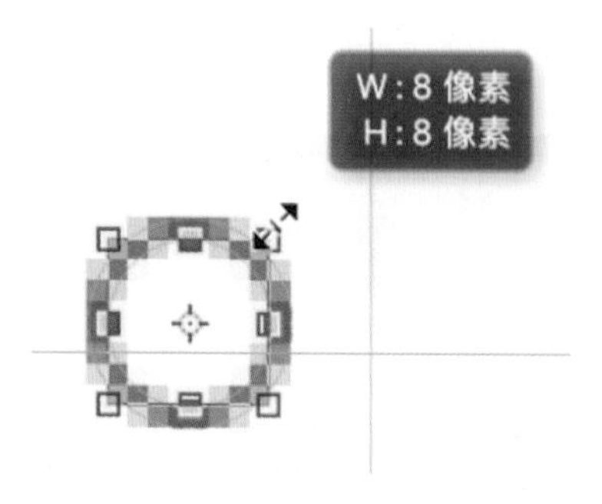

图2-315 缩放圆形

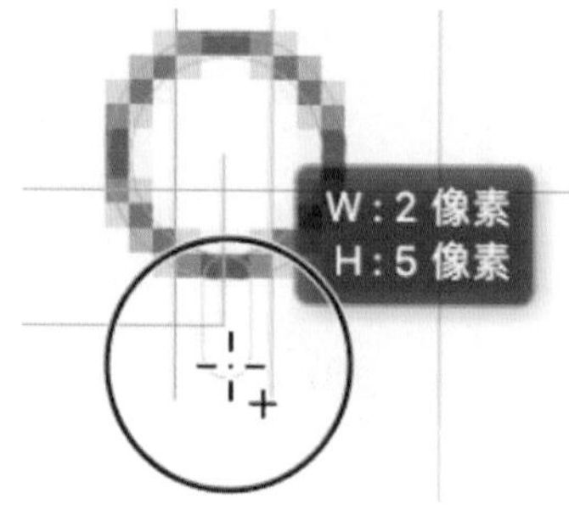

图2-316 绘制圆角矩形

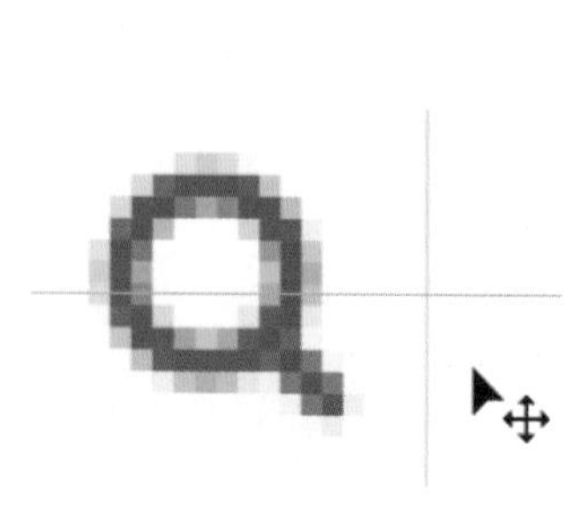

图2-317 旋转

（29）得到对应效果，制作标题文字，如图2-318所示。

（30）选择所有文字图层，设置水平、居中分布，如图2-319和图2-320所示。

（31）设置文字字体及大小，如图2-321所示。

（32）设置底部分割线，如图2-322～图2-324所示。

（33）编辑“Push-Up”文字，如图2-325所示。

（34）绘制其他两条参考线，如图2-326所示。

（35）使用文字工具，选择“Push-Up”文字，在顶部点击文字属性，进行粗体设置，如图2-327和图2-328所示。

（36）编辑“8items”及“filter”文字，大小为12px，如图2-329所示。

（37）设置“size”“style”“color”文字，如图2-330所示。

（38）绘制矩形形状，设置如图2-331和图2-332所示。

图2-318 制作标题文字

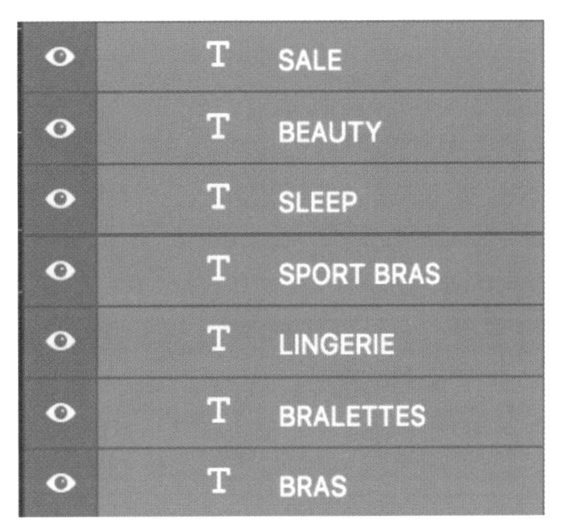

图2-319 选择所有文字图层

图2-321 设置文字字体及大小

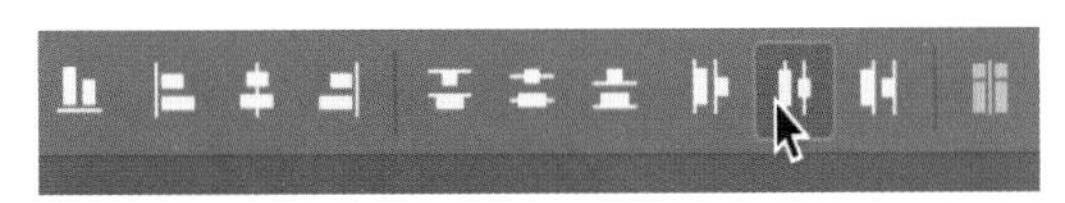

图2-320 设置水平、居中分布

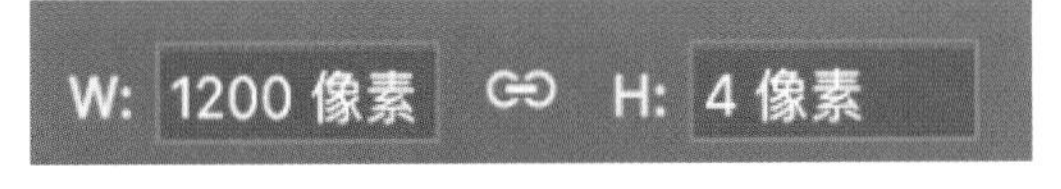

图2-322 设置底部分割线长度

图2-323 设置底部分割线的效果

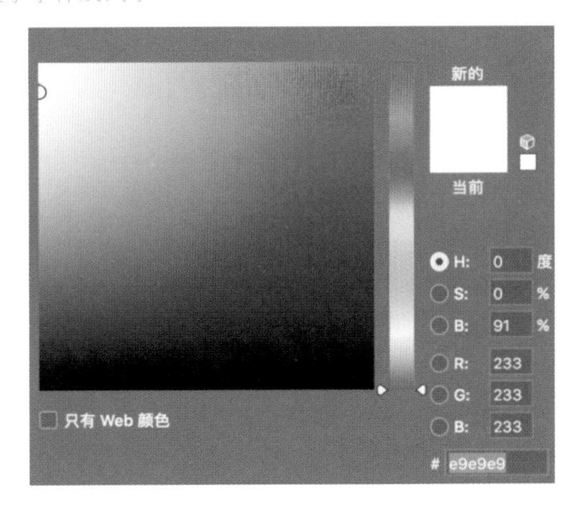

图2-324 设置底部分割线颜色

图2-325 编辑“Push-Up”文字

图2-326 绘制其他两条参考线

图2-327 使用文字工具

图2-328 粗体设置

图2-330 设置“size” “style” “color”文字

图2-329 编辑“8items”及“filter”文字

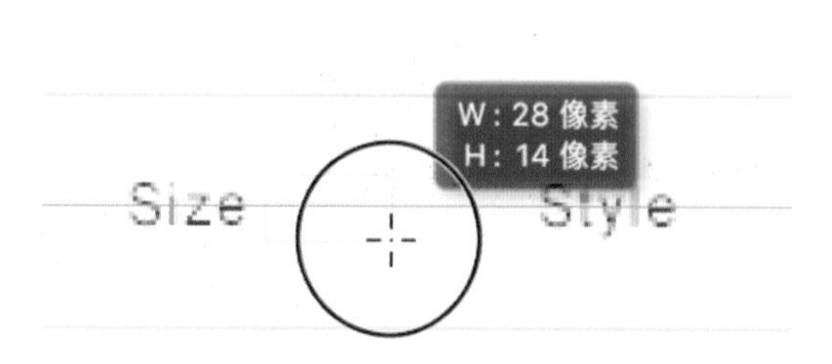

图2-331 绘制矩形形状

图2-332 设置矩形颜色

（39）绘制向下箭头，样式如图2-333所示。

（40）复制“size”文字及右侧向下按钮，选择文字工具并编辑“sort by recommended”，如图2-334所示。

（41）选择文字工具，选中“sort by”文字，属性设置中选择粗体，如图2-335和图2-336所示。

（42）效果如图2-337所示。

（43）选择矩形形状，设置图片展示区域，复制并移动到对应位置，如图2-338和图2-339所示。

（44）选择移动工具，选择所有图形，在顶部进行水平、居中分布，如图2-340和图2-341所示。

（45）导入图片素材，将图片放置到形状上部，在两图层间利用Alt+左键创建蒙版遮罩，如图2-342所示。

（46）效果如图2-343所示。

（47）选择自定义形状，绘制心形形状，如图2-344所示。

（48）在图片下面进行图片标题的设计，如图2-345所示。

（49）选择自定义形状，绘制星形形状，如图2-346所示。

（50）绘制五个星形形状并缩放大小，如图2-347所示。

（51）设置星形形状颜色，如图2-348所示。

（52）选择矩形，绘制如图2-349的

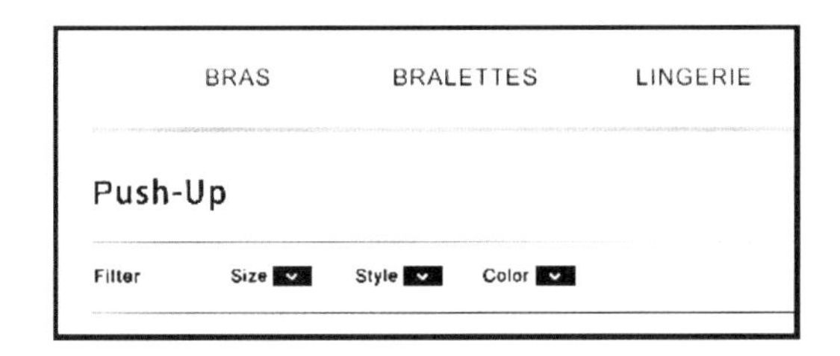

图2-333　绘制向下箭头

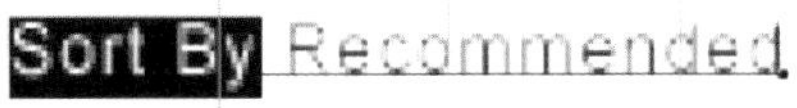

图2-334　编辑“sort by recommended”

Sort By Recommended

图2-335　选中“sort by”文字

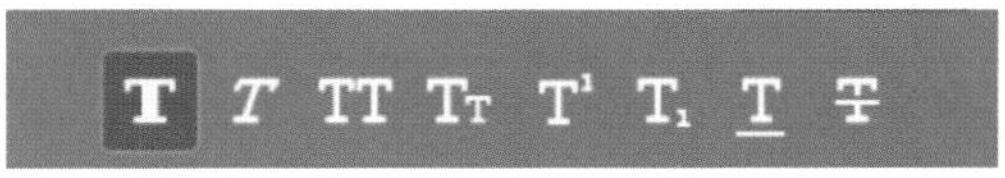

图2-336　设置粗体

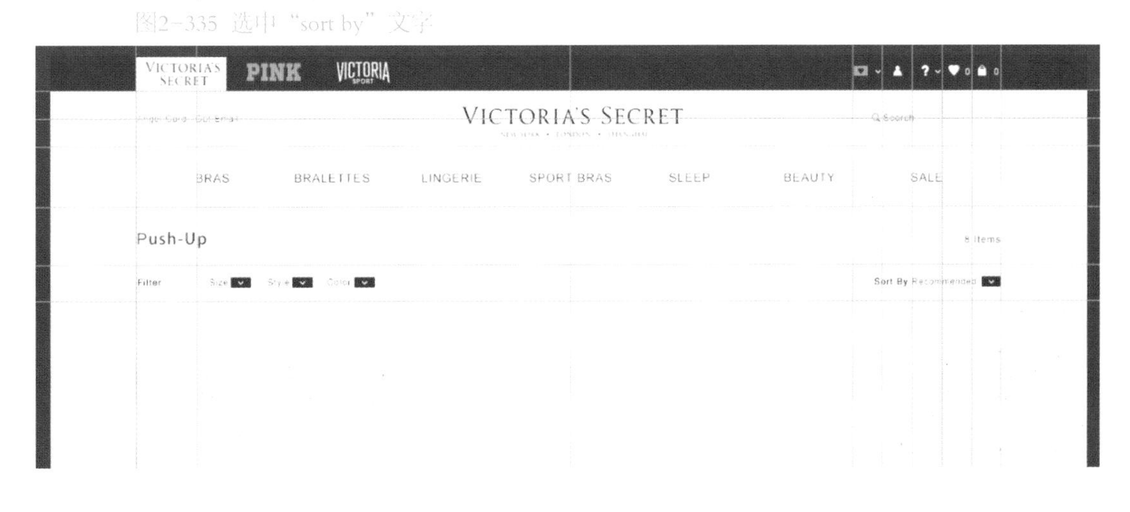

图2-337　文字部分的效果图

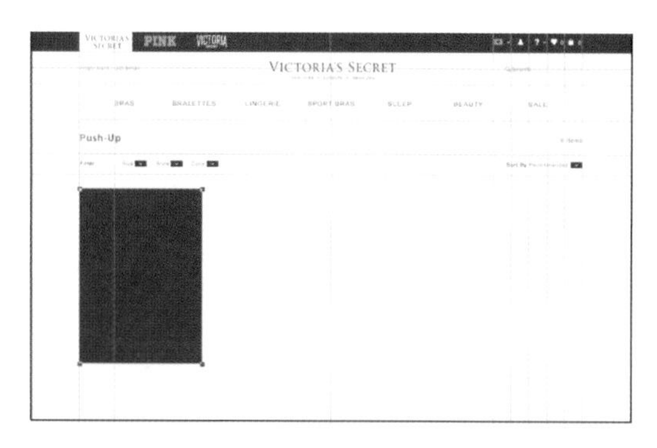

图2-338 设置图片展示区域

图2-339 设置大小

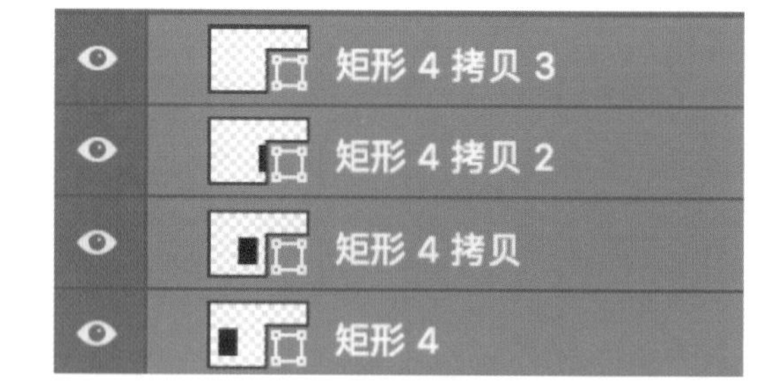

图2-340 选择所有图形

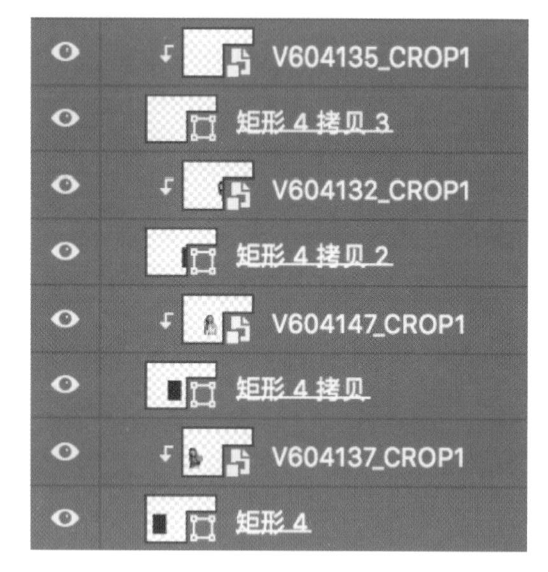

图2-342 导入图片素材

图2-341 设置水平、居中分布

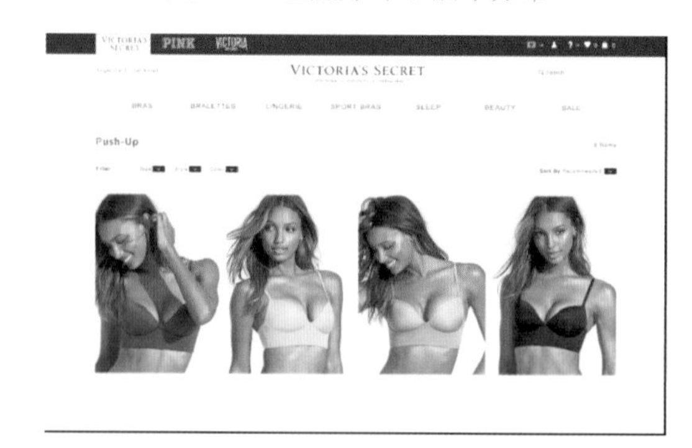

图2-343 图片部分的效果图

图2-344 绘制心形形状

图2-345 设计图片标题

图2-346 选择星形形状

New ! The Bralettes Collection Plus-Up
Bralettes
W: 90 像素
H: 16 像素

图2-347 绘制星形形状并缩放大小

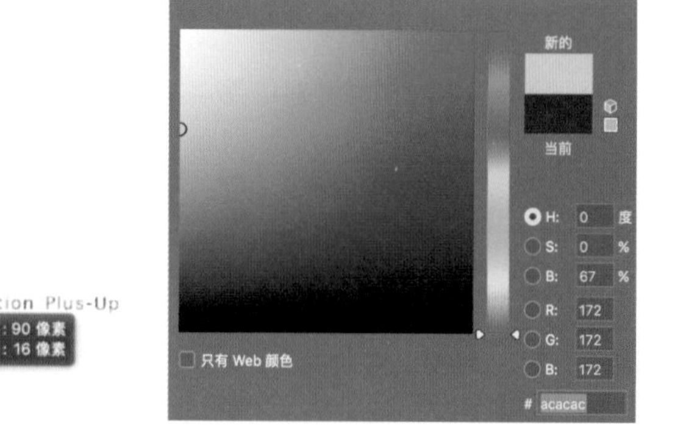

图2-348 设置星形形状颜色

样式。

（53）矩形颜色，将矩形放置到星形图层上，在两图层间l利用Alt+左键创建蒙版遮罩，如图2-350所示。

（54）绘制价格文字属性设置，如图2-351所示。

（55）编辑文字“8 colors”，如图2-352所示。

（56）设置底部图形样式，如图2-353～图2-355所示。

（57）编辑“today's offer”文字。

（58）绘制圆角矩形形状，如图2-356和图2-357所示。

（59）绘制中线参考线，利用钢笔工具给形状添加锚点，如图2-358所示。

（60）选择钢笔工具，利用Alt键点击绘制的锚点，如图2-359所示。

（61）直接选择工具，选择锚点并向上移动，如图2-360所示。

（62）设置布尔运算为减法，如图2-361所示。

（63）选择自定义形状，绘制心形形状，如图2-362～图2-365所示。

（64）选择绘制后的形状，利用Ctrl+T键进行旋转，如图2-366所示。

（65）最终完成的维多利亚秘密界面设计效果如图2-367所示。

图2-349　绘制矩形样式

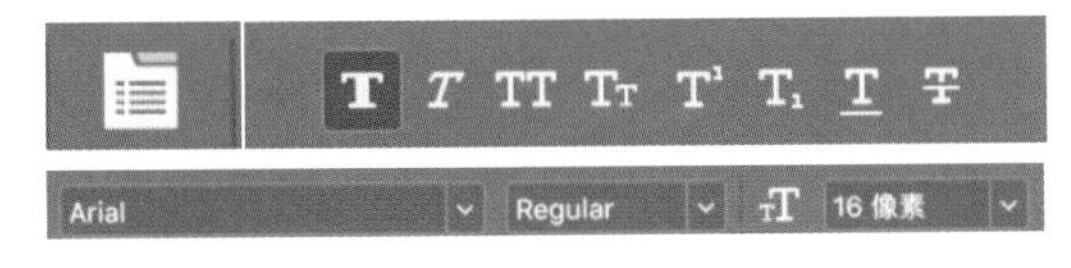

图2-351　绘制价格的文字属性设置

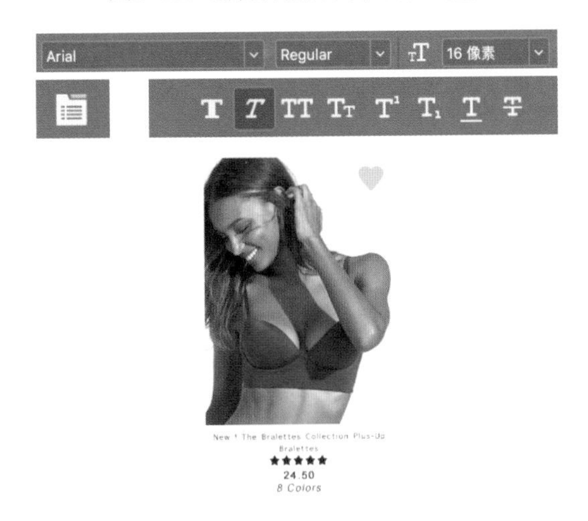

图2-352　编辑文字“8 colors”

图2-350　设置矩形颜色

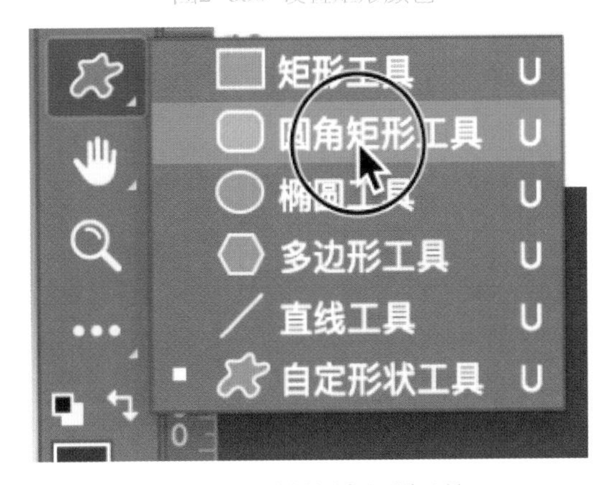

图2-353　选择圆角矩形工具

图2-354 设置描边及填充

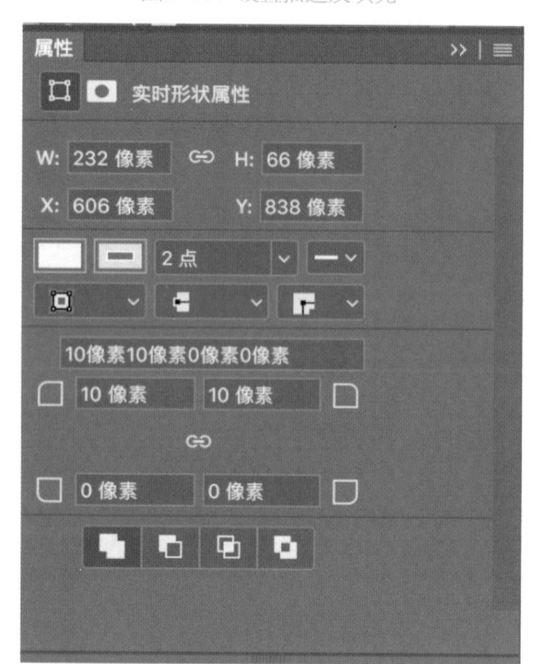

图2-355 属性设置

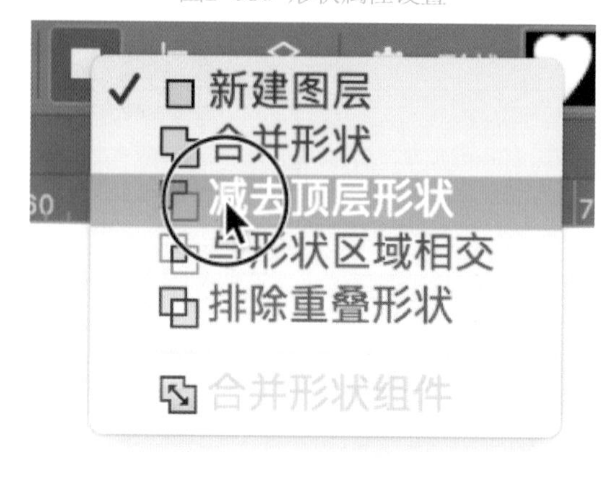

图2-356 形状属性设置

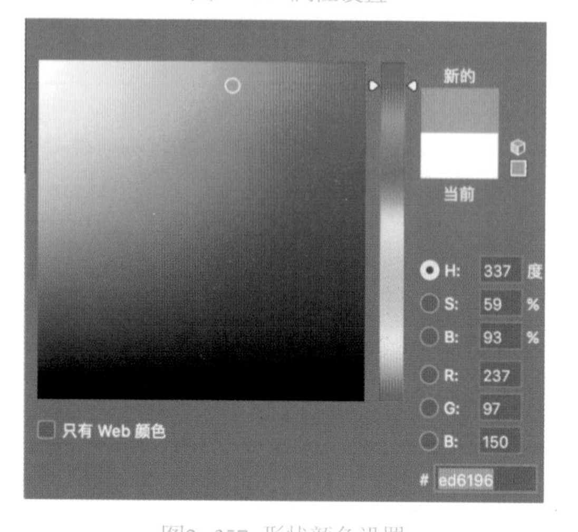

图2-357 形状颜色设置

新建图层
合并形状
减去顶层形状
与形状区域相交
排除重叠形状
合并形状组件

图2-361 减去顶层形状

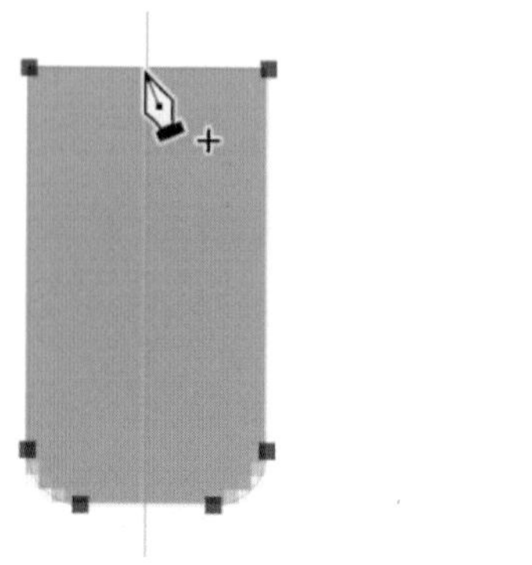

图2-358 绘制中线参考线

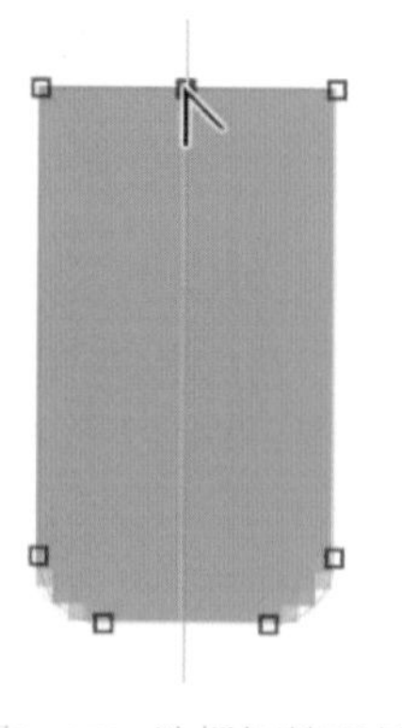

图2-359 选择钢笔工具

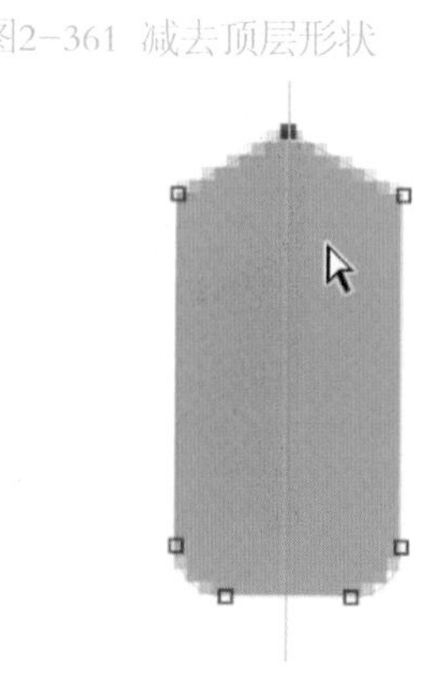

图2-360 直接选择工具

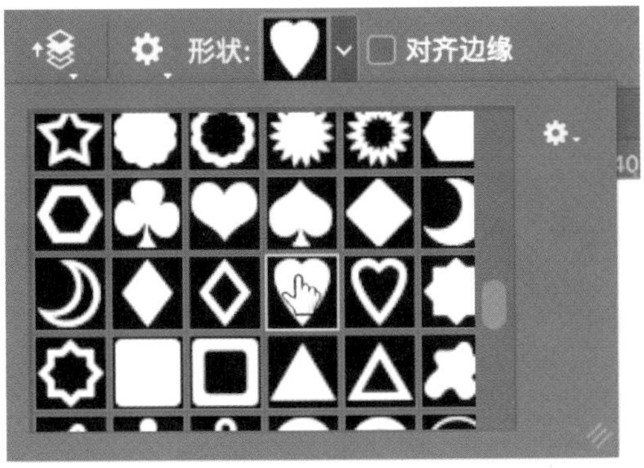

图2-362 选择心形形状

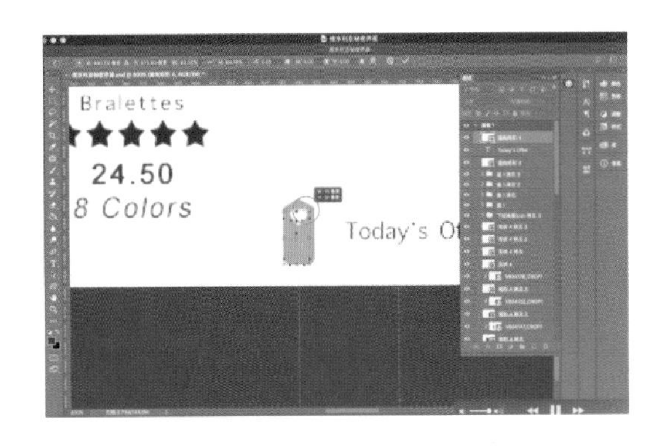

图2-363 绘制心形形状

图2-364
选择自定义形状

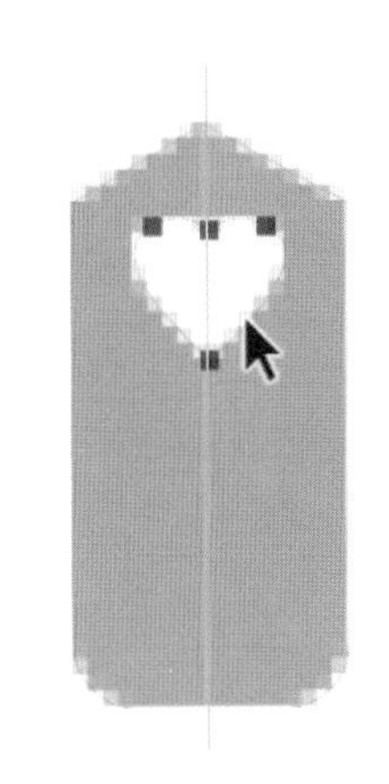

图2-366 旋转绘制形状

图2-365 调整心形形状

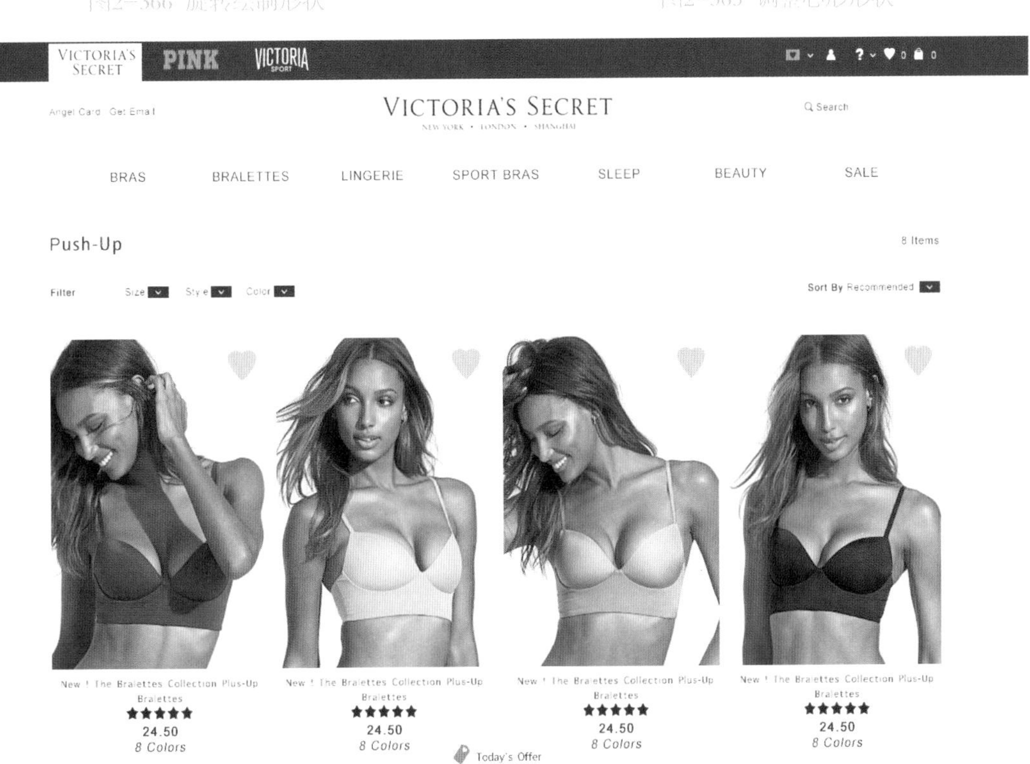

图2-367 最终完成的界面设计效果图

布尔是英国的数学家，在1847年发明了处理二值之间关系的逻辑数学计算法，包括联合、相交、相减。在图形处理操作中引用了这种逻辑运算方法使得简单的基本图形组合产生新的形体，并由二维布尔运算发展到三维图形的布尔运算。

本／章／小／结

本章采用基础与案例相结合的方法讲解了有关网页UI设计的相关知识，包括网页设计基本准则，网站导航设计，网页布局与版式设计，网页UI配色等内容，使读者对网页UI设计有更深入的了解和认识。

思考与练习

1. 导航菜单在网页中的布局有哪些形式?

2. 常见的网页布局方式有哪些?

3. 网页UI配色的方法有哪些?

4. 练习制作web登入界面。

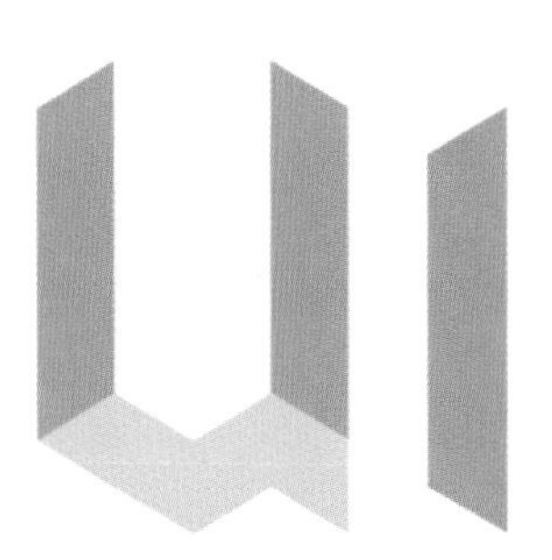

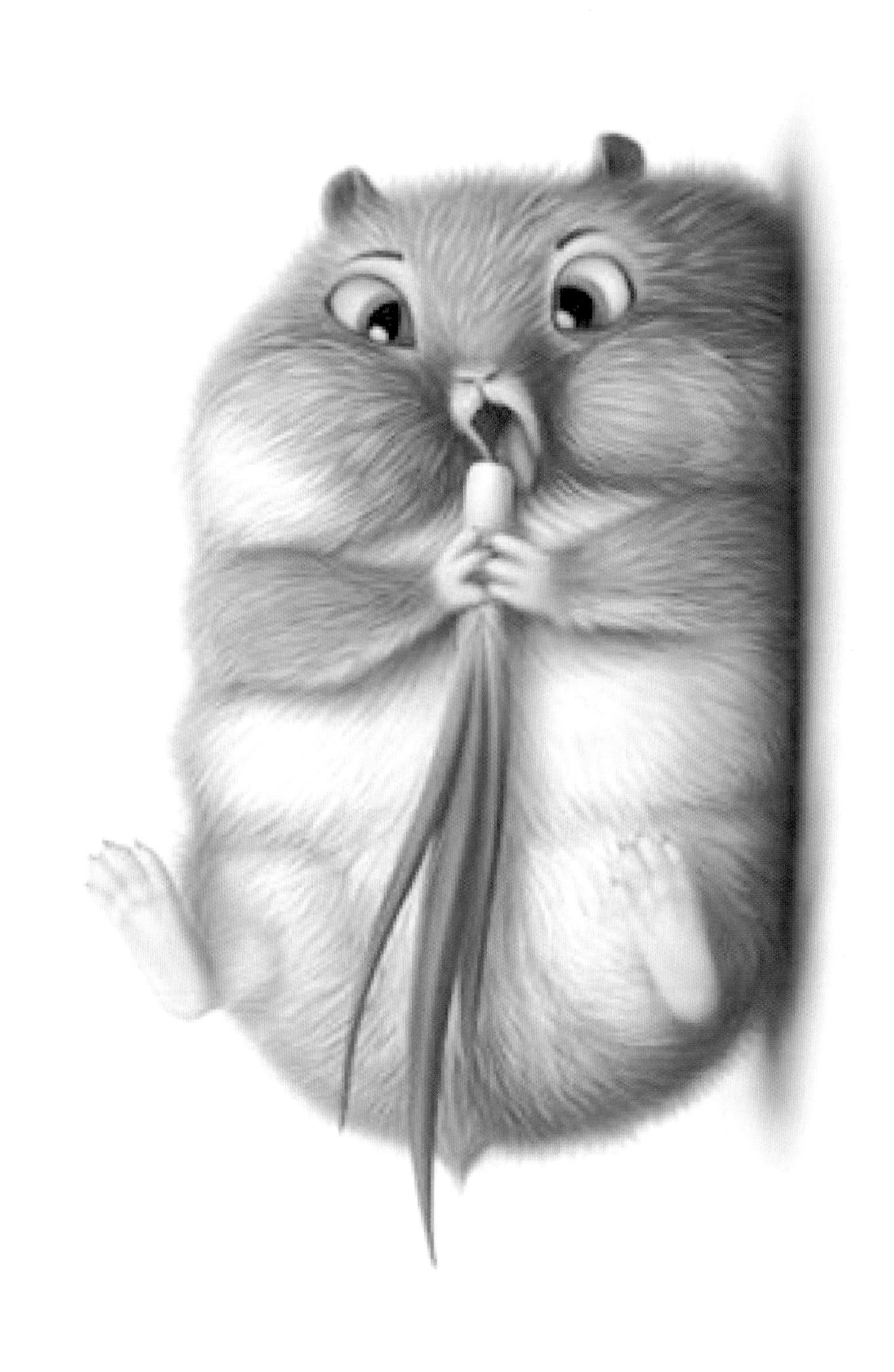

第三章
手机App UI设计

章节导读

- 手机App UI设计基础
- 手机App UI设计理论
- 手机App UI设计技巧
- 手机App UI设计案例

第一节 手机App UI设计基础

一、色彩搭配

在色彩设计应用中，对于颜色不同程度的理解会影响到设计页面的表现。熟练地使用色彩搭配，设计也能事半功倍。一张优秀的设计作品，它的色彩搭配一定是和谐得体，令人赏心悦目。

一般情况下，影响色彩搭配思维的因素如下：

①只关注色彩表象；

②搭配方法不够系统；

③色彩和构成掌握不到位。

根据三个大类配色方式，结合一些案例，分析色彩在页面中的应用手法。

1. 色相差而形成的配色方式

有主导色彩的配色是由一种色相构成的统一性配色，即由某一种色相支配、统一画面的配色，若不是同一种色相，色环上相邻的类似色也可以形成相近的配色效果。当然，也存在一些色相差距较大的做法，例如撞色的对比，或有无色彩的对比。

（1）同色系配色是指主色和辅色均在同一色相上，这种配色方法常常会给人页面一致化的感受，如图3-1所示。

颜色的深浅分别承载不同类型的内容信息：白色底表示用户内容；浅蓝色底表示回复内容；更深一点的蓝色底表示可回复操作。颜色主导着信息的层次，也维持了Twitter的品牌形象。

颜色差分割页面的层次与模块，并代表不同的功能属性。

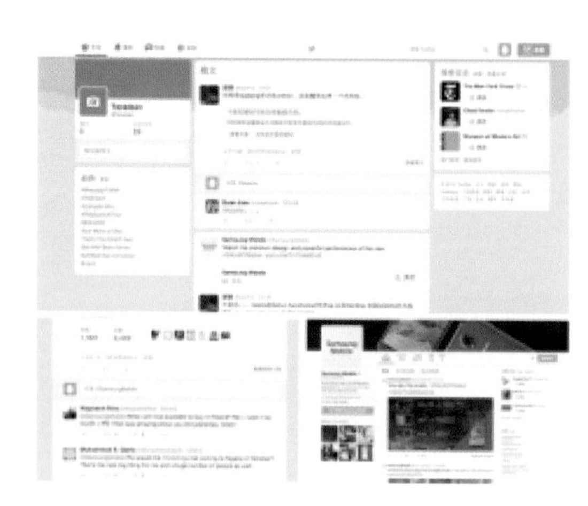

品牌色 主导色 辅色

图3-1 同色系配色

（2）邻近色配色方法较为常见，搭配比同色系要稍微丰富些，此配色方法中的色相柔和过渡使得整个页面看起来很和谐，如图3-2所示。

纯度高的色彩基本用作组控件和文本标题颜色。各控件采用邻近色使页面不那么单调，为了用于划分不同的背景色和模块，还需要将色彩饱和度降低。

基于品牌色的邻近色可灵活运用到各类控件中。

品牌色 主导色 辅色

图3-2 邻近色配色

（3）类似色配色也是常用的配色方法，对比不强给人色感平静、调和的感觉，如图3-3所示。

红黄双色主导页面，色彩基本用于不同组控件的表现：红色用作导航控件、按钮和图标，同时也作为辅助元素的主色；利用偏橙的黄色代替品牌色，用于内容标签和背景搭配。

基于品牌色的类似色可有主次地运用到页面各类控件和主体内容中。

品牌色 主导色 辅色

图3-3 类似色配色

（4）中差色配色的对比效果相对突出，色彩对比鲜明，易于呈现饱和度高的色彩，如图3-4所示。

颜色深浅营造出空间感，也区分出内容模块的层次，运用统一的深蓝色系来传播品牌形象。采用中间色的绿色按钮具有丰富页面色彩的作用，同时也突出绿色按钮的任务层级为最高。深蓝色顶部导航打通整站的路径，并有引导用户向下阅读的意思。

利用色彩对比突出按钮任务优先级，增添页面气氛。

（5）对比色配色需要精确控制色彩搭配和面积，其中主导色会带动页面气氛，带来激烈的心理感受，如图3-5所示。

红色的热闹体现内容的丰富多彩，品牌红色赋予组控件色彩及可操作任务，贯穿整个站点的可操作提示，又能够体现出品牌形象。红色代表导航指引和类目分类；蓝色代表登录按钮、默认用户头像及标题，展示用户所产生的内容信息。红色和蓝色反映不同交互和信息的可操作性，针对系统操作与用户操作进行区分。

（6）中性色配色时用一些中性的色彩作为搭配基调，通常应用在信息量大的网站，突出内容，不会受不必要的色彩干扰。这种配色较为通用，非常经典，如图3-6所示。

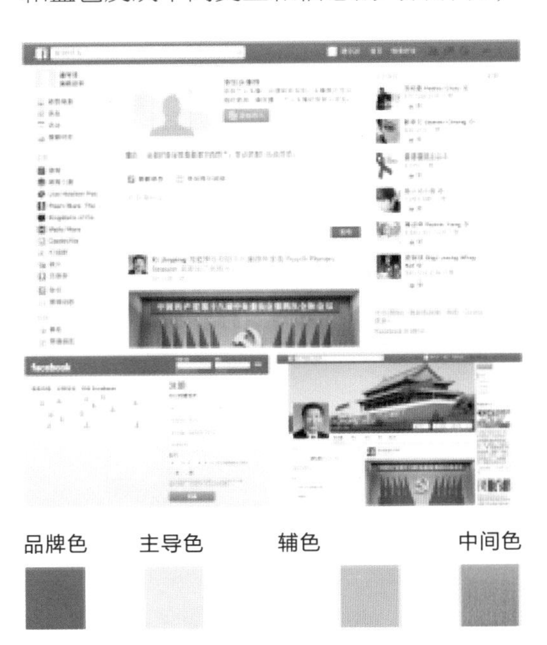

图3-4 中差色配色

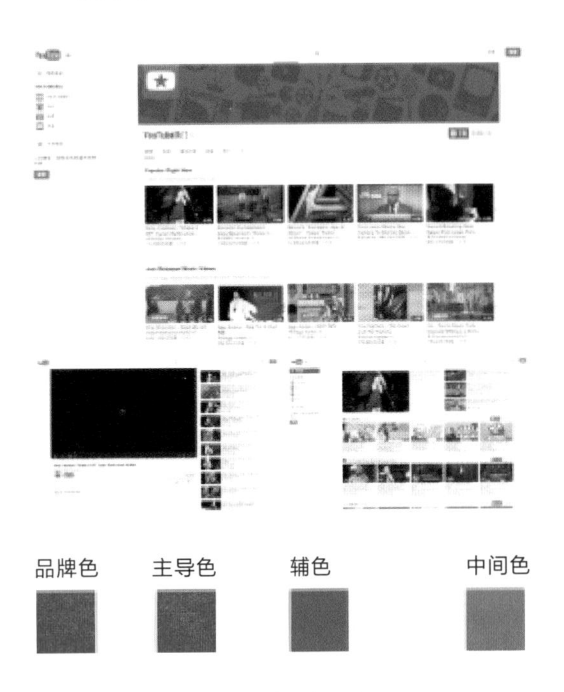

图3-5 对比色配色

图3-6 中性色配色

黑色突出网站导航与内容模块的区分，品牌蓝色主要应用在可点击的操作控件，包括用户名称、内容标题。相较于大片使用品牌色的手法，中性色配色更能够突出内容和信息，适合以内容为主的通用化、平台类站点。

用大面积中性色作为主导色，品牌色也就相应起到画龙点睛的作用，此配色适合应用在一些需要重点突出的场景、强调交互状态的页面等。

（7）在多色搭配中，主色与其他搭配色之间的关系会更丰富，可能有类似色、中差色、对比色等搭配方式，但是其中某种色彩会占主导，如图3-7所示。

对于具有丰富产品线的谷歌而言，通过四种品牌色按照一定的纯度比，再用无色彩的黑、白、灰即可搭配出千变万化的配色方案，让品牌极具统一感。在大部分页面中，蓝色充当主导色，其他三色作为辅助色并设定不同的任务属性，对于平台类站点来说，多色主导有非常好的延展性。

设置了四种品牌色，通过主次分明的合理比例应用在界面中，并且通过组控件不同的交互状态合理分配功能任务。

2. 色调调和而形成的配色方式

（1）有主导色调配色：由同一色调构成的统一性配色。深色调与暗色调等类似色调搭配也可以带来同样的配色效果。即使出现多种色相，只要保持色调一致，画面也能够呈现整体统一性。

①清澈色调，如图3-8所示。

清澈色调使页面非常和谐，即使是不同色相也能够让页面保持较高的协调性。蓝色令页面产生安静、冰冷的气氛，茶色可让人想到大地泥土的厚实，给页面增添了稳定踏实的感觉。

互补的色相搭配在一起，通过统一色调的手法，可以缓冲色彩之间的对比效果。

图3-7 多色搭配

图3-8 清澈色调

②阴暗色调，如图3-9所示。

阴暗的色调用来渲染场景氛围，通过不同色相的色彩变化来丰富信息分类，减少色彩饱和度，使各色块协调并融入场景，白色与明亮的青绿色作为信息载体呈现。

多色彩经统一色调的处理，区域间变得非常协调，同时也不影响整体页面阴暗气氛的表现。

③明亮色调，如图3-10所示。

明亮的颜色活泼清晰，热闹的气氛与醒目的卡通形象仿佛展示着一场庆典，但是铺满高纯度的色彩，过于刺激，不适合长时间浏览。

饱和度与纯度特性显著的搭配，在达到视觉冲击力的同时，可适当应用对比色或降低明度等方法调和视觉表现。

④深暗色调，如图3-11所示。

页面以深暗的偏灰色调为主，不同的色彩搭配，就像是在叙述着不同的故事，白色文字的排版使得整个页面厚重精致，小区域微渐变增加了版面的质感。

以低暗色调构成画面整体氛围，小面积明亮不会影响整体感觉。

品牌色

主色调

图3-10 明亮色调

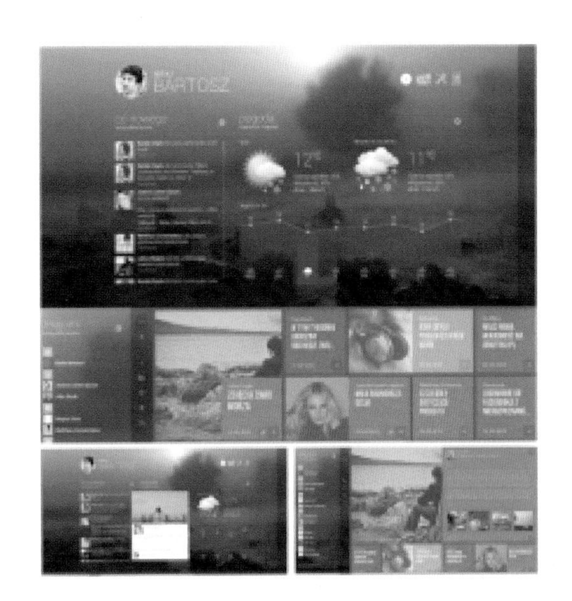

品牌色　主色调

图3-9 阴暗色调

品牌色

主色调

辅色调

图3-11 深暗色调

⑤雅白色调，如图3-12所示。

柔和的雅白色调使页面显得明快温暖，就算色彩很多也不会带来视觉上的沉重。颜色作为不同模块的信息分类，不抢主体的重点，还能够衬托不同类型载体的内容信息。

同色调不同色彩的模块，就算承载着不同的信息内容也可以表现得很和谐。

（2）同色调配色：由同一或类似色调中的色相变化构成的配色类型，和有主导色调配色属于同类技法。区别在于色调分布平均，没有过深或过浅的模块，色调范围更加严格，同色调配色如图3-13所示。

在实际的设计运用中，经常会综合使用各种配色手法，例如整体有主导色调，小范围布局会采用相同色调搭配。拿tumblr的发布模块来说，虽然页面有自己的主色调，但是小模块使用同色调不同色彩的功能按钮，结合色相变化与图形表达不同的功能特点，众多的按钮放在一起，由于同色调的搭配使得模块稳定统一。

（3）同色深浅搭配：由同一色相的色调差构成的配色类型，属于单一色彩配色的一种，和有主导色调配色中的同色系配色属于同类技法，如图3-14所示。从理论上讲，在同一色相下的色调不存在色相差异。

图3-12 牙白色色调

同色调

图3-13 同色调配色

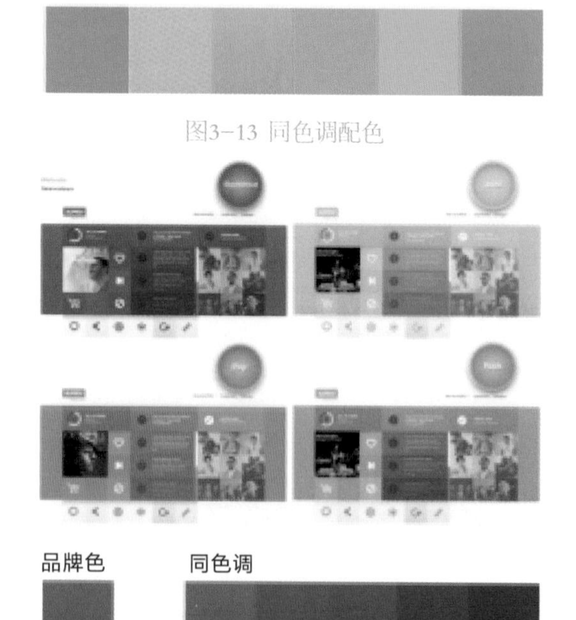

图3-14 同色深浅搭配

拿紫色界面来讲，利用同一色相并通过色调深浅对比，营造页面空间的层次感。虽然色彩深浅搭配合理，但有些很难区分主次。由于是同一色相搭配，颜色的特性决定着受众的心理感受。

同色深浅配色具有极高的统一性，但难免有些枯燥。

3. 对比配色而形成的配色方式

因为对比色是相互对比构成的配色，可以分为互补色或相反色搭配构成的色相对比效果，由白色、黑色等明度差异构成的明度对比效果，以及由纯度差异构成的纯度对比效果。

（1）色相对比：无论是色彩色相对比还是色彩面积对比，只要维持一定的比例关系，页面也能整齐有序。色相对比分为以下几种类型。

①双色对比：色彩间对比视觉冲击强烈，极易吸引用户注意，使用时经常大范围搭配，如图3-15所示。

VISA是一个信用卡品牌，深蓝色传达和平、安全的品牌形象，黄色可以让用户产生兴奋感。另外，蓝色降低明度后再与黄色搭配，对比鲜明之余还能缓和视觉疲劳。

无论是整体对比还是局部对比，对比色给人强烈的视觉冲击，结合色彩心理学来说其品牌传达效果更佳。

②三色对比：三色对比在色相上更加丰富，通过加强色调来重点突出某一种颜色，且色彩面积更为讲究，如图3-16所示。

大面积绿色作为站点的主导航，形象鲜明、突出。使用品牌色对应的两种中差色作为二级导航，并降低其中一方的蓝色系明度，然后用同色调的西瓜红作为当前位置的填充颜色，二级导航内部对比非常强烈却不影响主导航效果。

三色对比中西瓜红作为强调色限定

品牌色 主色对比

图3-15 双色对比

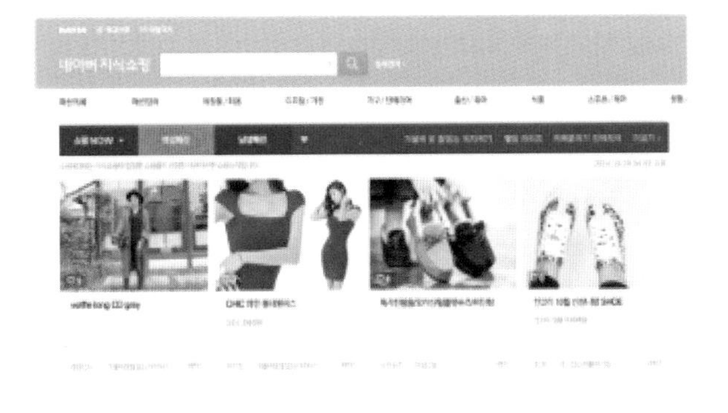

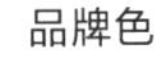

品牌色 主色对比

图3-16 三色对比

在小面积展现，面积大小将直接影响画面平衡感。

③多色对比：多色对比给人丰富、饱满的感觉，色彩搭配协调会使得页面非常精致，模块感强烈，如图3-17所示。

Metro风格采用大量色彩来分割不同的信息模块。保持大模块区域面积相等，模块内部可以细分为不同内容层级，单色模块只承载一种信息内容，配上对应的功能图标使其识别性高。

（2）纯度对比：相对于色相对比，纯度对比的色彩选择非常多，设计使用的范围广泛，可用于一些突出品牌的营销类场景，如图3-18所示。

页面中心登录模块，通过降低纯度处理制造无色相背景，然后利用红色按钮的对比，形成纯度差关系。与色相对比相比较，纯度对比的冲突感和刺激感较弱，非常容易突出主体内容的真实性。

运用纯度对比的方法，最重要的是对比例的把握，调整好面积、构图、节奏、颜色、位置等一切可以发生变化的元素，使其形成视觉的强烈冲突。

（3）明度对比：接近实际生活，通过环境远近、日照角度等明暗关系，使设计趋于真实，如图3-19所示。

明度对比构成画面的空间纵深层次，呈现出远近的对比关系，高明度突出近景主体内容，低明度表现远景的距离。然而明度差使人的注意力集中在高亮区域，呈现出事物的真实感。

明度对比使得页面更单纯、统一，而高低明度差可产生距离的远近关系。

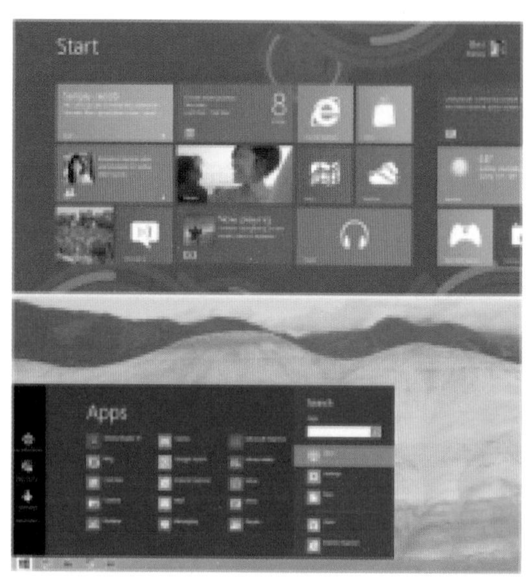

品牌色　　主色对比

图3-17 多色对比

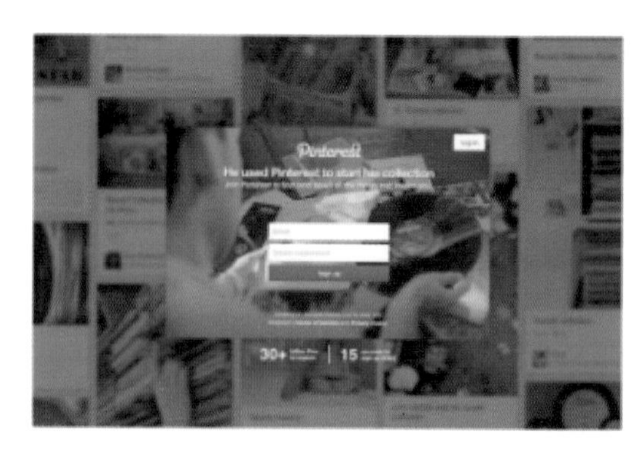

品牌色　主色对比

图3-18 纯度对比

品牌色　主色对比

图3-19 明度对比

色彩是最能引起心境共鸣及情绪认知的元素，三原色能调配出非常丰富的色彩，色彩搭配更是千变万化。在为设计进行配色时，应摒弃一些传统的默认样式，了解设计背后的目的，思考色彩对页面场景表现、情感传达等的作用，从而有依据、有条理、有方法地构建色彩搭配方案。

撞色是指对比色搭配，包括强烈色配合和补色配合。强烈色配合指两个相隔较远的颜色相配，如黄色和紫色、红色和青绿色，这种配色比较强烈；补色配合是指两个相对的颜色的配合，如红和绿、青和橙、黑和白等。

二、构成

1. 平面构成

基本形的各种排列即图形的排列，如图3-20所示。

（1）分离：形与形之间不接触，有一定的距离。

（2）相切：形与形之间的边缘正好相切。

（3）覆叠：形与形之间覆叠关系可此产生上、下、前、后的空间关系。

（4）透叠：形与形有透明性的相互交叠，但不产生上下前后的空间关系。

（5）结合：形与形相互结合形成较大的新形状。

（6）减缺：形与形相互覆叠，覆叠的形状被剪掉。

（7）差叠：形与形相互交叠，交叠的部分产生一个新的形状。

（8）重合：形与形相互重合，变为一体。

2. 形的错视（图3-21）

（1）缪勒－莱依尔错视：图中两条线是等长的，因为上下线段两端的箭头方向相反，上线段的箭头占据的空间大，所以上面的线显得较长。

（2）垂直线与水平线的错视：多数

分离 相切 覆叠 透叠
结合 减缺 差叠 重合

图3-20 图形的排列

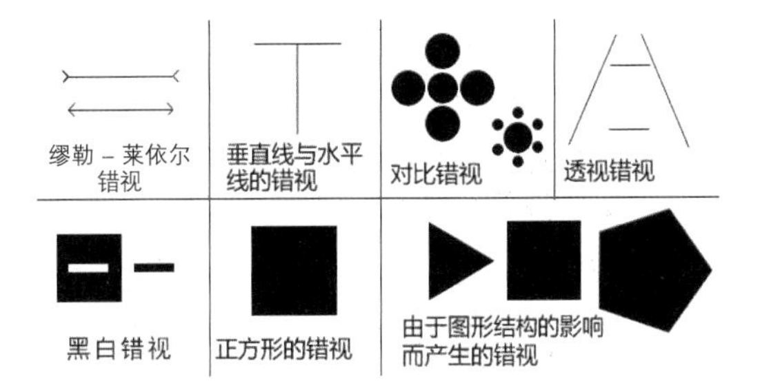

图3-21 形的错视

人把垂直线看的比水平线要长，这是高估的错觉。在水平线长度为8～10mm时，这种错觉最大。

（3）对比错视：高个子与矮个子在一起，高的会显得更高，矮的会显得更矮。

（4）透视错视：图中的两条线是相等的。下面的看起来要短一些，是因为透视错觉的关系。

（5）黑白错视：图中黑白线段，因为白线段明度大，具有膨胀的现象，所以看以来比黑线段长。

（6）正方形的错视：标准的正方形左、右的边看上去大于上、下的边。

（7）由于图形结构的影响而产生的错视：图中组成三、四、五边形的边长均相等，但由于周长和面积的不同，产生边长不同的错觉。

3．重复构成

相同的形态与骨骼连续地、有规律地反复出现叫做重复，如图3-22所示。

4．近似构成

近似指的是在形状、大小、色彩、机理等方面具有共同特征，他们在统一中呈现生动的变化效果。近似的形之间是一种同族类的关系，如图3-23所示。

5．渐变构成

平面构成里的渐变构成，不同于传统绘画的渐变。前者主要着重于形的渐变，后者则着重于色彩的变化。

渐变的形式有很多，形象的大小、疏密、粗细、距离、方向、位置、层次、明暗、声音的强弱等均可以产生渐变。

图3-24是渐变构成的基本原理。主要用了渐变的大小关系。

6．发射构成

发射是一种特殊的重复，是基本形或

图3-23 近似构成

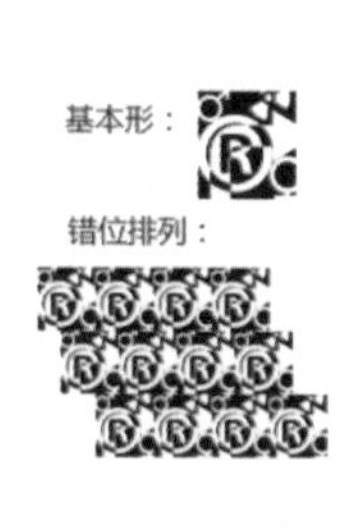

图3-22 重复构成

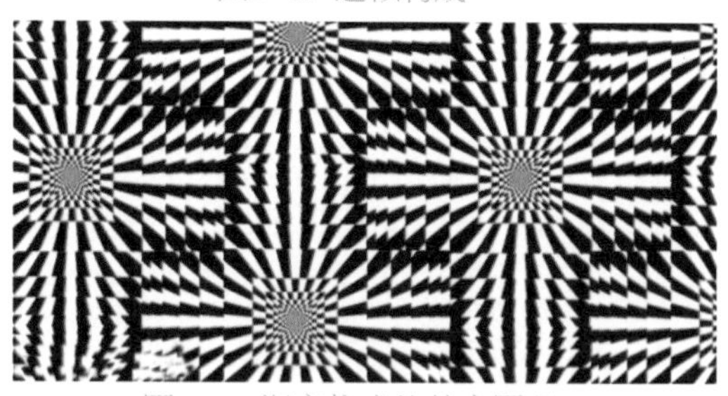

图3-24 渐变构成的基本原理

图3-25 发射构成

骨骼单位环绕一个或多个中心点向外散开或集中。自然界中水花四溅，盛开的花朵，均属于发射的形式，如图3-25所示。

发射分为离心式发射、向心式发射和同心式发射。

（1）离心式发射：基本形由中心向外层层扩散。

（2）向心式发射：基本形由四周向中心归拢，形成发射点在外的效果。

（3）同心式发射：基本形层层环绕一个中心，每层基本形的数量不断增加。

7. 特异构成

特异是指构成要素在有秩序的关系里有意地违反秩序，使得个别要素显得突出，以打破规律，如图3-26所示。

8. 密集构成

密集是设计中较为常用的一种组织图面的手法，在密集构成中，基本形在图中可以自由散布，有疏有密，最密的地方或

图3-26 特异构成

最疏的地方经常成为设计的视觉焦点，在图面中造成一种视觉上的张力，像磁场一样有节奏感。

三、排版

在平面设计中文排版时，通常从三个方面考虑：形态，节奏，对比。

1. 形态

何为形态？繁体和简体就是一种形态。下面列举几种典型的形态。

（1）画面型中国风很强，线条非常柔的画面，用手写体显然更好，如图3-27所示。

大家不要形成这样的印象：中国风+柔线条=手写体。

为什么用手写体？是因为不想让文字喧宾夺主。

当在看右边这幅图的时候，注意力很容易就被“锦绣河山”这几个字吸引住，因为这种字体线条较硬，字体较粗，与整体风格不太一致，人眼对动的东西及特殊的东西总是分配第一注意力，当人们的注意力被字所吸引时，分配给画面的注意力就会降低，那么这幅作品就是失败的，因为没有很好地引导观众。所以，好的文字形态是与画面相互融合的。

图3-27 画面型

（2）意境型：有时候，文字本身是带有温度与情感的，结合文字表达的意向，才能更好地运用文字，如图3-28所示。

好的文字形态和意境是相互贯通的。

（3）具象型（图3-29）：文字形态是可以借用物象的。

2. 节奏

文字的节奏就是内部统一，如图3-30所示。

图3-31给人的感觉是凌乱的。因为人对变化的事物总是敏感的，而这么频繁的字体变化，会让观众的注意力集中在变化本身上面，而不是文字所表达的意思上面。

因此，在平面设计中，不应使用过多的字体，以免失去节奏。

如图3-32所示，这幅图用了文字重叠与颜色变化的方式但并不显得繁杂，原因就在于节奏的掌控：仅使用两种色彩，每个字重叠的距离统一，每隔一个字变化颜色。所以要让文字显得有节奏，统一参数是非常有效的方式。

3. 对比

（1）色彩对比：运用色彩的变化，形成对比，很容易抓住人的眼球，表达要点。

（2）大小对比（图3-33）：用大小变化，对比突出重点。

（3）字体对比（见图3-34）：用字

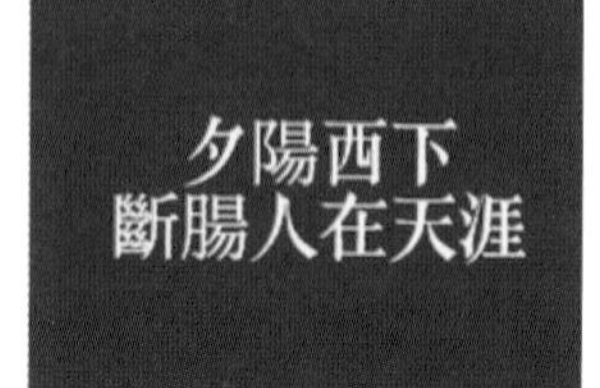

图3-28 意境型

图3-29 具象型

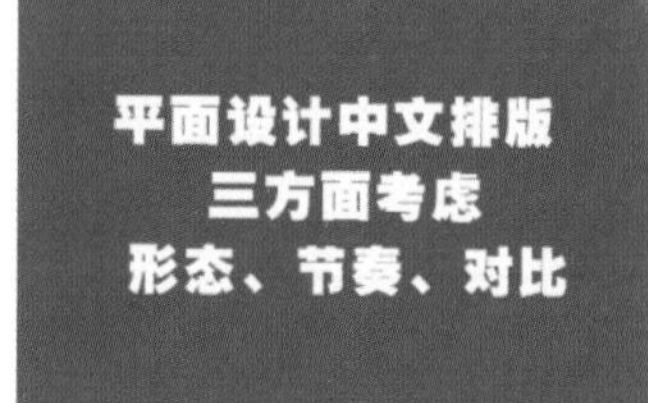

图3-30 文字的节奏1

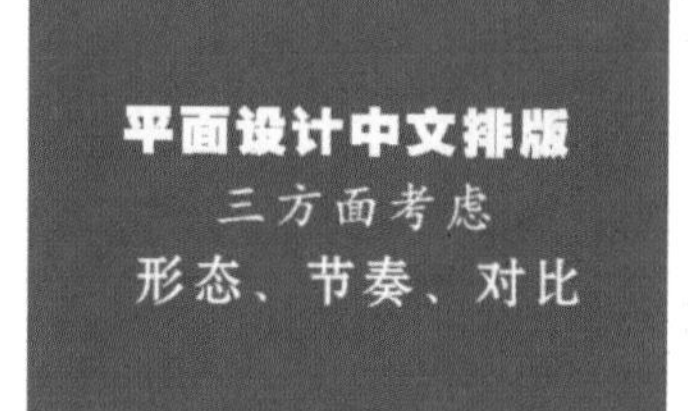

图3-31 文字的节奏2

图3-32 文字的节奏3

图3-33 大小对比

体变化，对比突出重点。

下面，介绍如何运用字体进行设计。

比如要给图3-35加上“没有乌云，挡得住阳光”这句话。

①首先，确定字体形态。

对于这种大气磅礴的话语以及如此宏伟的画面，选择字体的要点是要够大气，够粗，够霸道，最好棱角分明！

考虑到画面左边相对比较干净，可以将字体竖着放，因为横着放会挡住画面中的丁达尔现象，下面的草地放横着的字有空间狭小之感。

图3-34 字体对比

因为画面左边是暗色调，为了让字体明显，应选择亮色的字体。

输出结果如图3-36所示。

②其次考虑对比关系。

为了突出阳光，字体“阳光”的颜色要与众不同；如果感觉字体“阳光”还不够突出，再加上大小对比。

输出结果如图3-37所示。

③最后考虑节奏关系。

前面提到过重叠，可将阳光放到乌云前面。

文字形态里面提到过具象，而“光”这个字正好在地上，可以营造出一种阳光洒满大地的感觉。

输出结果如图3-38所示。

图3-35 原图

图3-36 加上文字后效果

图3-37 突出阳光

图3-38 运用重叠效果

四、设计趋势

进入2016年后，UI行业在体验设计上出现了很多新的元素，在平常浏览的设计师社区中，这些新元素出现的频率越来越高，例如彩色投影、双色调渐变设计等，人们也慢慢开始接受这些新变化，并且逐渐应用到产品中。

1. 使用模糊背景

模糊背景与iOS毛玻璃效果非常相似，也符合时下流行的扁平化设计和现代风设计，设计效果赏心悦目。设计时可以很好地和幽灵按钮以及现在流行的元素搭配起来，提升用户体验。

以淘宝电影为例（如图3-39所示），以虚化的电影海报作为背景，这样做的好处是每一个页面的顶部效果都不一样，这样的排版视觉效果更好，同样也突出电影信息等主要内容。从设计的角度来看，这也很容易实现，让内容模块变得清晰，同时还可以规避复杂的设计，降低设计成本，花最少的时间达到最好的效果。

2. 大字体的使用

每个APP都希望用户停留的时间更长，从各个方面去争取用户的注意力，而更大、更醒目的字体运用恰好符合这一需求。根据当前的市场情况，大屏手机是主流，这一点是特别重要的使用背景。

大字体在移动端上呈现，会赋予界面层次感，增加特定元素的视觉重量，给用户眼前一亮。而且现在的界面设计趋势更有杂志风的方向，如使用模块化的大字体、图片背景等，如图3-40所示。

其次，字体够大，够优雅，够独特，同时也能够提升页面的气质和特色，很多用户会因为页面好看，符合审美而决定留下来，即使功能并不是非常满足需求。这对很多手机APP提升用户粘性来说是一个重要的发展方向。

以某资讯详情页为例，文章详情页之前的标题和正文字体分别是36px和28px，改动后的大小分别是56px和34px，整体页

图3-39 淘宝电影的模糊背景

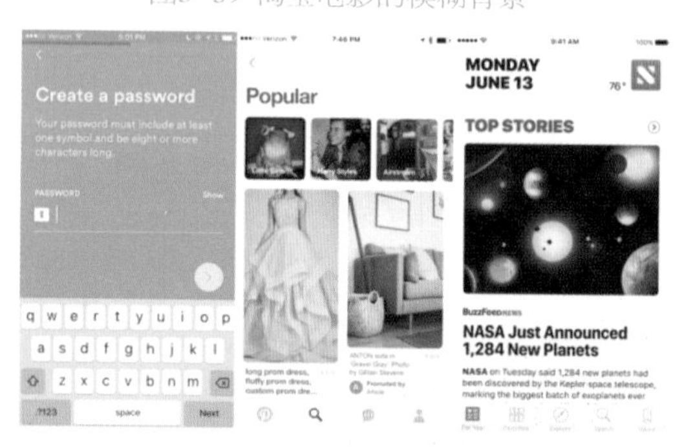

图3-40 大字体的使用

图3-41 某资讯详情页修改前后对比

面的信息密度下降，同时字体变大，使得阅读效率也有所提高，如图3-41所示。

3. 用空间来间隔

通过线条与分隔符来划分内容区块是之前所流行的处理方式，但是这种情况下的界面元素变得会非常拥挤。通过空白空间来划分区块能够让界面更加通透，从而构建更加优秀、干净的界面。

移除分隔线和分隔符可以为界面提供更加现代化的外观，使得界面专注于功能，例如可以将图片和字体放大，提供更加清晰的层级划分以及更优的易用性。通过空间间隔来划分区块是一种非干扰性的设计，更符合时下流行的风格以及设计的需求。

主打图片社交的网站Pinterest，在最新的一次改版中直接将卡片的背景去掉，这是一种非常大胆的尝试，但是效果也非常明显，整体图片内容更加清晰、通透，如图3-42所示。

为了让不同模块之间的区分更显著，通常会设置背景为灰色、内容为白色卡片，这样可以更突出内容。新的设计尝试把灰色背景去掉，同时加重了模块的标题，通过间距来划分，内容元素也并没有显得混乱，界面的整体感变强，如图3-43所示。

4. 微交互

围绕特定的使用案例，通过微妙细小的动效或者交互来强化它的视觉效果，还能让用户感受到产品设计者的用心。当完成某个过程时，比如收藏某个条目、弹出提示框，此时微妙的动画会强化这些动作，将这些控件同其他的元素区分开来。

这些微交互能够作为信号提示来提醒用户动作与任务的完成，它们不仅简单而且自然。

在网页界面中，点击其中一条没有链接的内容，若没有跳转，该条内容会左右晃动，顶部会出现提示的文案条，这种设计给人的感觉非常自然，没有干扰。

在豆瓣查看大图时，按住图片移动的时候会出现背景，可以任意滑动，松开的时候就返回到小图模式。

在Uber中点击并查看司机信息时，地址信息会隐藏，司机照片和汽车信息会分开展示，查看完又会收起来，界面使用效率非常高，动画过渡自然，如图3-44所示。

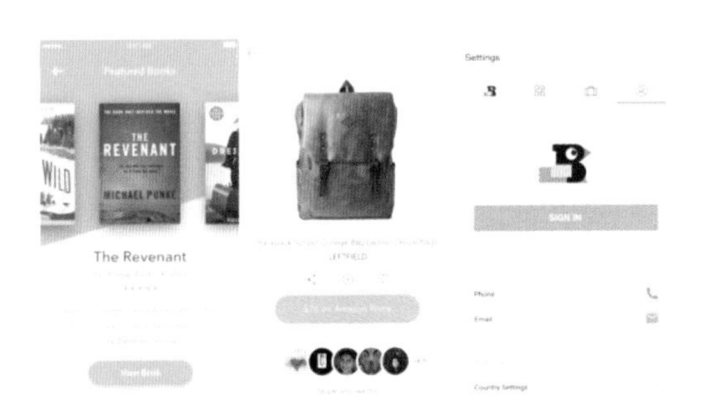

图3-42 Pinterest网站的最新版本

图3-43 界面修改前后对比

5. 双色调设计

当扁平化设计占主流时，渐变的设计手法很少出现，但是在最近的作品中，渐变色被越来越多的设计师重新启用。渐变色设计有很多好处，例如调节过度使用的图像和元素，为画面添加有趣的元素，帮助完善视觉表现以吸引更多的用户。

其次就是双色调的应用，双色渐变是渐变设计中很重要的组成部分，它比同类色渐变的视觉效果更为突出。稍加注意就会发现，双色渐变已经成为渐变色的主流，可以让页面层次感更丰富，突出页面更加重要的元素，如图3-45所示。

6. 图文结合的排版

图文结合的设计最初只在新闻及阅读类应用上高频出现，而现在越来越流行，随意打开一个APP，只要涉及图片排版，设计师都更偏爱这样的方式，既简单，又节省空间。文字与图片相得益彰，文字的叠加填补了图片在画面层次上的空白，同时也让界面更丰富，如图3-46所示。

7. 空白页面的设计

当新接触一个应用的时候，总会出现很多空白页面，在以往的设计中，空白页面一直都是被边缘化，并未得到多大的重视，展示的形式通常是一个图标配一句文案，因为重要性并不高，只是需要告诉用户一个状态即可。但是在近些年，空白页面的设计有所改观，它的重要程度有所提高，变得更富趣味性，色彩也更加丰富。由此可见，设计师们正在想办法尽量让App的每一个维度都变得更有趣，如图3-47所示。

8. 彩色投影的流行

自从Google发起的长投影逐渐从人们的视野中淡出后，近期兴起了另一种新的投影方式 —— 彩色投影，投影的颜色

图3-44 动画效果的应用

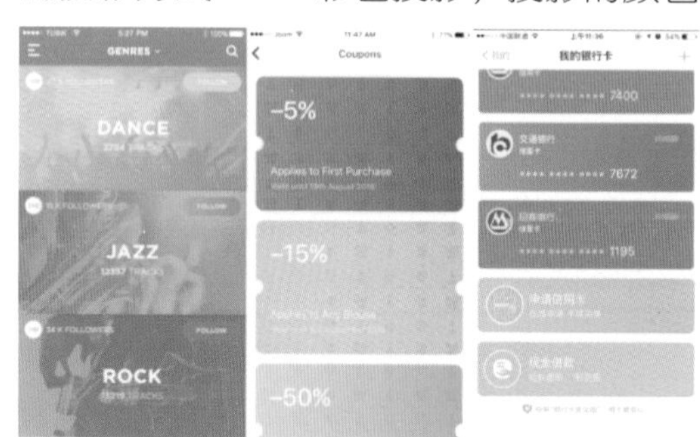

图3-45 双色渐变的应用

图3-46 图文结合的排版

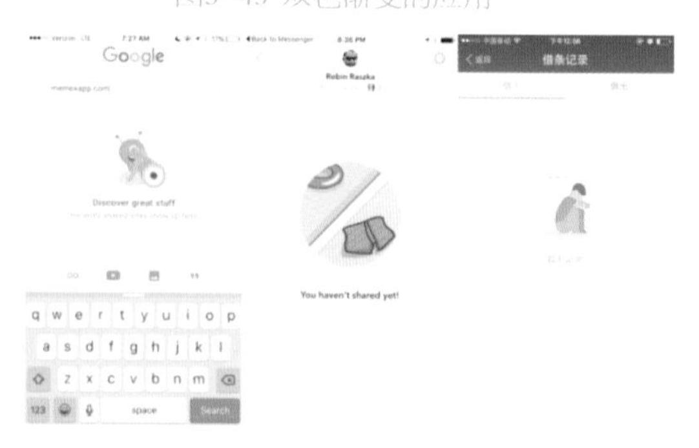

图3-47 空白页面的设计

会随着整体背景色系的变化而改变，可以把投影融进整体的画面中，同时也可以让界面更突出和饱满。

设计的流行趋势总是在变化、轮回，扁平化潮流的兴起，表达质感拟物的元素退出历史舞台，如今代表空间感的彩色投影又回来了，它与扁平设计相结合，在视觉上给人带来一种别开生面的感觉，更是被越来越多地应用到产品之中。在最新版的Instagram中，即可看到它的影子，如图3-48所示。

以头条页面为例，把轮播banner做成了投影的样式，背景用品牌色，每一张banner均有一个投影，这样的效果可以把用户的注意力更加集中在顶部，投影与品牌色的结合让对比更加强烈，也更适宜突出重点内容，如图3-49所示。

趋势的展开通常都是从大公司开始的，顶级互联网公司的产品拥有庞大的用户群，这样更易于向用户普及和推广，从而使整个行业推陈出新。趋势的变化非常快，今年所流行的可能明年就已经消退了，但是趋势的大方向是相对稳定的。

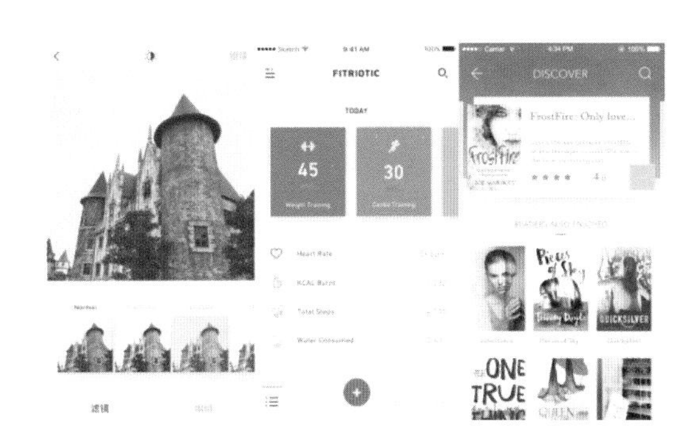

图3-48　彩色投影与扁平设计的结合

修改前　　修改后

图3-49　头条页面修改前后对比

第二节 App UI设计理论

一、移动端UI设计尺寸规范

（1）iPhone界面尺寸（表3-1，图3-50）。

（2）iPhone图标尺寸（表3-2，图3-51）。

（3）iPad的设计尺寸（表3-3，图3-52）。

（4）iPad图标尺寸（表3-4，图3-53）。

（5）Android SDK模拟机的尺寸（表3-5）。

（6）Android的图标尺寸（表3-6）。

（7）Android安卓系统dp/sp/px换算表（表3-7）。

（8）Android手机分辨率和尺寸（表3-8）。

（9）主流浏览器的界面参数与份额（表3-9）。

（10）系统分辨率统计（表3-10）。

表3-1 iPhone界面尺寸

设备	分辨率	PPI	状态栏高度	导航栏高度	标签栏高度
iPhone6 plus 设计版	1242×2208 px	401PPI	60px	132px	146px
iPhone6 plus 放大版	1125×2001 px	401PPI	54px	132px	146px
iPhone6 plus 物理版	1080×1920 px	401PPI	54px	132px	146px
iPhone6	750×1334 px	326PPI	40px	88px	98px
iPhone5/5C/5S	640×1136 px	326PPI	40px	88px	98px
iPhone4/4S	640×960 px	326PPI	40px	88px	98px
iPhone & iPod Touch 第一代、第二代、第三代	320×480 px	163PPI	20px	44px	49px

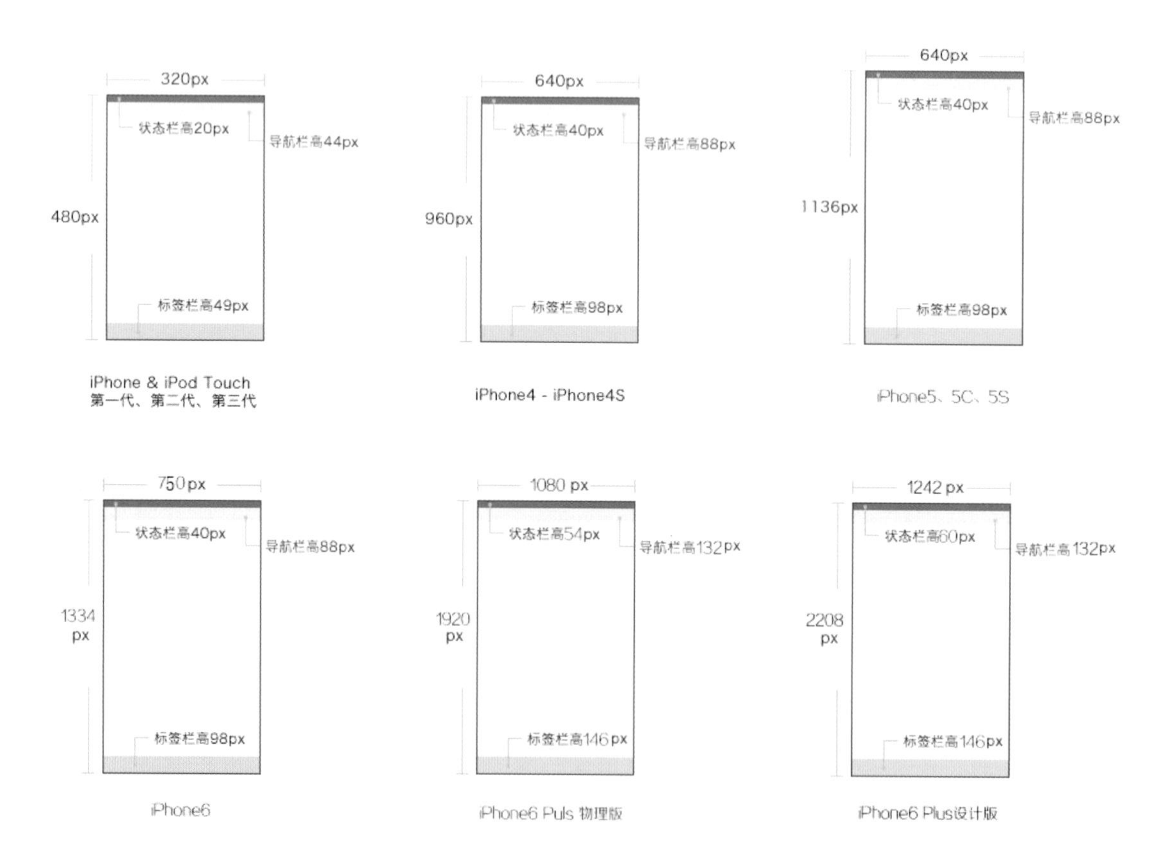

图3-50 iPhone界面尺寸

表3-2 iPhone图标尺寸

设备	App Store	程序应用	主屏幕	Spotlight 搜索	标签栏	工具栏和导航栏
iPhone6 Plus（@3×）	1024×1024px	180×180px	114×114px	87×87px	75×75px	66×66px
iPhone6（@2×）	1024×1024px	120×120px	114×114px	58×58px	75×75px	44×44px
iPhone5/5C/5S（@2×）	1024×1024px	120×120px	114×114px	58×58px	75×75px	44×44px
iPhone4/4S（@2×）	1024×1024px	120×120px	114×114px	58×58px	75×75px	44×44px
iPhone&iPod Touch 第一代、第二代、第三代	1024×1024px	120×120px	57×57px	29×29px	38×38px	30×30px

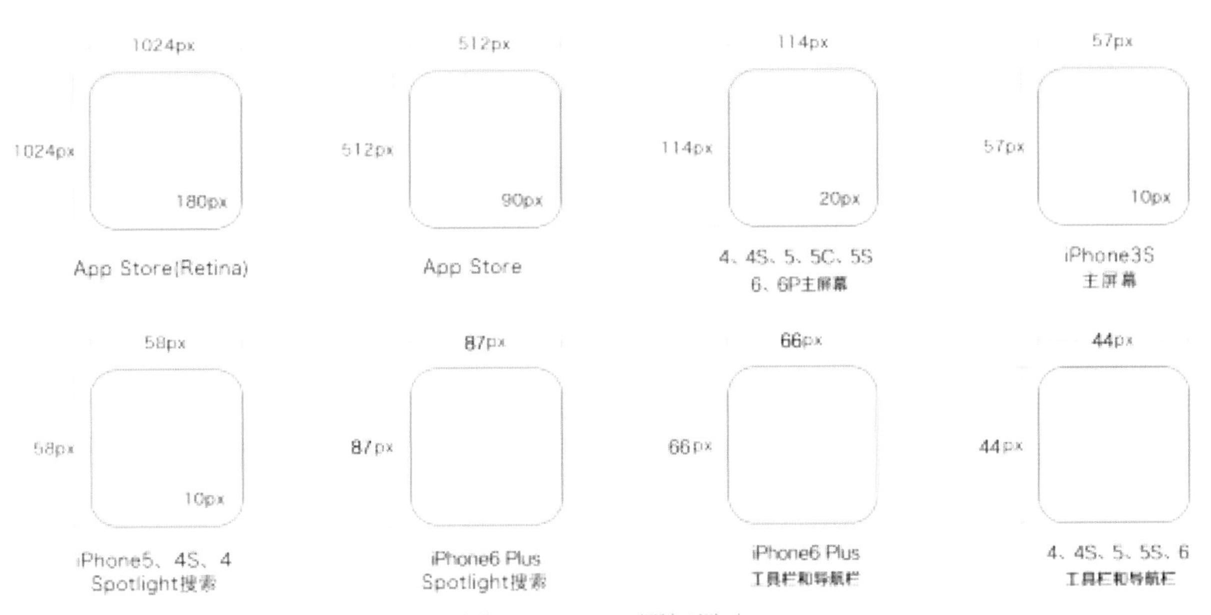

图3-51 iPhone图标尺寸

表3-3 iPad的设计尺寸

设备	尺寸	分辨率	状态栏高度	导航栏高度	标签栏高度
iPad 3/4/5/6/Air/Air2/mini2	2048×1536 px	264PPI	40px	88px	98px
iPad 1/2	1024×768 px	132PPI	20px	44px	49px
iPad Mini	1024×768 px	163PPI	20px	44px	49px

1536px
状态栏高40px
导航栏高88px
2048px
标签栏高98px
iPad 3 - 4 - 5 - 6
Air - Air2 - mini2

768px
状态栏高20px
导航栏高44px
1024px
标签栏高49px
iPad
第一代、第二代

768px
状态栏高20px
导航栏高44px
1024px
标签栏高49px
iPad Mini

图3-52 iPad的设计尺寸

表3-4 iPad图标尺寸

设备	App Store	程序应用	主屏幕	Spotlight搜索	标签栏	工具栏和导航栏
iPad 3/4/5/6/Air/Air2/mini2	1024×1024px	180×180px	144×144px	100×100px	50×50px	44×44px
iPad 1/2	1024×1024px	90×90px	72×72px	50×50px	25×25px	22×22px
iPad Mini	1024×1024px	90×90px	72×72px	50×50px	25×25px	22×22px

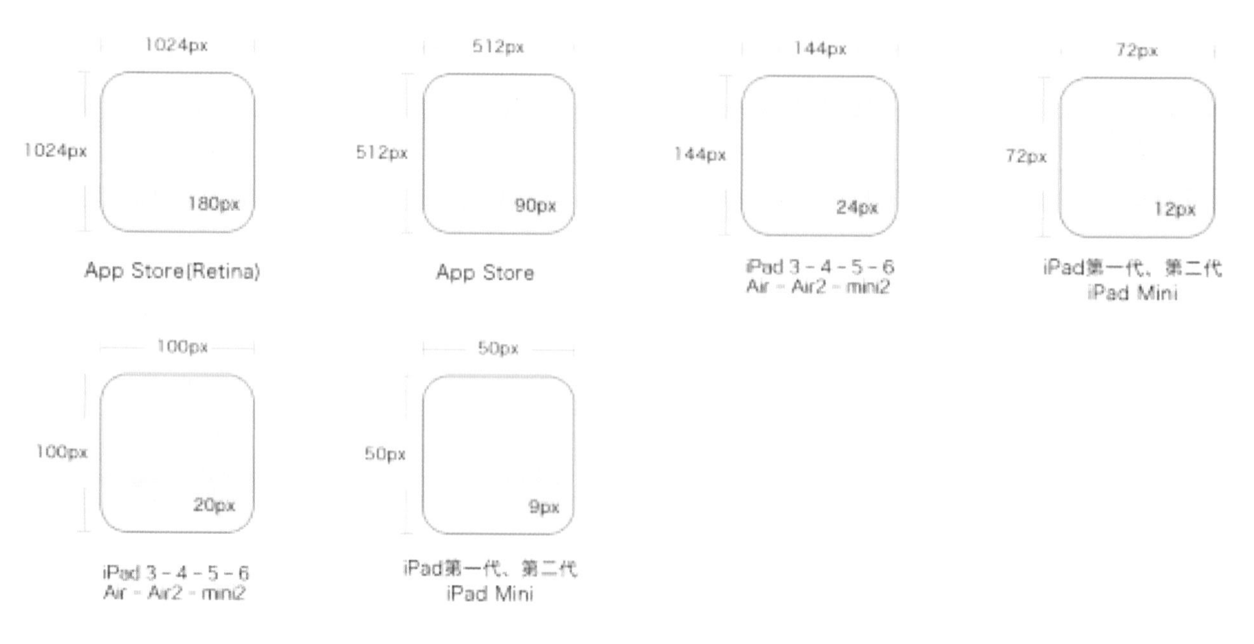

图3-53 iPad图标尺寸

表3-5 Android SDK模拟机的尺寸

屏幕大小	低密度（120）	中等密度（160）	高密度（240）	超高密度（320）
小屏幕	QVGA（240×320）		VGA（480×640）	
普通屏幕	WQVGA（240×400） WQVGA（240×432）	HVGA（320×480）	WVGA（480×800） FWVGA（480×854） 600×1024	DVGA640×960
大屏幕	WVGA（480×800） FWVGA（480×854）	WVGA（480×800） FWVGA（480×854） 600×1024		
超大屏幕	1024×600	XGA（1024×768） WXGA（ 1280×768） WXGAZ（1280×800）	1536×1152 1920×1152 WUXGA（1920×1200）	QXGA（2048×1536） WQXGA(2560×1600）

表3-6 Android的图标尺寸

屏幕大小	启动图标	操作栏图标	上下文图标	系统通知图标（白色）	最细笔画
320×480px	48×48px	32×32px	16×16px	24×24px	不小于2px
480×800px 480×854px 540×960px	72×72px	48×48px	24×24px	36×36px	不小于3px
720×1280px	48×48dp	32×32dp	16×16dp	24×24dp	不小于2dp
1080×1920px	144×144px	96×96px	48×48px	72×72px	不小于6px

表3-7 安卓系统dp/sp/px换算表

名称	分辨率	比率 rate（针对320px）	比率 rate（针对640px）	比率 rate（针对750px）
Ldpi	240×320	0.75	0.375	0.32
Mdpi	320×480	1	0.5	0.4267
Hdpi	480×800	1.5	0.75	0.64
Xhdpi	720×1280	2.25	1.125	1.042
Xxhdpi	1080×1920	3.375	1.6875	1.5

表3-8 主流Android手机尺寸和分辨率

设备	尺寸	分辨率	设备	尺寸	分辨率
魅族 MX2	4.4 英寸	800×1280 px	魅族 MX3	5.1 英寸	1080×1280 px
魅族 MX4	5.36 英寸	1152×1920 px	魅族 MX4 Pro	5.5 英寸	1536×2560 px
三星 GALAXY Note 4	5.7 英寸	1440×2560 px	三星 GALAXY Note 3	5.7 英寸	1080×1920 px
三星 GALAXY S5	5.1 英寸	1080×1920 px	三星 GALAXY Note II	5.5 英寸	720×1280 px
索尼 Xperia Z3	5.2 英寸	1080×1920 px	索尼 XL39h	6.44 英寸	1080×1920 px
HTC Desire 820	5.5 英寸	720×1280 px	HTC One M8	4.7 英寸	1080×1920 px
OPPO Find 7	5.5 英寸	1440×2560 px	OPPO N1	5.9 英寸	1080×1920 px
OPPO R3	5 英寸	720×1280 px	OPPO N1 Mini	5 英寸	720×1280 px
小米 M4	5 英寸	1080×1920 px	小米红米 Note	5.5 英寸	720×1280 px
小米 M3	5 英寸	1080×1920 px	小米红米 1S	4.7 英寸	720×1280 px
小米 M3S	5 英寸	1080×1920 px	小米 M2S	4.3 英寸	720×1280 px
华为荣耀 6	5 英寸	1080×1920 px	锤子 T1	4.95 英寸	1080×1920 px
LG G3	5.5 英寸	1440×2560 px	OnePlus One	5.5 英寸	1080×1920 px

表3-9 主流浏览器的界面参数与份额

浏览器	状态栏	菜单栏	滚动条	市场份额（国内）
Chrome 浏览器	22px（浮动出现）	60px	15px	8%
火狐浏览器	20px	132px	15px	1%
IE 浏览器	24px	120px	15px	35%
360 浏览器	24px	140px	15px	28%
遨游浏览器	24px	147px	15px	1%
搜狗浏览器	25px	163px	15px	5%

表3-10 系统分辨率统计

分辨率	占有率	分辨率	占有率
1366×768	15%	1440×900	13%
1920×1080	11%	1600×900	5%
1280×800	4%	1280×1024	3%
1680×1050	2.8%	320×480	2.4%
480×800	2%	1280×768	1%

二、UI设计理论

1. 光线来自天空

学习UI设计时最容易忽略却又特别重要的一点：光线来自天空。光线总是从天空（上方）来的，从下面照射的光看起来会非常诡异。

当光线从天上照下来的时候，物品的上端会偏亮，而下方则会出现阴影。上半部分颜色浅一些，而下半部分颜色深一些。

从下面打一束光到人脸上看起来很瘆人，UI设计也是同理。虽然屏幕是平面的，但是可以通过一些艺术手法让它看起来是立体的，就是在每个元素的下方添加一些阴影。

以图3-54中的按钮为例，这是一个相对“扁平化”（flat）的按钮，但仍然可以看出一些光线变化的细节。

（1）没有按下去的按钮底部边缘更暗，因为没有光线照射那里。

（2）没有按下去的按钮上半部分比下半部分稍亮一些。这是在模仿一个略有弧度的表面（见侧视图）。

（3）没有按下去的按钮下方有一些细微的阴影，在放大图中看得更清晰。

（4）按下去的按钮整体颜色更暗，下半部分的颜色仍然比上半部分深。这是因为按钮在屏幕的平面上，光线不容易照到。也有人说，按下去的按钮颜色更深，是因为手遮挡了光线。

一个简单的按钮就有4种不同的光线变化。实际上，这种原则可以运用到各个地方。

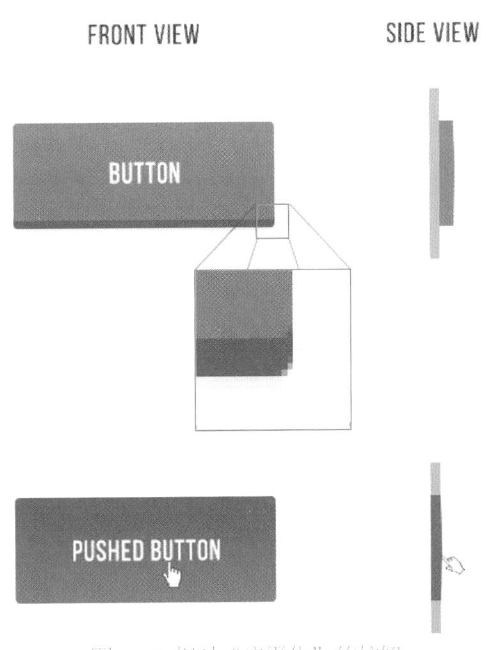

图3-54 相对“扁平化”的按钮

图3-55是iOS 6“勿扰模式”和“通知”的设置，观察上面有多少种不同的光线变化。

（1）控制面板的上边缘有一小块阴影。

（2）“开启”滑动槽上部也有阴影。

（3）“开启”滑动槽的下半部分反射了部分光线。

（4）按钮突出，上边缘较亮，因为与光源垂直，接收了大量光线，折射到眼中。

（5）由于光线角度的问题，分割线处出现了阴影，如图3-56所示。

一般会内嵌的元素：

① 文字输入框；

② 按下的按钮；

③ 滑动槽；

④ 单选框（未选择的）；

⑤ 复选框。

一般会外凸的元素：

① 未按下的按钮；

② 滑动按钮；

③ 下拉控件；

④ 卡片；

⑤ 选择后的单选按钮；

⑥ 弹出消息。

iOS 7引发了科技界对于“扁平化设计”的追求。也就是说图标是平的，不再模仿实物而外凸或内凹，只有线条与单一颜色的形状，如图3-57所示。

这种风格干净、简洁，但是通过细微变化模拟出的3D效果非常自然，不会被完全取代的。

在不久的将来，很可能会看到半扁平的UI设计，界面依然非常干净、简洁，但同时也有一些阴影，有轻点、滑动、按下等操作的提示，如图3-58所示。

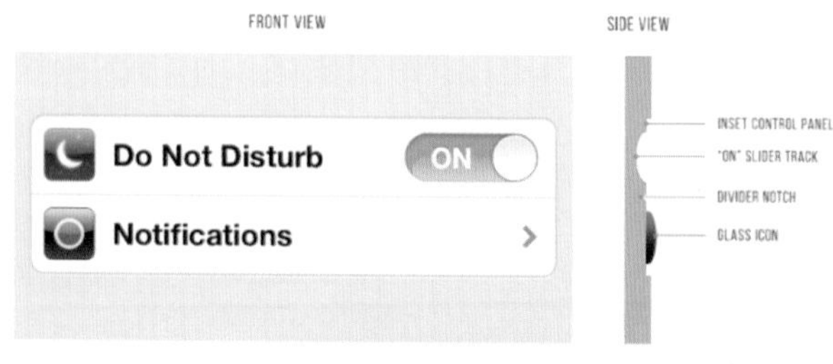

图3-55 iOS 6“勿扰模式”和“通知”的设置

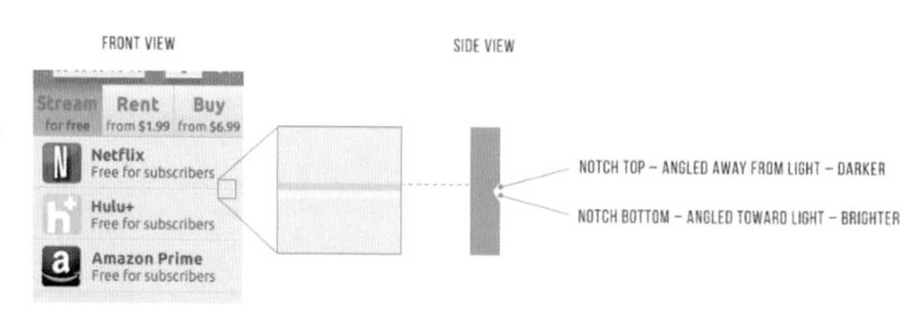

图3-56 分割线处出现阴影

图3-57 扁平化设计

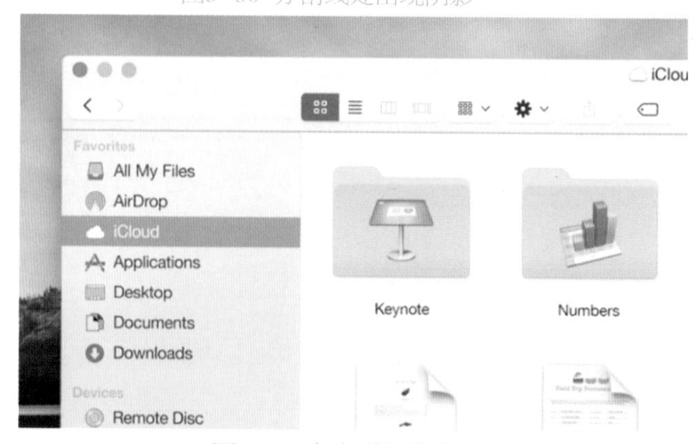

图3-58 半扁平的设计

现在，Google也在各个产品上推行他们的Material Design，提供一种统一的视觉设计语言。Material Design的设计指导展示了它怎样运用阴影表现不同的层次，如图3-59所示。

用现实世界的元素来传递信息，关键在于细微。不能说它没有模仿现实世界，更不同于没有纹理、没有梯度、更没有光泽的网页风格。

2. 黑白优先

在上色前用灰度模式设计能够简化大量的工作，更加关注空间和元素的布局。

现在的UI设计师仍旧喜欢“移动优先”的概念，这就意味着要先考虑好在手机上怎样显示页面，然后再考虑在超清的Retina屏幕上的显示效果。这种限制有助于理清思路。先解决一些棘手的问题（在小屏幕上显示），然后再解决简单的问题（在大屏幕上的可用性）。

初学者可先用黑色和白色设计，先解决复杂问题。在不借助颜色帮助的情况下将App做得美观易用。最后再有目的地上色，如图3-60所示。

这种方法可以保持App“干净”、“简洁”。加入过多的颜色很容易毁掉简洁性。“黑白优先”会促使设计师关注空间、尺寸和布局这些更重要的问题。下面介绍一些经典的用灰度模式设计的页面，如图3-61所示。

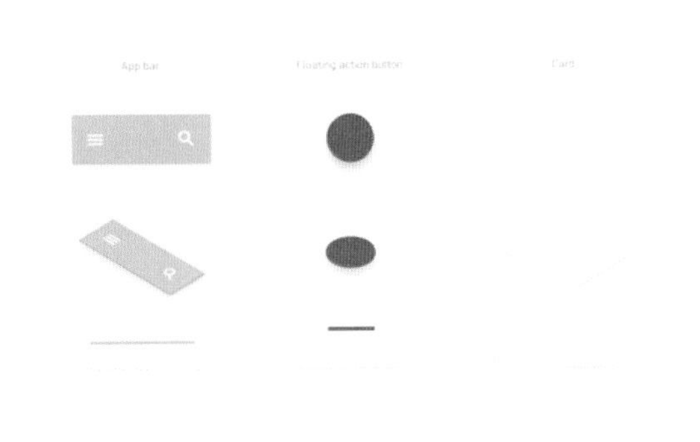

图3-59 运用阴影表现不同层次

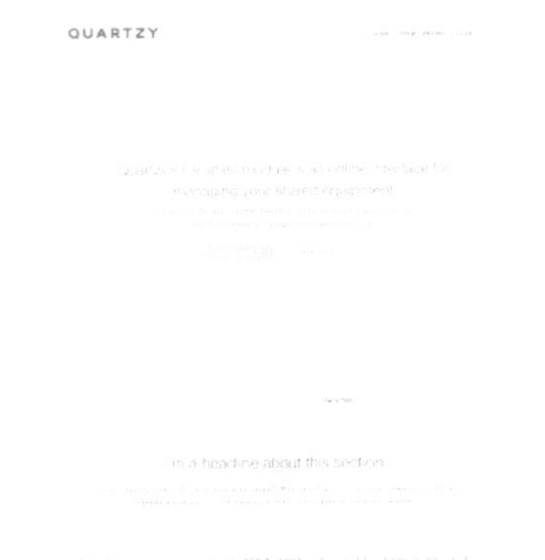

图3-60 运用黑白进行设计

图3-61 用灰度模式设计的页面

“黑白优先”的法则并不适用于所有情况，例如运动、卡通等有着鲜明特色的设计就需要好好地运用各种颜色，如图3-62所示。不过，大部分App并没有这样鲜明的特点，只要保持干净与整洁就好，绚丽的颜色被公认是很难设计的，因此，还是先用黑色和白色。

上色最简单的方法就是只加一种颜色。

在灰色的基础上只加入一种颜色可以简单、快速地吸引注意力，还可以更进一步在灰色的基础上加两种颜色，或是添加统一色调的多种颜色。

通过调整单一色相的饱和度与亮度，即可生成各种不同的颜色 —— 深色、浅色、背景色等。

使用一种或两种基础色调的多种颜色是强调与淡化某些元素，而又不将设计搞得一团糟的最可靠的方法。

下列是关于颜色的其他几点建议。

（1）不要用纯黑色：在现实世界中几乎见不到绝对的黑色。调整不同的饱和度可以增加设计的丰富程度，也更加接近现实世界。

（2）Adobe Color Cc：寻找、调整、创造颜色组合的绝佳工具。

（3）在Dribble中通过颜色搜索：寻找某种颜色搭配的好方法，非常实用，若已经决定了要用哪种颜色，可以通过颜色搜索来浏览世界顶级的设计师是如何配色的。

3. 增加空白空间

为了让UI看起来更加有设计感，应留出一些空白的空间。

（1）HTML的默认版式如图3-63所示。

所有东西都堆在屏幕上，字号、行距都非常小，段与段之间有一些间隔，但是

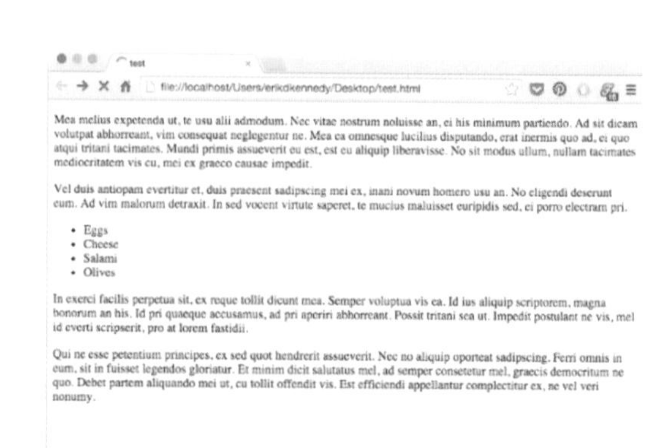

test

file://localhost/Users/erikdkennedy/Desktop/test.html

Mea melius expetenda ut, te usu alii admodum. Nec vitae nostrum noluisse an, ei his minimum partiendo. Ad sit dicam volutpat abhorreant, vim consequat neglegentur ne. Mea ea omnesque lucilius disputando, erat inermis quo ad, ei quo atqui tritani tacimates. Mundi primis assueverit eu est, est eu aliquip liberavisse. No sit modus ullum, nullam tacimates mediocritatem vis cu, mei ex graeco causae impedit.

Vel duis antiopam evertitur et, duis praesent sadipscing mei ex, inani novum homero usu an. No eligendi deserunt eum. Ad vim malorum detraxit. In sed vocent virtute saperet, te mucius maluisset euripidis sed, ei porro electram pri.

- Eggs
- Cheese
- Salami
- Olives

In exerci facilis perpetua sit, ex reque tollit dicunt mea. Semper voluptua vis ea. Id ius aliquip scriptorem, magna bonorum an his. Id pri quaeque accusamus, ad pri aperiri abhorreant. Possit tritani sea ut. Impedit postulant ne vis, mel id everti scripserit, pro at lorem fastidii.

Qui ne esse petentium principes, ex sed quot hendrerit assueverit. Nec no aliquip oporteat sadipscing. Ferri omnis in eum, sit in fuisset legendos gloriatur. Et minim dicit salutatus mel, ad semper consetetur mel, graecis democritum ne quo. Debet partem aliquando mei ut, cu tollit offendit vis. Est efficiendi appellantur complectitur ex, ne vel veri nonumy.

图3-63 HTML的默认版式

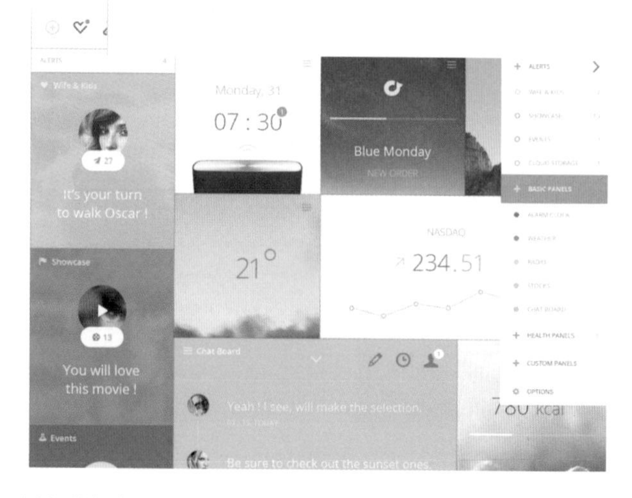

图3-62 运用各种颜色进行设计

也不是很大。这种布局并不推荐。如果想设计出精美的UI，就需要留出更多的空白空间。

（2）图3-64是一个音乐播放器。

请注意左侧的菜单栏。字号为12px，行间距有文字的两倍高。列表名称“PLAY LISTS”与下划线之间有15px的空白，播放列表名称之间还有25px的间距。

顶部导航栏也有很大的空间，搜索图标与“Search all music”占到了导航栏高度的20%，如图3-65所示。

留白的空间收到了良好的效果，不同的元素有机结合在一起，使得这个页面成为最好的音乐播放器UI之一。

（3）大量的空白可以把混乱的界面做得简洁、美观，例如图3-66的论坛界面或图3-67的维基百科：

①在行之间留出空间；

②在各个元素之间留出空间；

③在各组元素之间留出空间；

4. 学会在图片上呈现文字

在图片上优雅地呈现文字并不容易，这里提供6种方法。

（1）直接在图片上放文字（图3-68）。有几点需要格外注意：

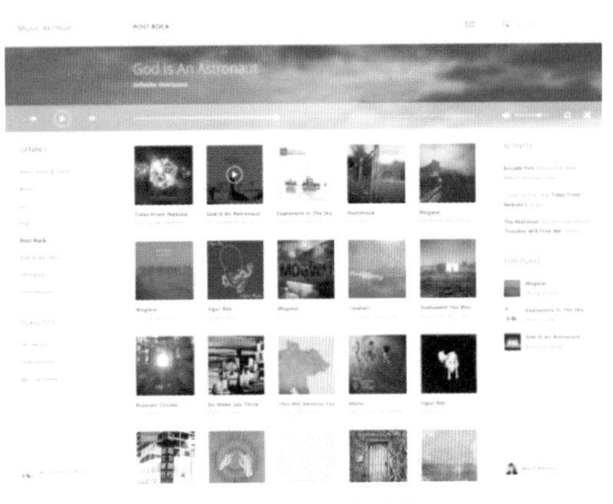

图3-64　音乐播放器

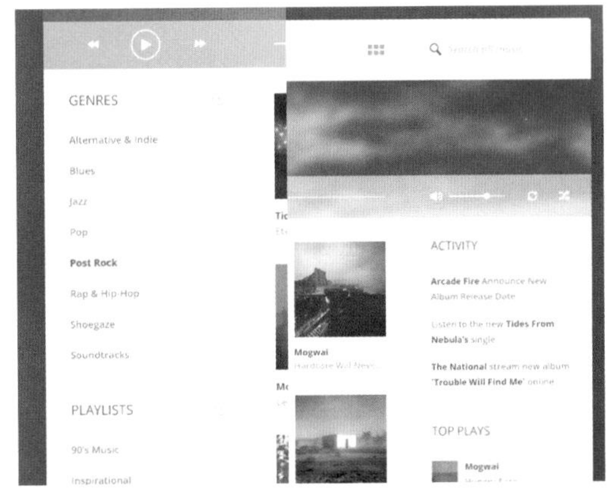

图3-65　播放器的菜单栏及导航栏

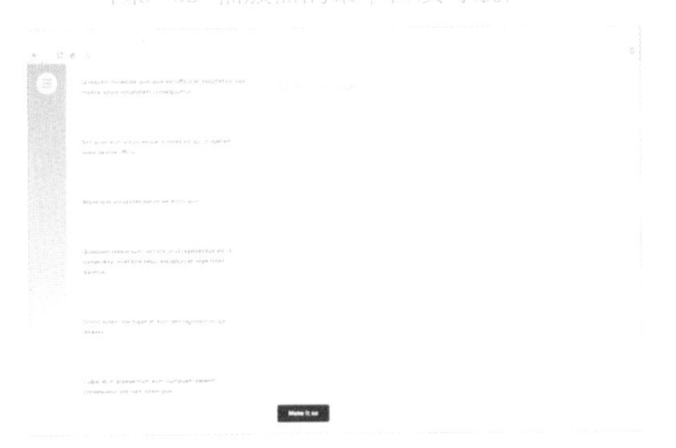

图3-66　论坛界面

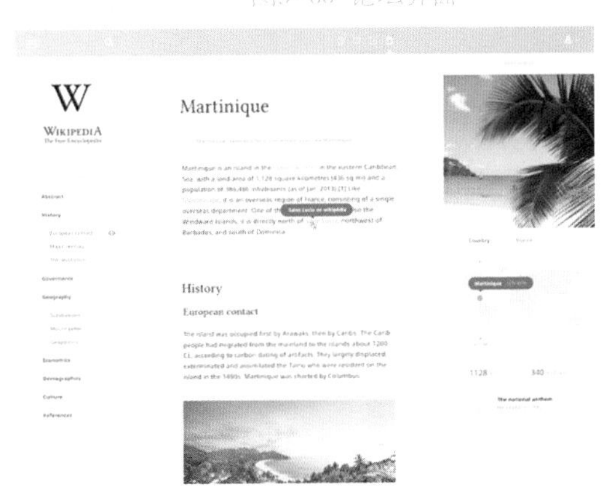

图3-67　维基百科

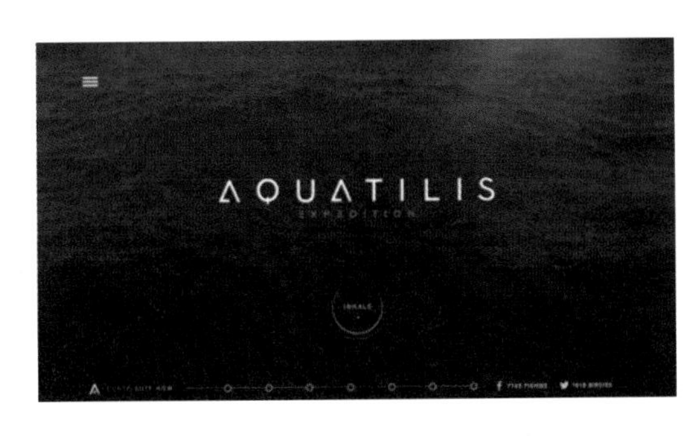

图3-68　直接在图片上放文字

①图片应较暗，而且颜色不能有太大的反差；

②文字最好是白色的；

③在不同屏幕、不同尺寸的窗口调试页面，保证各种情况下的文字都是清晰、易于辨识的。

（2）暗化整张图片。若原图颜色不够深，可以用半透明的黑色在上面覆盖一层，如图3-69、图3-70所示。

如果直接放原图，底色太亮，与文字的反差不够明显，看不清文字。加上一层黑色是最简单、普适性最强的。当然也可以用其他合适的颜色。

（3）给文字加个框。这是一种简单、有效的方法。在白色文字下方添加一个略透明的黑色方块，即可放在各种各样的图片上，而且显示效果非常清晰，如图3-71所示。当然，也可以放别的颜色，只

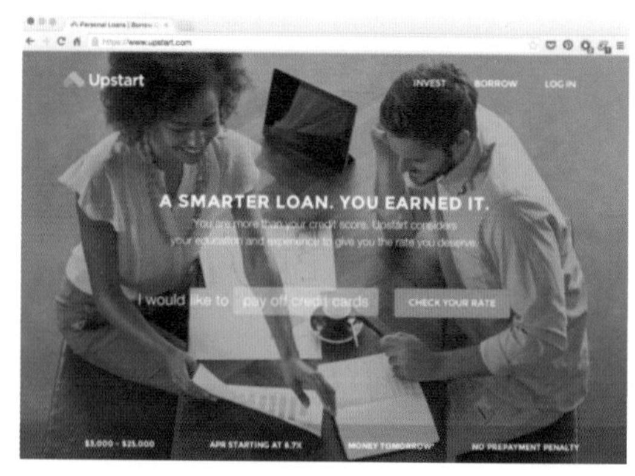

图3-69 暗化图片1

Access to clean water transforms lives.
Learn about the crisis and what we can do to fix it.

图3-70 暗化图片2

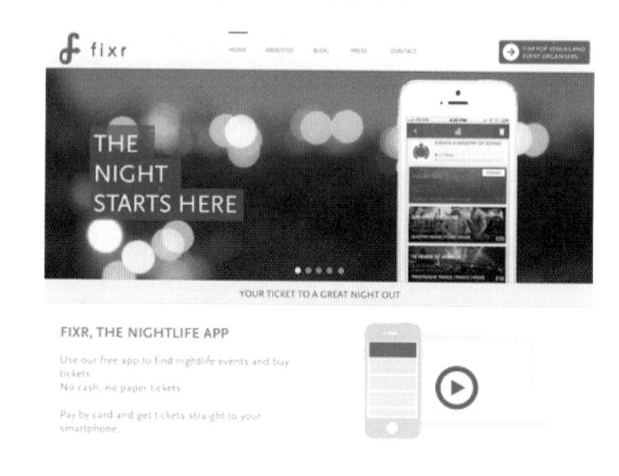

图3-71 给文字加框

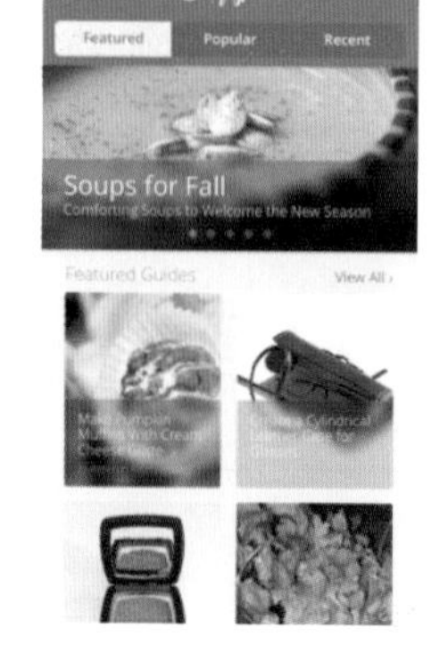

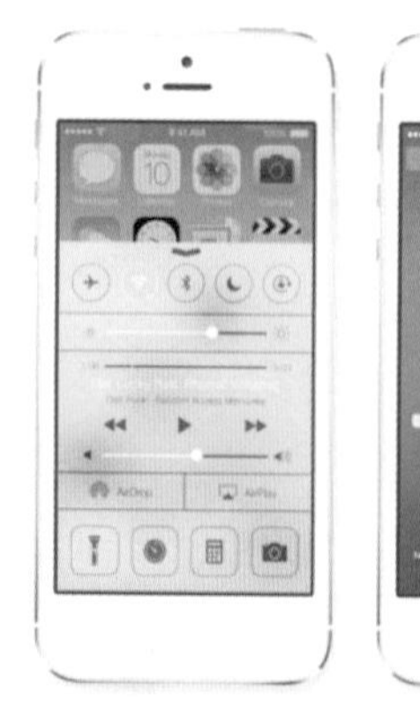

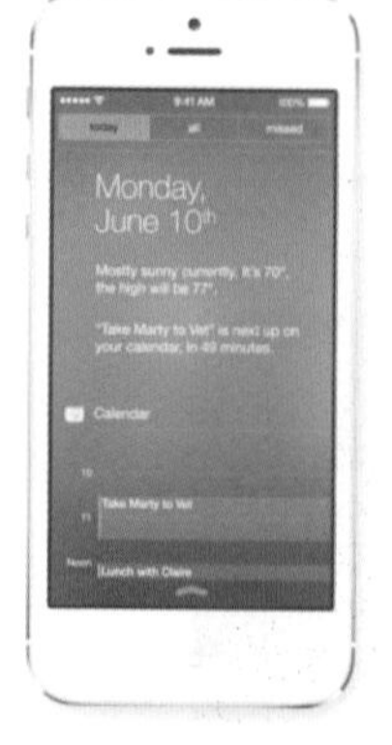

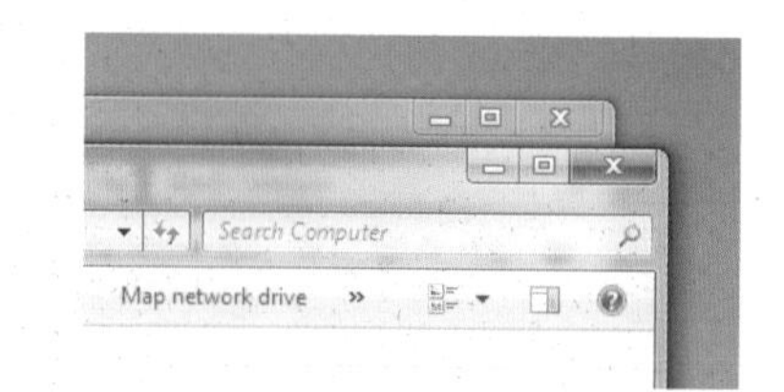

图3-72 虚化图片

是需要小心谨慎。

（4）虚化图片。增加文字易读性的好方法，将文字下方的图片虚化，同时将虚化部分的亮度调低。

iOS 7用毛玻璃的效果虚化了背景，而Windows Vista同样使用了这种虚化效果，如图3-72所示。

虚化图片的方法存在局限性，应确保在不同屏幕上的图片进行尺寸调整后，文字仍然是在虚化的区域上的。

（5）底部褪色。将图片的下边缘变暗一些，然后放上白色的文字。这是一种非常具有独创性的方法，如图3-73所示。

乍看下，可能觉得这就是把文字放在了图片上。其实不然，图片上仍然有一些非常细微的变化，中间完全没有黑色覆盖，而底部有不透明度约为20%的黑色覆盖在上面。

这样的变化很难看出来，但是确实存在，而且确实提高了文字的可辨认性。

此外，还可以把虚化与底部褪色结合起来，做出底部虚化的效果，如图3-74所示。

（6）把图片部分区域的光线变得更柔和（图3-75），以突出文字。如果在浏览器上缩小图片，就会看出到底发生了什么。如图3-76所示，在图片左下角有一块阴影区域，文字置于其上，就非常容易辨认。这可能是在图片中优雅地呈现文字的最细微的一种方法。

图3-73　底部褪色

图3-74　底部虚化

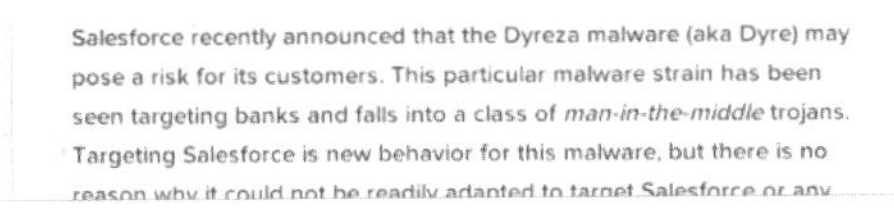

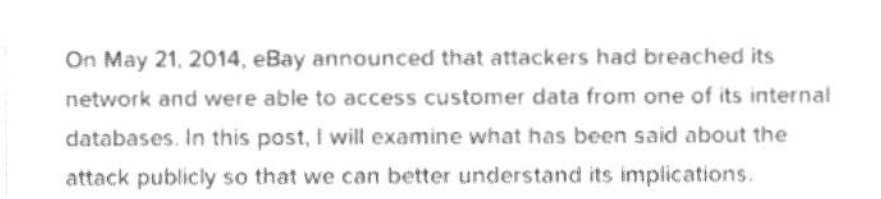

图3-75　柔和光线

5. 做好强调与弱化

将文字设计得既美观又得体通常就是通过放大或缩小文字，做出反差的效果。

UI设计最困难的地方就在于文字的装饰，因为设计文字时需要考虑的因素有：

①字号；

②颜色；

③字体粗细；

④大小写；

⑤斜体；

⑥字母间距；

⑦页边空白（准确地说不是文字的一部分，但却容易影响阅读时的注意力，所以也算在内）。

还有其他一些调整文字以吸引读者注意力的方法，但是不常用，也不推荐使用。

①下划线。下划线现在基本上等同于超链接，最好不要挑战人们的常识。

②文字背景色。这个有时候也被视为超链接，只不过不常见。

③删除线。

一段文字设计得不好一般不是因为用了大写字母和过重的颜色，而是因为各种要素的搭配出了问题。

（1）强调和弱化（图3-77、图3-78）。将所有的文字样式分成两类。

增强可读性的样式：大字号、粗体、大写等。

减弱可读性的样式：小字号、与背景对比不明显、空白较少等。

图3-77中的“Material Design”标题就非常突出：字号大、反衬明显、字体较粗。

图3-78中的页脚的字就是弱化处理的，字号小、反衬不明显、字体较细。

文字设计的核心是标题，标题是唯一需要全部强调的元素，而其他的部分则应将强调与弱化结合使用。

若是网页上某个元素需要强调，把强调和弱化结合在一起，即可避免整个页面看起来有压迫感，同时又让各个元素的呈现效果恰到好处。

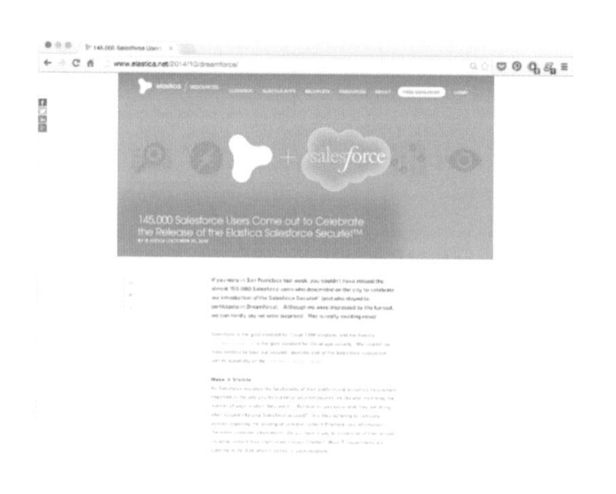

图3-76 缩小图片

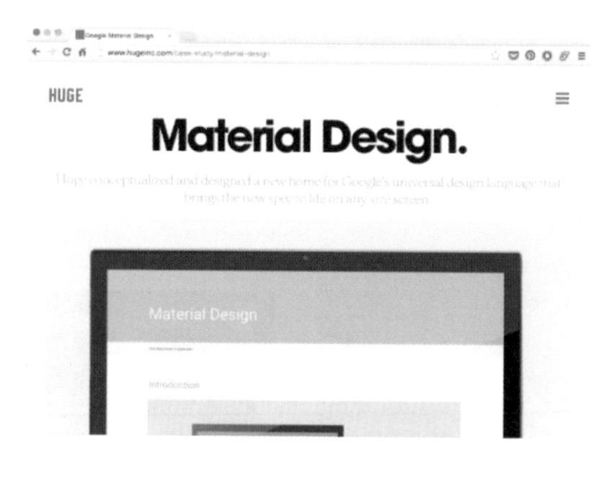

图3-77 强调处理

图3-78 弱化处理

图3-79的lu Homes的首页堪称是这方面的典范：上方文字较大，突出显示，却使用了小写字母，没有给人强烈的压迫感。

如果网页上的数字字号较大，则是网页上的重要信息。但应注意，数字的字体很细，与背景色对比也不明显；而数字下方的单位虽然写得小，但是全部加粗，用大写字母。这就是设计中的平衡。

图3-80也是学习强调和弱化的一个好案例。

文章标题是唯一没有用斜体的部分，还进行了加粗处理，更容易吸引读者的关注。

作者姓名写在文章标题下方，字体加粗，与没有加粗的“by”进行区分。

“ALREADY OUT”独立出来，字号很小，与背景区分不明显，但使用大写字母，字间距很大，文字外围空白较多。

（2）鼠标悬停或选中时的样式。通常情况下，改变字体大小、大小写、粗细时同样会改变文字所占空间的大小，让人感觉鼠标正悬停在这里。

此外，下列要素也能够影响人们的感受：

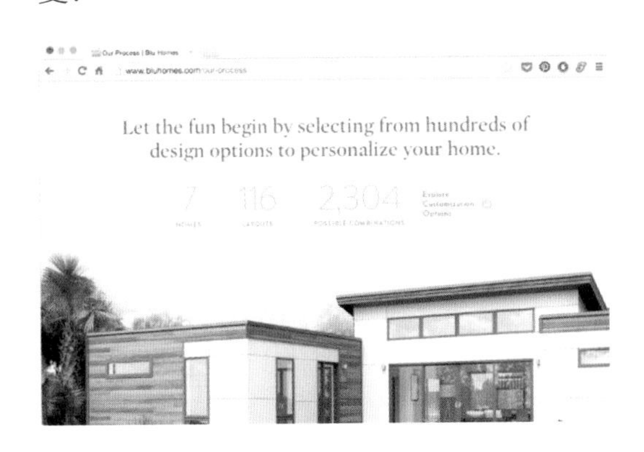

图3-79 强调与弱化的结合1

①文字颜色；

②背景色；

③阴影；

④下划线；

⑤细小的动画——上升、下降等。

这里推荐一个较为普遍的方法：给白色的元素上色，或当背景颜色较深时，将有颜色的内容变成白色，如图3-81所示。

6. 只用合适的字体

有的网站很有个性，会用到比较特殊的字体。但是，大多数产品的UI设计只要保持干净、简洁即可。这里推荐一些免费的字体。

（1）Ubuntu（图3-82）：字体偏粗，对于有些App而言太张扬了，但是对于

图3-80 强调与弱化的结合2

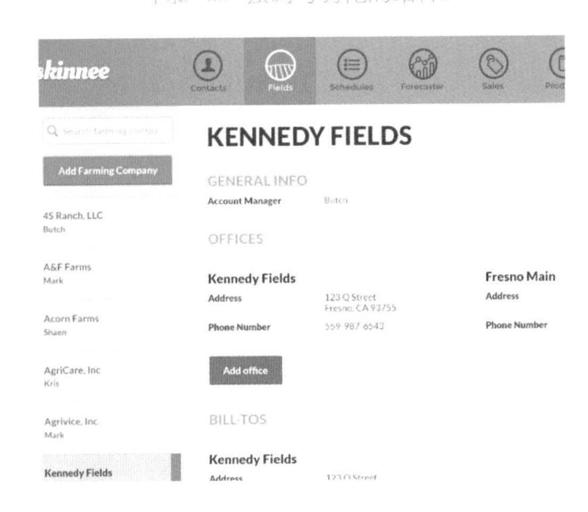

图3-81 将有颜色的内容变成白色

大多数APP来说还不错。在Google Fonts上可以找到。

（2）Open Sans（图3-83）：非常易于辨读，是一款很流行的字体，非常适用在正文上，在Google Fonts上可以找到。

（3）Bebas Neue（图3-84）：适合作标题用字，都是大写字母，在Fontfabric上能找到，这个网站上还有一些Bebas Neue的应用实例。

（4）Montserrat（图3-85）：只有两种粗细，是Gotham和Proximate Nova最好的免费替代品，但不如前两种。在Google Fonts上能找到。

（5）Raleway（图3-86）：适合作标题用字，但不适合用于正文。有一个极细的版本，在Google Fonts可以找到。

（6）Cabin（图3-87）：在Google Fonts可以找到。

（7）Lato（图3-88）：在Google Fonts可以找到。

（8）PT Sans（图3-89）：在Google Fonts可以找到。

（9）Entypo Social（图3-90）：一个社交网络图标集，在Entypo.com上可以找到。

Penultimate
The spirit is willing but the flesh is weak
SCHADENFREUDE
3964 Elm Street and 1370 Rt. 21
The left hand does not know what the right hand is doing.

图3-82 Ubuntu字体

Penultimate
The spirit is willing but the flesh is weak
SCHADENFREUDE
3964 Elm Street and 1370 Rt. 21
The left hand does not know what the right hand is doing.

图3-83 Open Sans字体

PENULTIMATE
THE SPIRIT IS WILLING BUT THE FLESH IS WEAK
SCHADENFREUDE
3964 ELM STREET AND 1370 RT. 21
THE LEFT HAND DOES NOT KNOW WHAT THE RIGHT HAND IS DOING.

图3-84 Bebas Neue字体

Penultimate
The spirit is willing but the flesh is weak
SCHADENFREUDE
3964 Elm Street and 1370 Rt. 21
The left hand does not know what the right hand is doing.

图3-85 Montserrat字体

Penultimate
The spirit is willing but the flesh is weak
SCHADENFREUDE
3964 Elm Street and 1370 Rt. 21
The left hand does not know what the right hand is doing

图3-86 Raleway字体

Penultimate
The spirit is willing but the flesh is weak
SCHADENFREUDE
3964 Elm Street and 1370 Rt. 21
The left hand does not know what the right hand is doing.

图3-87 Cabin字体

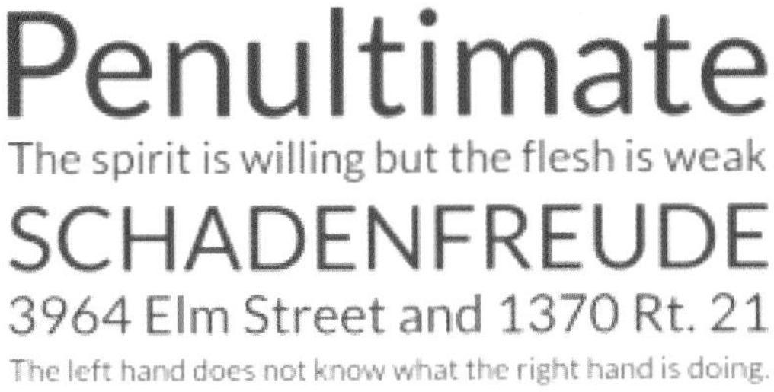

Penultimate
The spirit is willing but the flesh is weak
SCHADENFREUDE
3964 Elm Street and 1370 Rt. 21
The left hand does not know what the right hand is doing.

图3-88　Lato字体

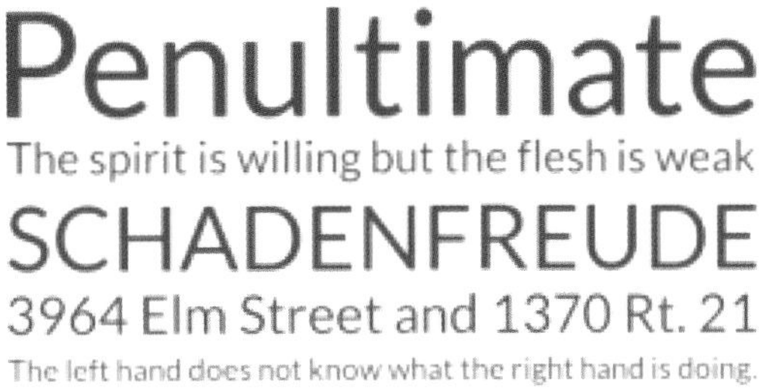

Penultimate
The spirit is willing but the flesh is weak
SCHADENFREUDE
3964 Elm Street and 1370 Rt. 21
The left hand does not know what the right hand is doing.

图3-89　PT Sans字体

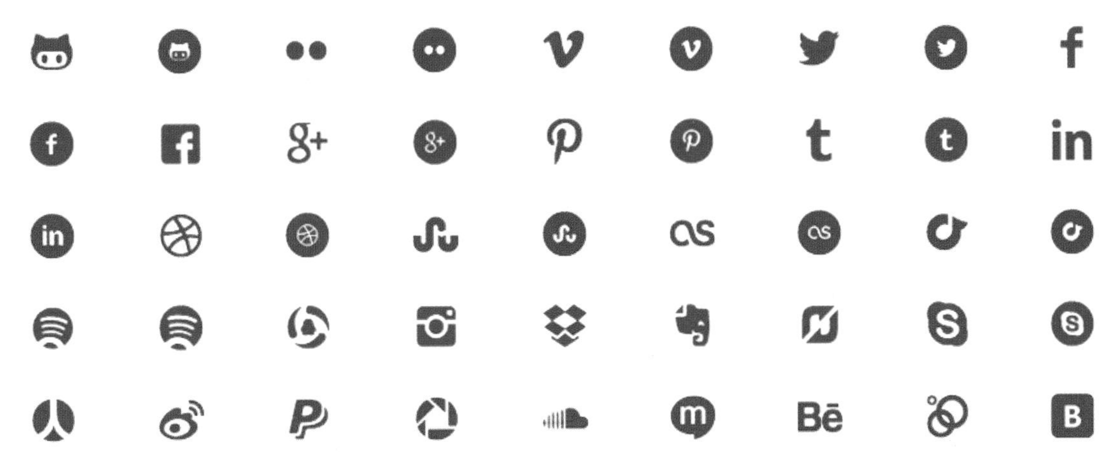

图3-90　Entypo Social图标集

7. 像艺术家一样偷师

下面列出一些资源，对设计非常有用（按照重要性从高到低排列）。

（1）Dribbble：专为设计师而做的网站，集合了网上最好的UI设计作品，在Dribbble上可以找到几乎各种类型的案例。

下面推荐几位特别的设计师。

①Victor Erixon：有非常明显的个人风格。他的作品非常漂亮、简洁，如图3-91所示，是扁平设计方面数一数二的人才。

②Focus Lab：Dribbble中的名人，他的作品非常多样化，绝对一流，如图3-92所示。

③Cosmin Capitanu：他是个通才，

New York

图3-91　Victor Erixon 的作品

meetjune

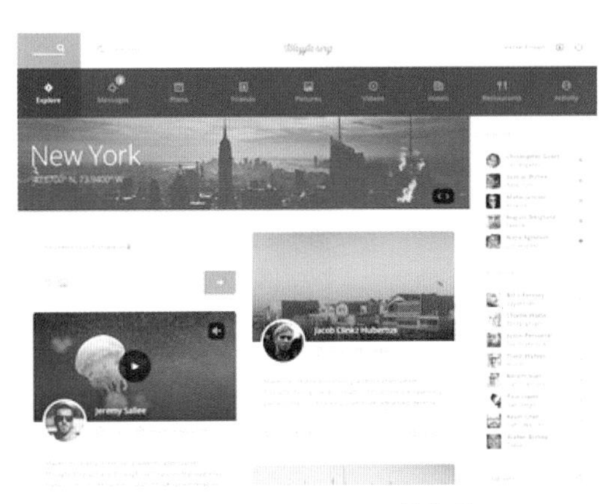

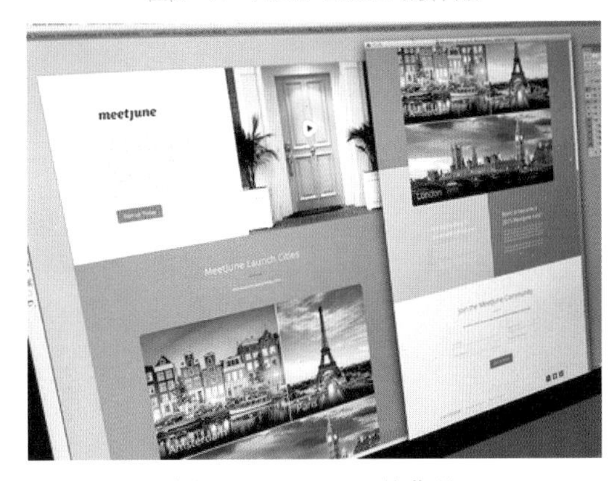

图3-92　Focus Lab的作品

做出来的东西非常疯狂，有未来感，但又不太花哨，如图3-93所示。用色非常棒，并不只专注做UX设计。

（2）Flat UI Pinboard：有一些非常棒的手机UI设计，可以找到很多精美的UI设计实例，如图3-94所示。

（3）Pttrns：存有大量App截屏，它的一大好处在于，它是按照UX模式进行分类的，在搜索作品时非常方便，如图3-95所示。

图3-93 Cosmin Capitanu的作品

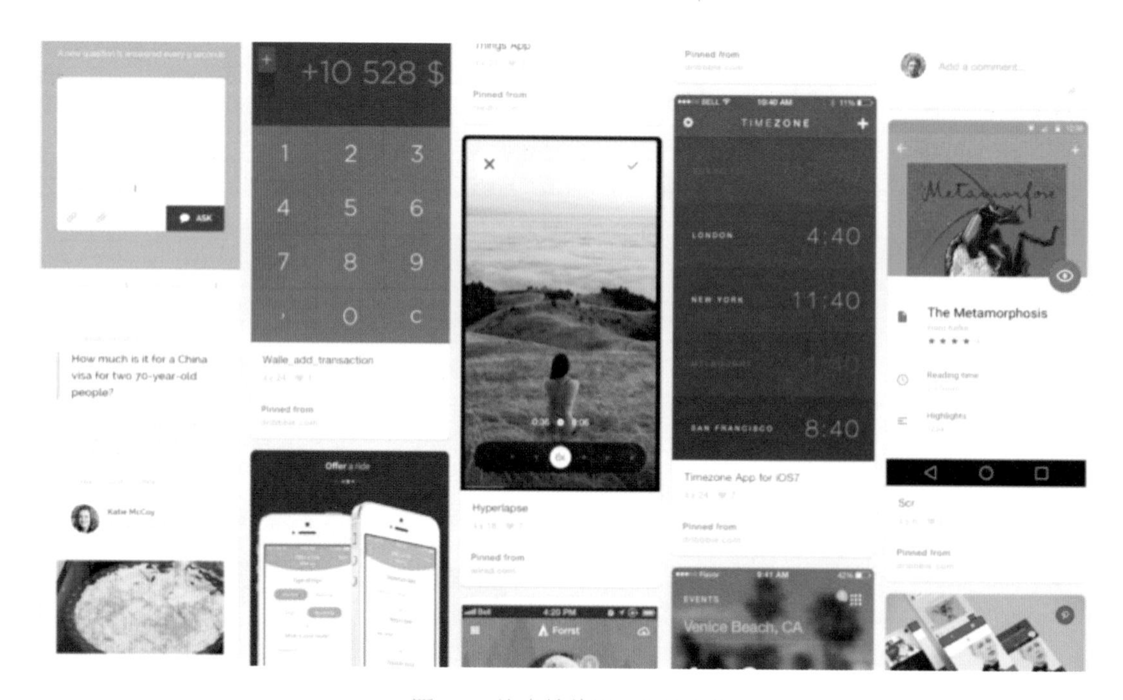

图3-94 许多精美的UI设计实例

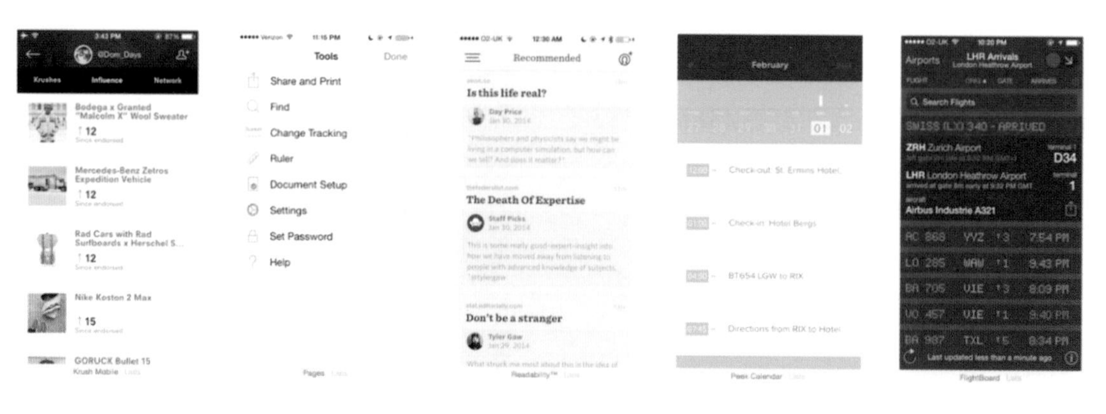

图3-95 APP截屏

小贴士

扁平化设计

扁平化的核心是去掉冗余的装饰效果。让“信息”本身重新被突显出来，并在设计元素上强调抽象、极简、符号化。

在手机上，更少的按钮和选项使得界面干净、整齐，使用起来格外简洁。可以更加简单、直接地将信息和事物的工作方式展示出来，减少认知障碍的产生。

第三节 App UI设计技巧

1. iOS系统

（1）尺寸及分辨率。

iPhone界面尺寸：320×480、640×960、640×1136。

iPhone6：4.7英寸（1334×750），iPhone6 Plus：5.5英寸（1920×1080）。

设计图单位：像素72dpi。

在设计时并不是每个尺寸都要做一套，尺寸按照自己的手机来设计，比较方便预览效果，通常用640×960或者640×1136的尺寸来设计，自从iPhone 6和iPhone 6 plus出来后，很多人会使用6的设计效果。建议使用640×1136，然后对plus做单独的修改适配，因为plus的屏幕实在是太大了，遵循屏大显示更多内容的原则这里本就需要修改。

作图时应用形状工具画图，这样更方便后期的切图或者尺寸的变更。

（2）界面基本组成元素。

iPhone的App界面通常由四个元素组成，分别为状态栏、导航栏、主菜单栏、内容区域。

这里介绍640×960的尺寸设计。

①状态栏：常说的信号、运营商、电量等显示手机状态的区域，高度是40px。

②导航栏：显示当前界面的名称，包含相应的功能或页面间的跳转按钮，高度是88px。

③主菜单栏：类似于页面的主菜单，对整个应用进行分类，高度是98px。

④内容区域：展示应用提供的相应内容，整个应用中布局变更最为频繁，高度是734px。

至于iPhone5/5s的640×1136的尺寸，就是中间的内容区域的高度增加为910px。

在iOS 7的风格中，苹果已经开始逐渐弱化状态栏，将状态栏与导航栏结合在一起，如图3-96所示，但是再怎么变，尺寸高度不变，只不过在设计iOS 7风格的界面时应格外注意。

（3）字体大小。

iPhone上的字体英文为：Helvetica Neue。至于中文Mac下用的是黑体，Win下则是华文黑体（最新字体称为黑体-简）。

表3-11是百度用户体验进行的一个小

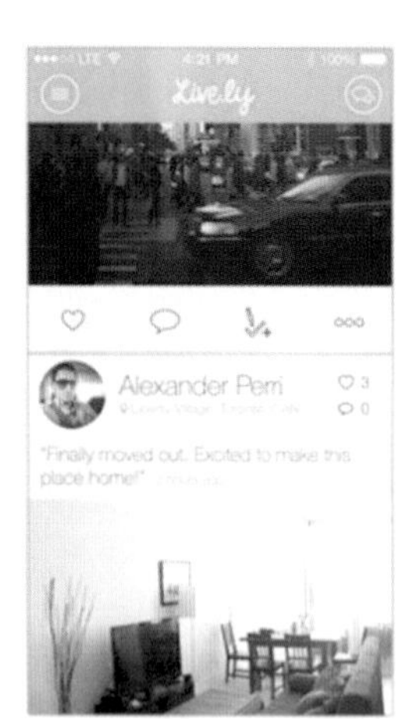

图3-96 状态栏与导航栏的结合

调查，可以看出用户可接受的文字大小。

（4）切图。

切图是App设计中的一个重要过程，关系到App界面的实现，以及各种适配性能。

iOS在未出6 plus前，仅需要提供两种图：普通图和视网膜屏幕图。

以640×1136（640×960是一样的）的尺寸做的设计图会好办一点。直接出设计图上的原大小图标，例如命名一个图片名称为“img-line.png”，开发的图就要改名为“img-line@2x.png”，就是在后缀名前加上“@2x”来表示视网膜屏图，iPhone 4还需要将这个图尺寸按比例缩小50%，得到真正的“img-line.png”图片。然后将这两个图移交给开发人员，iPhone 6的图在规范里和5s使用的是一样的，也是“@2x”图。有些UI则需要做适配，例如拉长，拉高。

在对可按的图片进行切图时需要注意图片的可按区域大小，有时图标很小，实际切出来的放在上面，手指无法按到，这就需要对图片进行单独处理，拓宽图片的有效区域，这里是拓宽并不是放大，就是改变画布大小使图片尺寸面积扩大，让图片四周拓宽多余的透明区域，从而改变可按大小。

（5）颜色值问题。

iOS颜色值取RGB各颜色的值，例如某个色值，给予iOS开发的色值为R：12、G：34、B：56，那么给出的值就是12，34，56（有时也要根据开发的习惯，有时也用十六进制）。Android开发的色值则使用十六进制“#0c2238”。

2. Android系统

（1）尺寸及分辨率

Android界面尺寸：480×800、720×1280、1080×1920。

Android比iPhone的尺寸多了很多选择，建议选择720×1280这个尺寸，在尺寸720×1280中显示完美，在1080×1920中看起来较为清晰，切图后的图片文件大小也适中，应用的内存消耗也不会过高。

（2）界面基本组成元素。

表3-11 用户可接受的文字大小

		可接受下线（80%用户可接受）	见小值（50%以上用户认为偏小）	舒适值（用户认为最舒适）
ios	长文本	26px	30px	32px～34px
	短文本	28px	30px	32px
	注释	24px	24px	28px

Android的App界面与iPhone的基本相同：状态栏、导航栏、主菜单、内容区域，如图3-97所示。

Android中取用720×1280的尺寸设计，下列介绍这个尺寸下这些元素的尺寸。

①状态栏高度为50px。

②导航栏高度为96px。

③主菜单栏高度为96px。

④内容区域高度为1038px（1280-50-96-96=1038）。

Android最近出的手机几乎去掉了实体键，将功能键移到了屏幕中，高度为96px。

Android为了在界面上区别于iOS，Android 4.0开始提出的一套HOLO的UI风格，一些App的最新版本均采用了这一风格，这一风格最显著的变化就是将下方的主菜单移到了导航栏下面，这样的方式解决了现在很多手机去除实体键后，在屏幕中显示出双底栏的尴尬情景，如图3-98所示。

（3）字体大小。

Android系统的字体为Droid sans fallback，是谷歌自己的字体，和微软雅黑很像。

同样，在百度用户体验的调查中，可以看出用户可接受的文字大小，如表3-12所示。

（4）切图。

Android设计规范中单位是dp，dp在安卓手机上按不同的密度转换后的px不同，所以按照设计图的px转换成的dp也不同，这个可以使用转换工具转换，开发一般会有，也有些开发会使用px做单位，因为做了前期的转换工作。

（5）颜色值问题。Android颜色值取值是十六进制的值，比如绿色的值，给开发的值为“#5bc43e”。

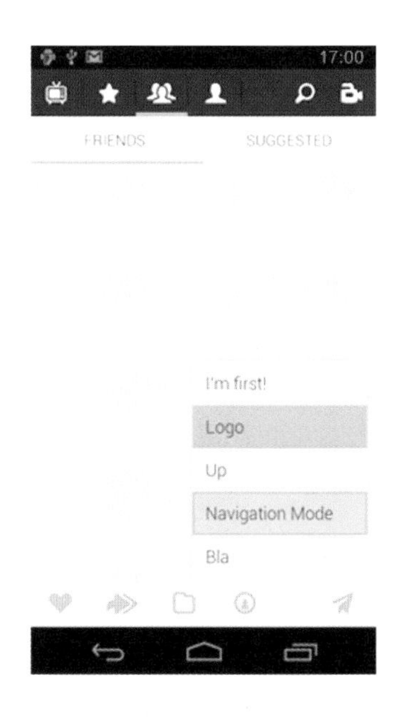

图3-97 Android的app界面

图3-98 原风格和HOLO风格的对比

表3-12 用户可接受的文字大小

		可接受下线（80%用户可接受）	见小值（50%以上用户认为偏小）	舒适值（用户认为最舒适）
Android 高分辨率（480×800）	长文本	21px	24px	27px
	短文本	21px	24px	27px
	注释	18px	18px	21px
Android 低分辨率（320×480）	长文本	14px	16px	18px～20px
	短文本	14px	14px	18px
	注释	12px	12px	14px～16px

小贴士

颜色由一个十六进制符号来定义，这个符号由红色、绿色和蓝色的值组成（RGB）。每种颜色的最小值是0（十六进制：#00），最大值是255。

第四节 设计案例

一、天气图标设计

（1）创建画布，如图3-99所示。

（2）绘制圆角矩形，圆角半径为80px，如图3-100、图3-101所示。

（3）双击图层样式，添加渐变叠加，如图3-102所示。

（4）对应渐变颜色，如图3-103～图3-105所示。

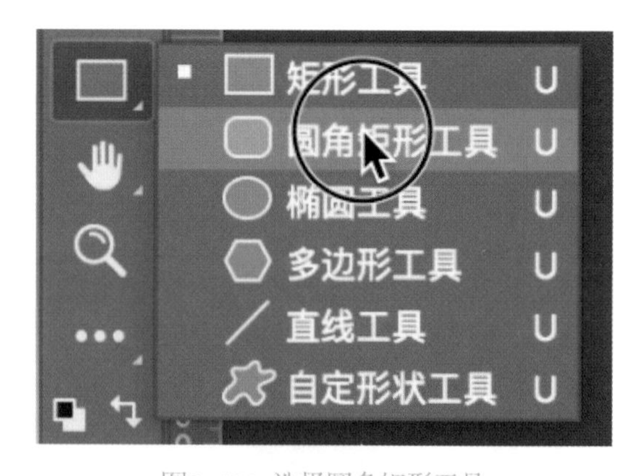

图3-100 选择圆角矩形工具

图3-99 创建画布

图3-101 创建圆角矩形

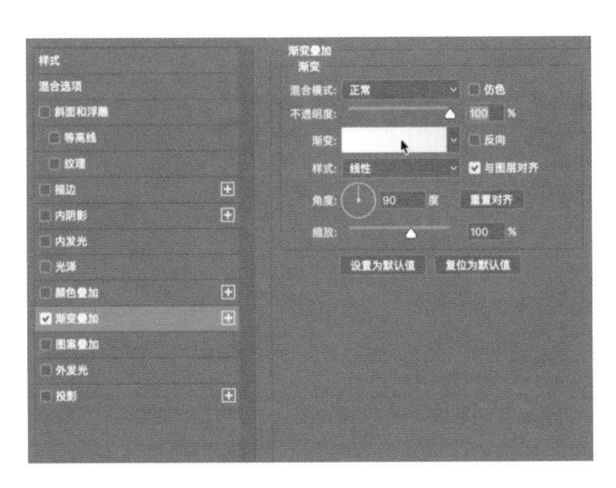

图3-102 添加渐变叠加

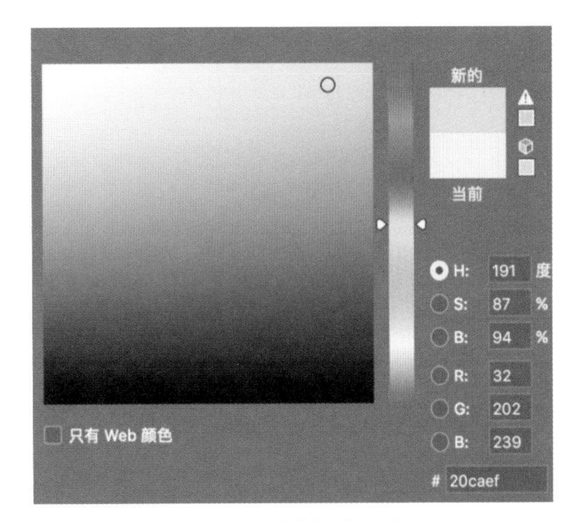

图3-104 对应渐变颜色2

图3-103 对应渐变颜色1

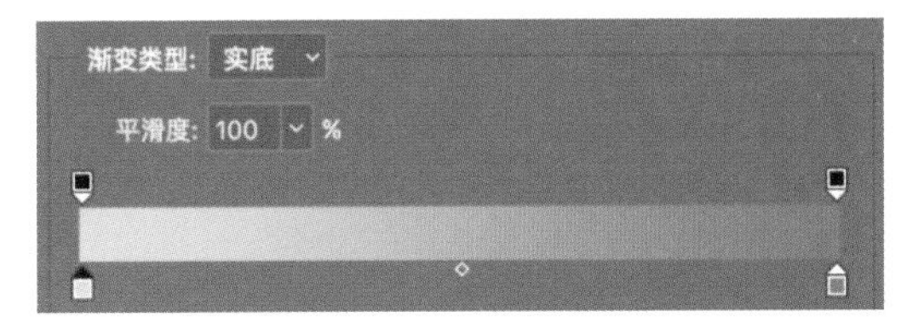

图3-105 对应渐变颜色3

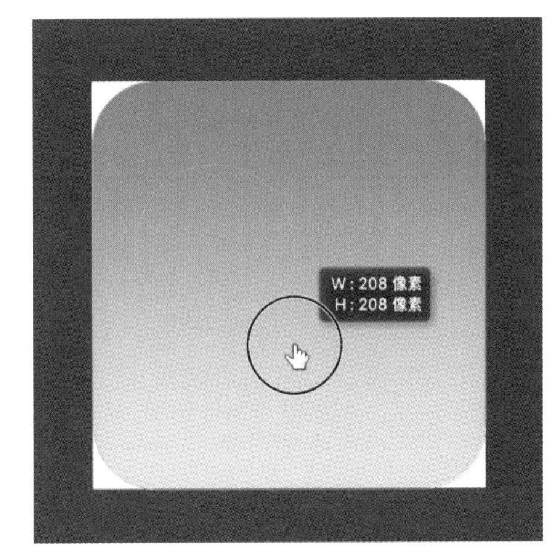

图3-106 绘制圆形

（5）选择圆形工具，绘制圆形，如图3-106所示。

（6）双击进入图层样式，添加渐变叠加，设计颜色，如图3-107所示。

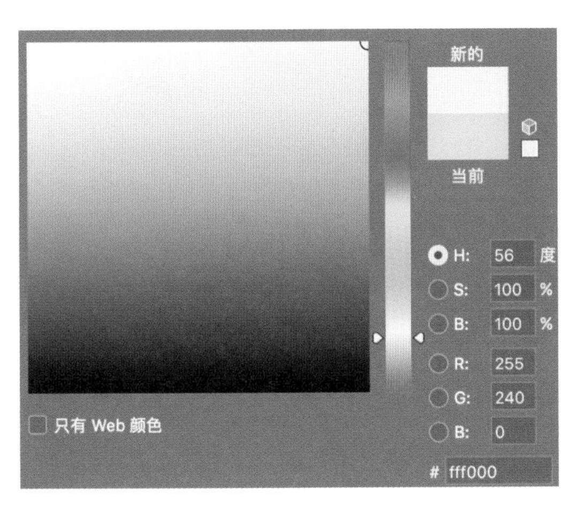

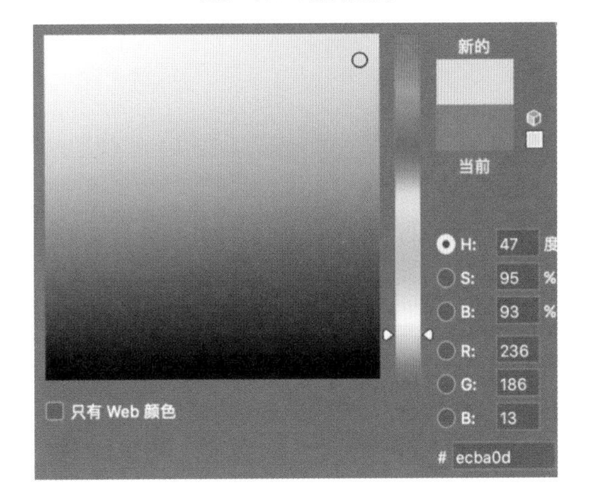

图3-107 颜色的设置

（7）对应数值，如图3-108所示。

（8）添加内发光，如图3-109所示。

（9）绘制云彩图形，如图3-110所示。

（10）选择矩形，将布尔运算调节为合并形状，见图3-111，效果如图3-112

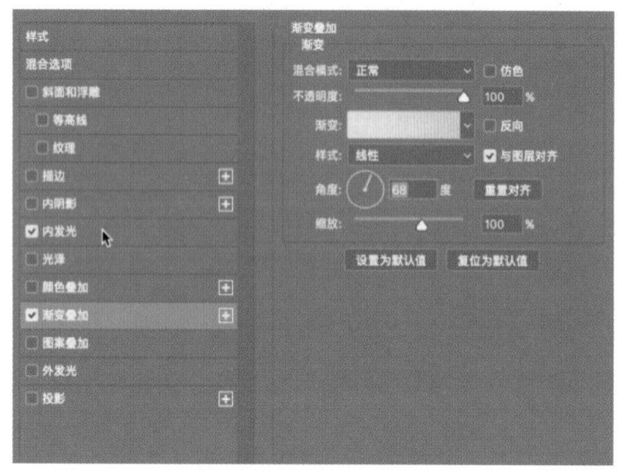

图3-108 对应数值

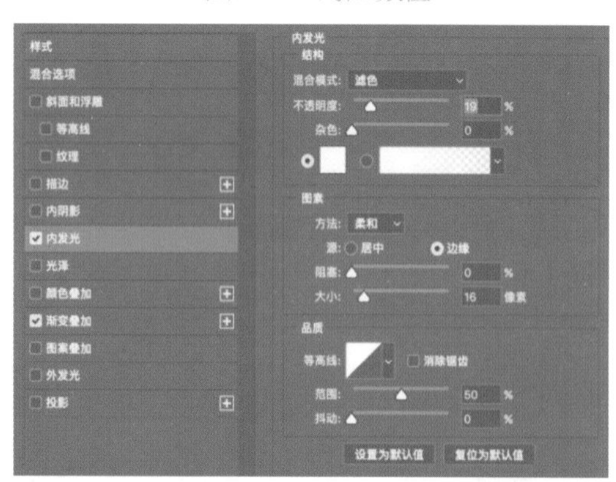

图3-109 添加内发光

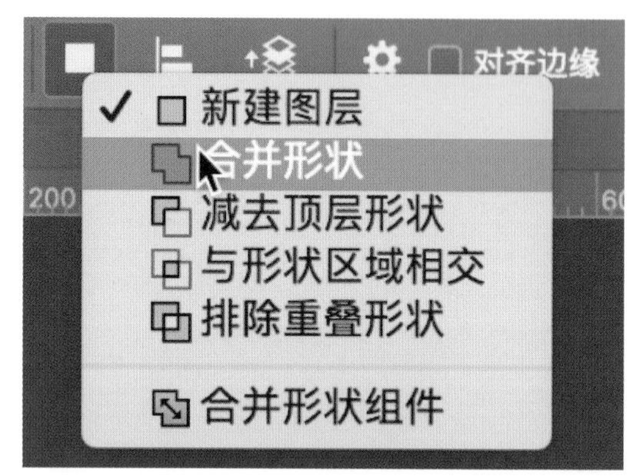

图3-111 合并形状

图3-112 效果图

图3-113 填充调节

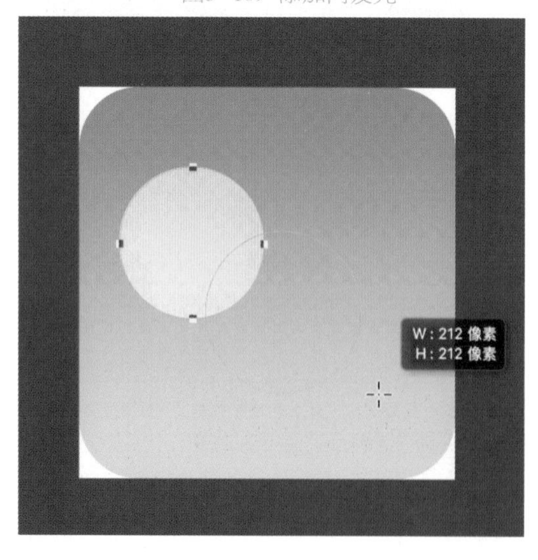

图3-110 绘制云彩图形

所示。

（11）选择云彩形状，将填充调节为0%，如图3-113所示。

（12）双击击云彩形状，添加渐变叠加，全是白色，如图3-114所示。

（13）选择左侧颜色，选择顶部的透明度控制阀，对透明度进行设置，如图3-115所示。

（14）调节渐变角度，如图3-116所示。

（15）将太阳与云彩两个图层编组，选择图层样式，外发光，正片叠底，如图3-117所示。

（16）设置对应颜色，如图3-118所示。

（17）天气图标最终完成效果如图3-119所示。

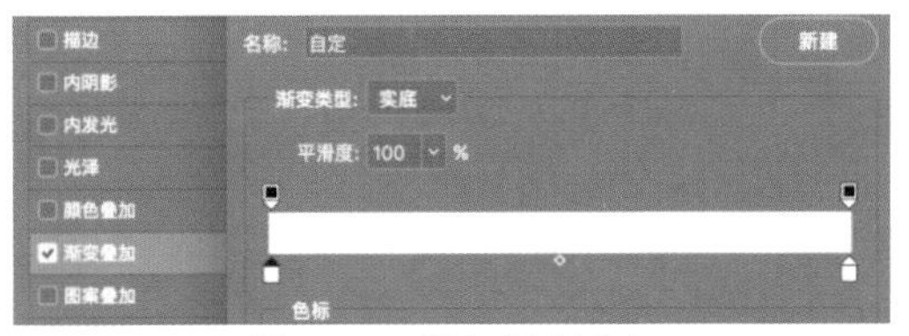

图3-114 添加渐变叠加

图3-115 设置透明度

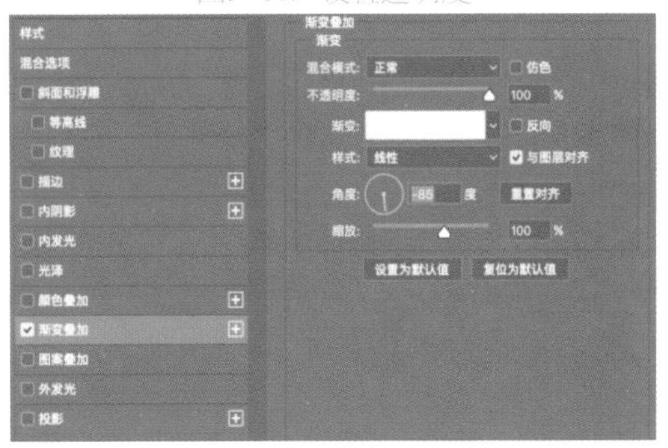

图3-116 调节渐变角度

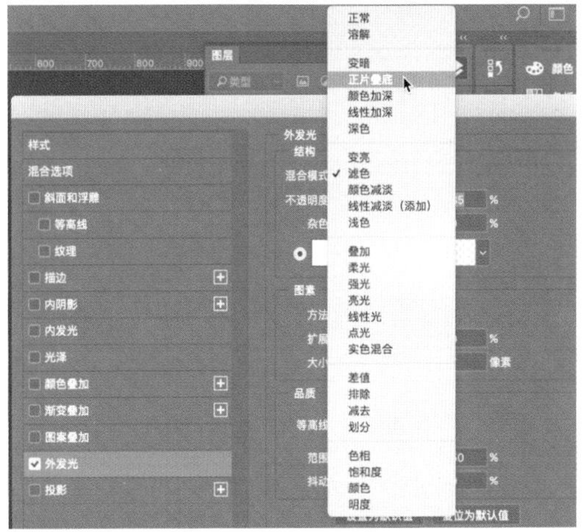

图3-117 正片叠底

图3-119 完成效果图

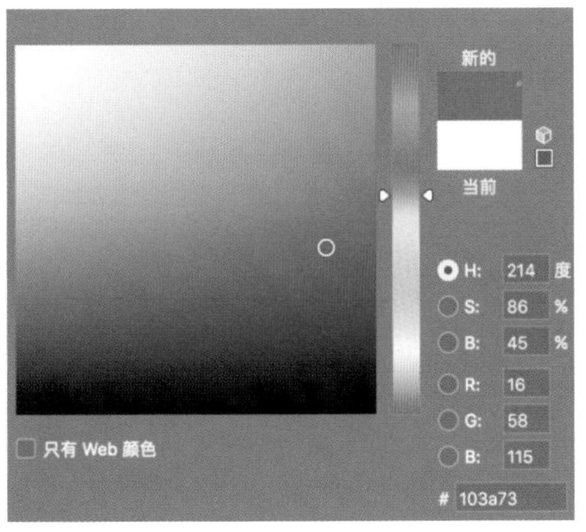

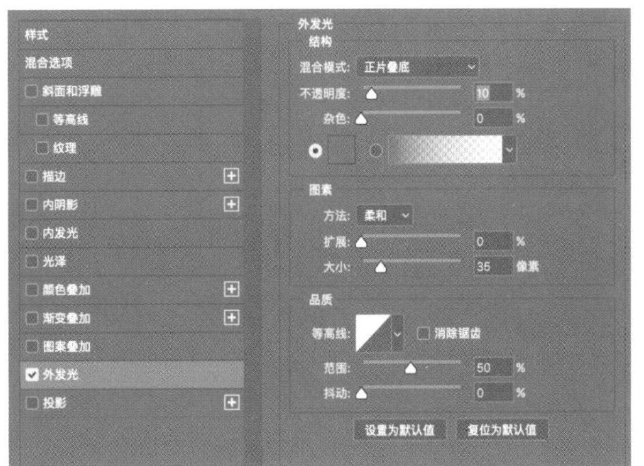

图3-118 设置对应颜色

二、移动端查找图标设计

（1）创建画布，如图3-120所示。

（2）设置圆角大小80px，如图3-121所示。

（3）双击图层样式，设置渐变颜色，如图3-122所示。

图3-120 创建画布

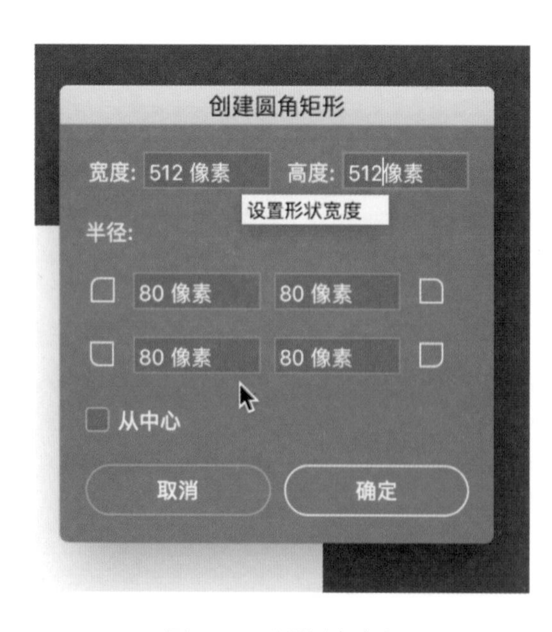

图3-121 设置圆角大小

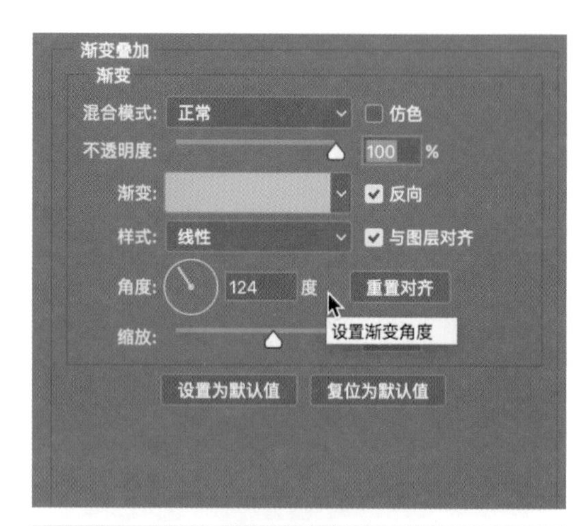

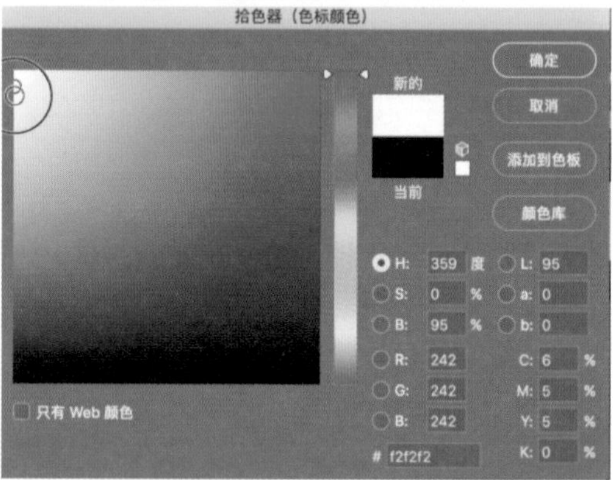

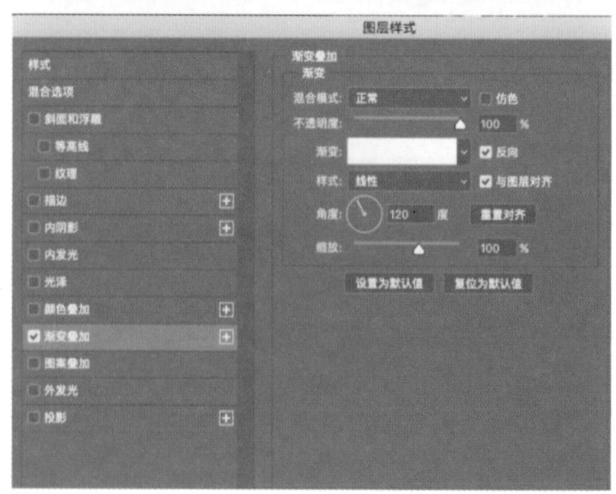

图3-122 设置渐变颜色

（4）选择椭圆形工具绘制正圆，并选择两个图层，如图3–123所示。

（5）点击水平对齐及垂直对齐，如图3–124所示。

（6）设置01颜色，如图3–125所示，效果如图3–126所示。

（7）点击01，按住Alt键向上复制02，如图3–127所示。

（8）设置02颜色，如图3–128和图3–129所示。

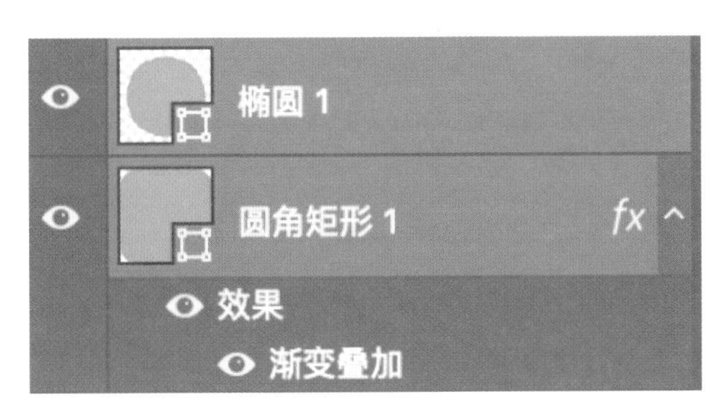

图3–123　选择两个图层

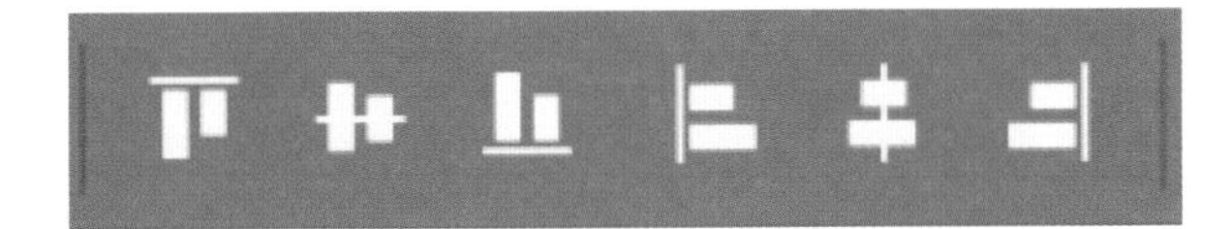

图3–124　设置水平对齐及垂直对齐

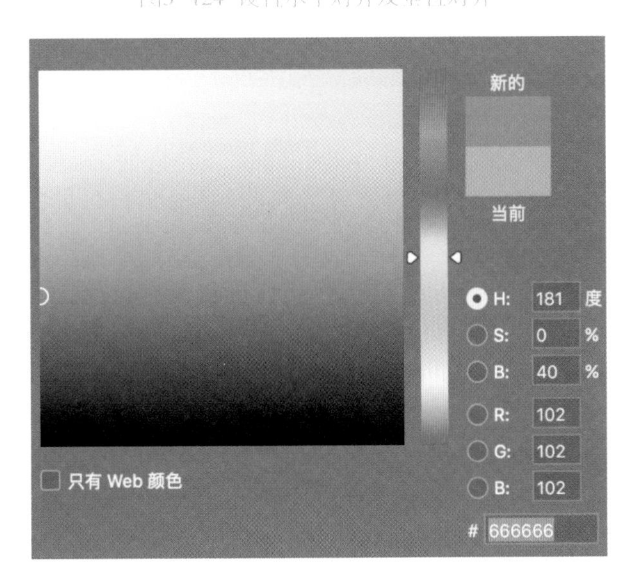

图3–125　设置01颜色

图3–126　01效果图

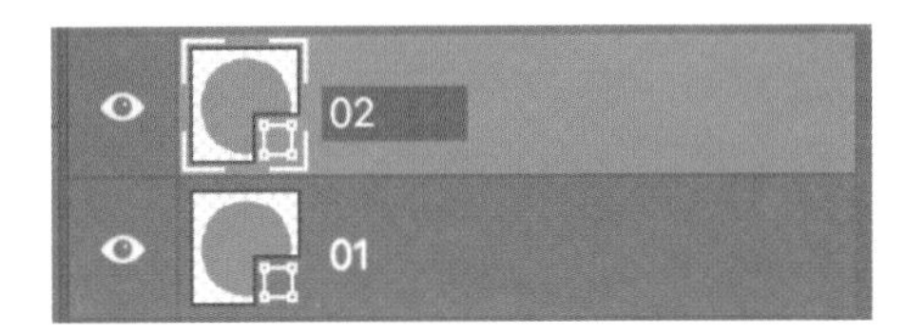

图3–127　复制02

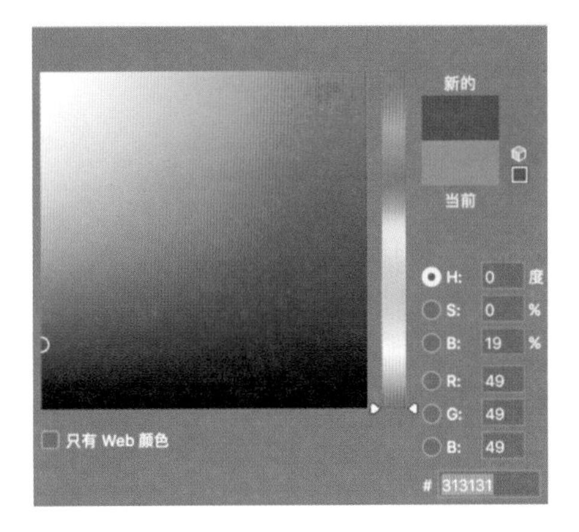

图3–128　设置02颜色

图3–129　02效果图

（9）Ctrl+T，将02向内缩放，如图3–130所示。

（10）点击02，按住Alt键向上复制03，如图3–131所示。

（11）Ctrl+T，将03向内缩放，如图3–132所示。

（12）双击03进入图层样式，选择渐变叠加，如图3–133所示。

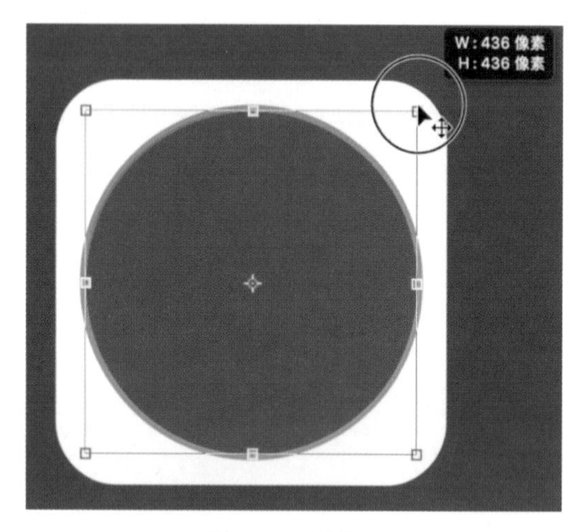

图3–130 缩放02

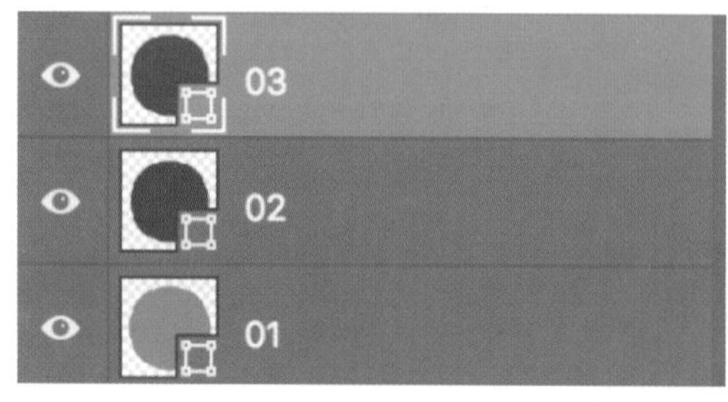

图3–131 复制03

（13）将图层样式选择为角度，如图3–134所示。

（14）设置渐变颜色，如图3–135所示。

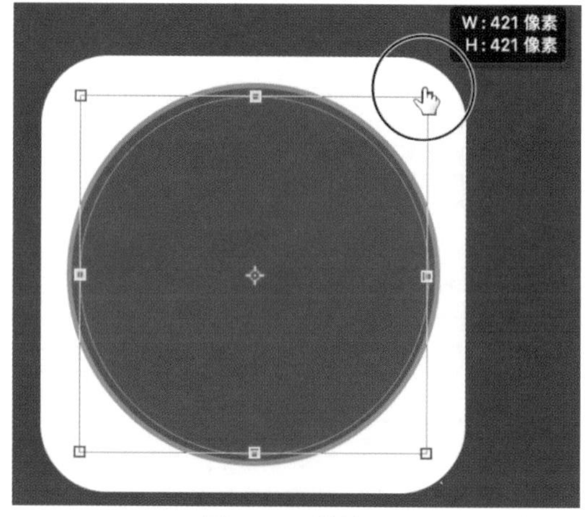

图3–132 缩放03

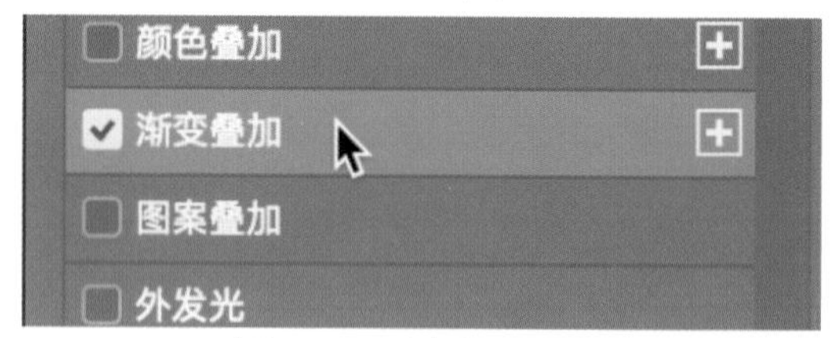

图3–133 选择渐变叠加

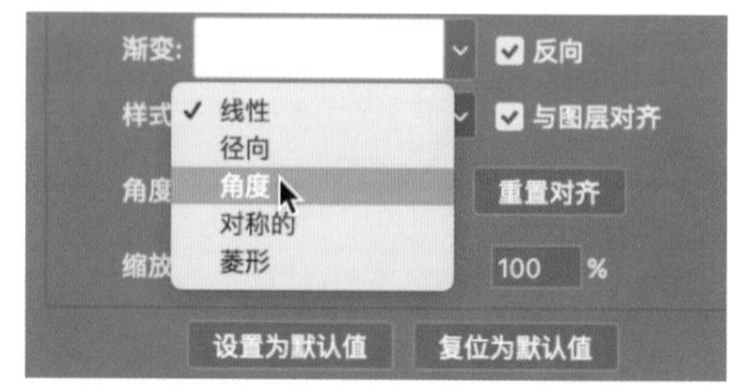

图3–134 修改图层样式

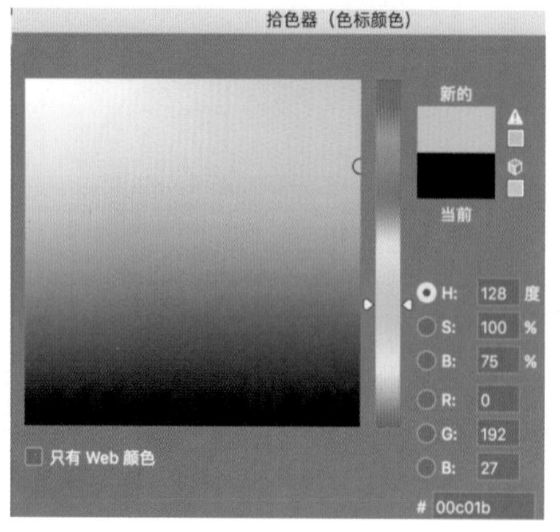

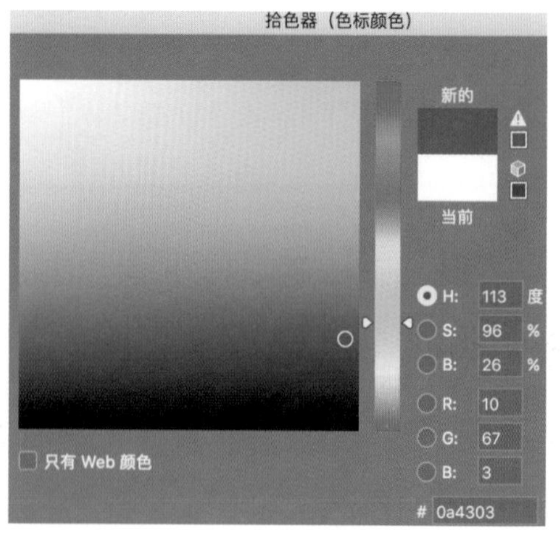

图3–135 设置渐变颜色

（15）设置渐变角度，如图3-136所示。

（16）点击03，按住Alt键向上复制03拷贝，如图3-137所示。

（17）将03拷贝图层样式关闭，如图3-138所示。

（18）设置03拷贝样式，如图3-139所示。

（19）选择路径选择工具，选择03拷贝，如图3-140所示。

（20）复制03拷贝，粘贴在本图层，如图3-141所示。

（21）将布尔运算调节成减去顶部形状，如图3-142所示。

（22）Ctrl+T，内缩放，如图3-143所示。

（23）按同样的操作制作剩余的坐标圆环，如图3-144所示。

（24）调节圆环的透明度，如图3-145所示。

（25）移动端查找图标最终完成效果，如图3-146所示。

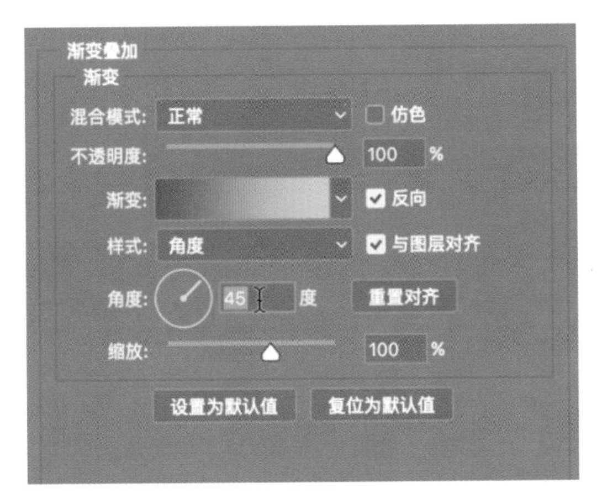

图3-136 设置渐变角度

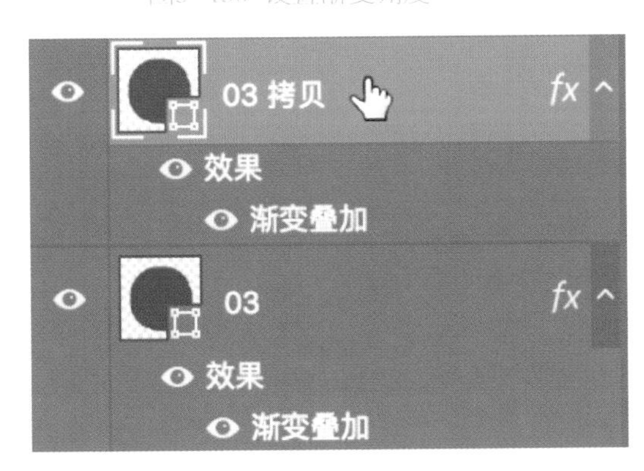

图3-137 03拷贝

图3-139 设置03拷贝样式

图3-140 选择路径

图3-141 复制粘贴03

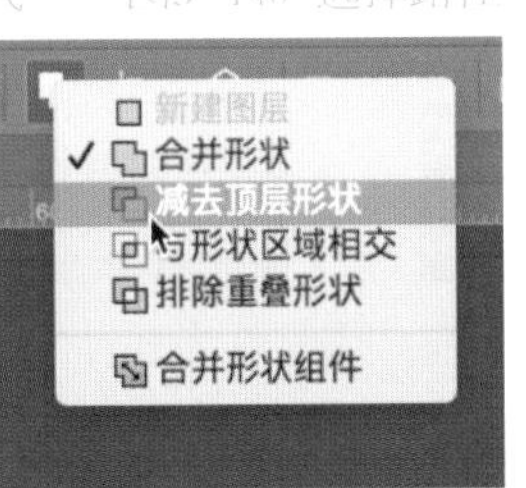

图3-142 减去顶层形状

图3-143 缩放效果图

图3-138 图层样式关闭

图3-144 制作剩余的圆环

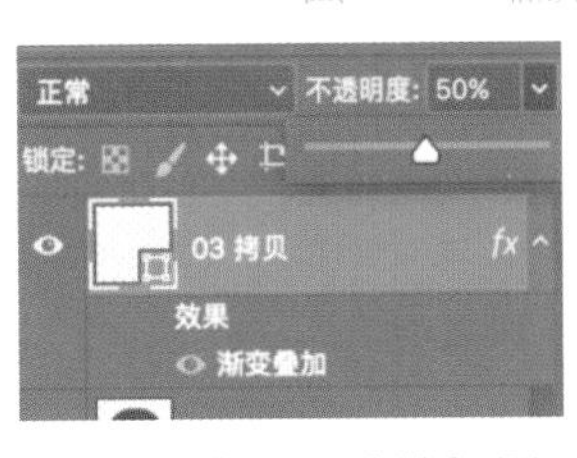

图3-145 调节圆环透明度

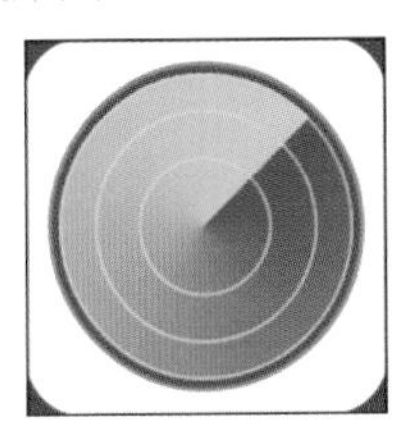

图3-146 最终完成效果图

三、移动端房子图标设计

制作步骤

（1）绘制两个圆角矩形，如图3-147所示；

（2）将两个圆角矩形做相减，如图3-148所示；

（3）新建一个矩形做减法，去掉不要的圆角，如图3-149、图3-150所示；

（4）将所有图形选中做集合；

（5）完成效果如图3-151所示。

制作步骤

（1）创建两个圆角矩形，如图3-152所示；

（2）Ctrl+t调出缩放工具，如图3-153所示；

（3）按住Alt键移动中心点，将中心点移动到左侧中心点上，如图3-154所示；

（4）将中心点移动到左侧的圆角矩形与另一个圆角矩形水平右侧对齐，对齐后Ctrl+T旋转到想要的角度，如图3-155所示；

（5）完成效果如图3-156所示。

图3-147 绘制两个圆角矩形

图3-148 相减

图3-149 新建矩形

图3-150 减去顶层形状

图3-151 完成效果图1

图3-152 创建两个圆角矩形

图3-153 缩放

图3-154 移动中心点

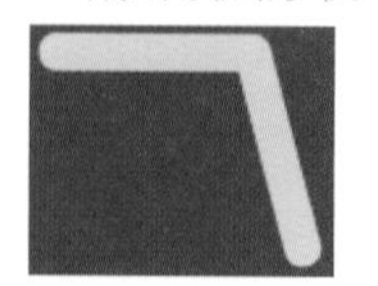
图3-155 旋转

图3-156 完成效果图2

制作步骤

（1）使用钢笔工具，将样式调节成形状，绘制想要的形状，如图3-157所示；

（2）绘制形状，如图3-158所示；

（3）将填充取消，描边打开，选择描边颜色，调节描边的点数，如图3-159所示；

（4）点击描线样式，选择端点，调节成圆角，如图3-160所示；

（5）完成效果如图3-161所示。

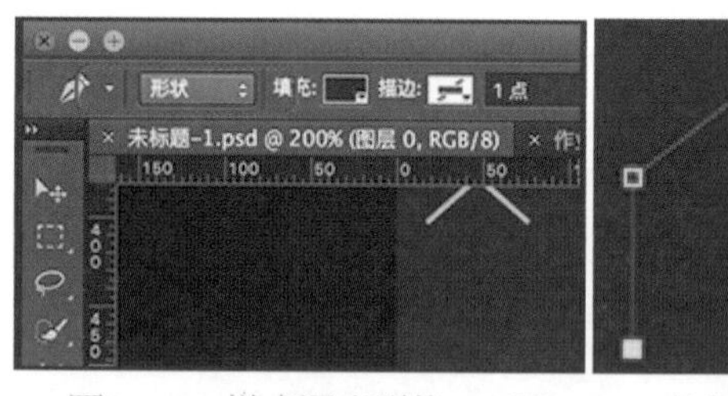

图3-157 样式调成形状　图3-158 绘制形状

图3-159 调节填充及描边

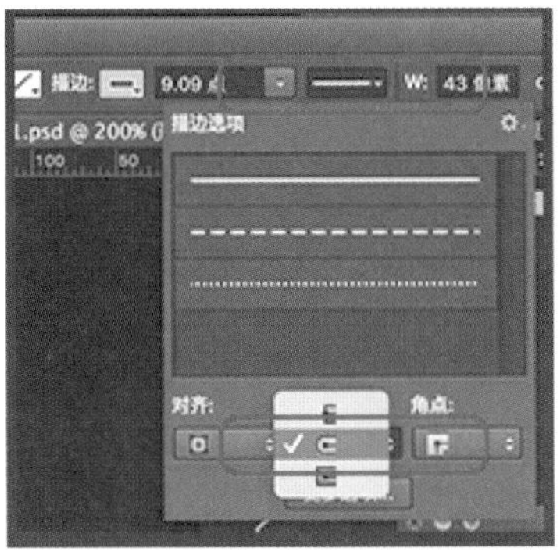

图3-160　设置描线样式

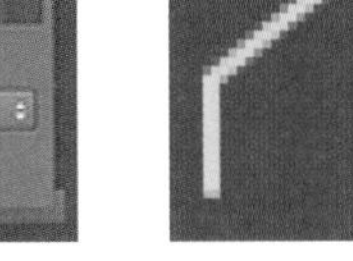

图3-161 完成效果图3

图3-162　完成效果图4

图3-163　创建画布

设计与房子外墙设计步骤一样。

将各部分图案组合到一起。移动端房子图标最终完成效果如图3-162所示。

四、移动端聊天界面设计

（1）创建画布，并设置对应栏参考线。状态栏：40px。导航栏：88px。空之栏：98px。如图3-163所示。

（2）选择矩形绘制状态栏、导航栏及搜索区域的背景形状，如图3-164所示，效果如图3-165所示。

（3）双击进入矩形的图层样式，选择渐变叠加，点击渐变，如图3-166所示。

（4）设置渐变颜色色值，如图3-167所示。

（5）设置结果如图3-168所示。

（6）选择文字工具，书写Message标题，如图3-169～3-171所示。

图3-164　设置形状属性

图3-165 效果图

图3-166 设置图层样式

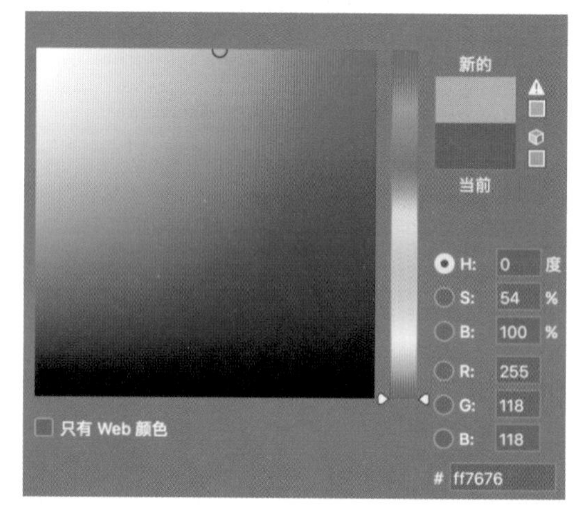

图3-167 设置渐变颜色色值

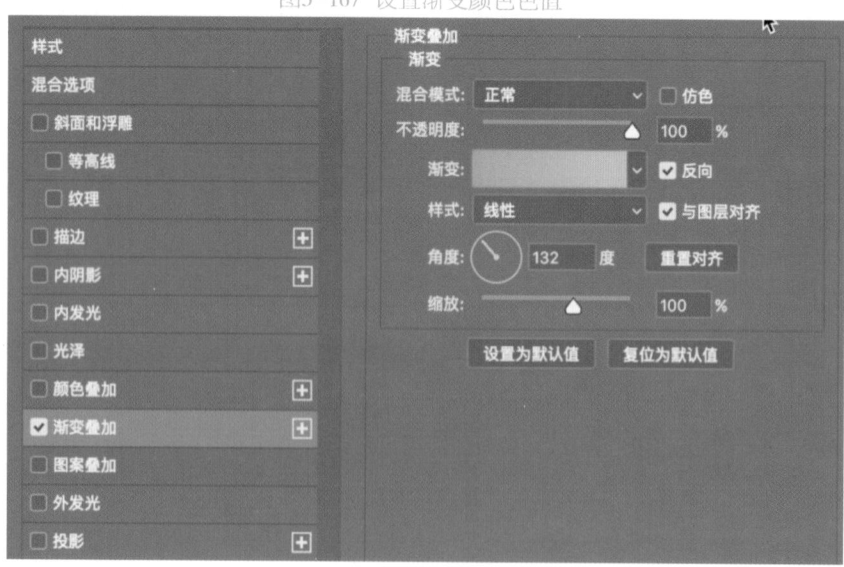

图3-168 设置结果图

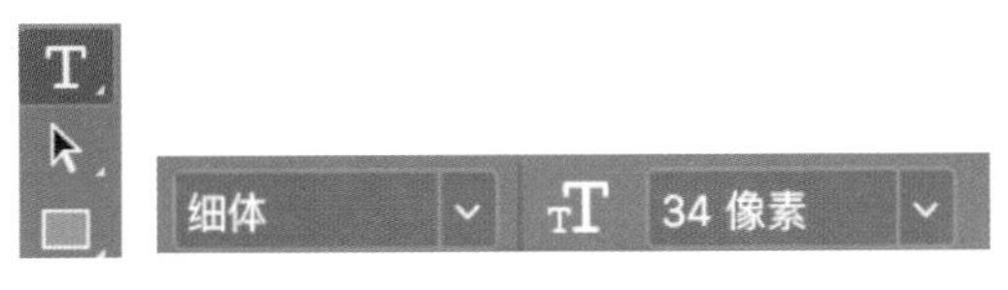

图3-169 选择文字工具　　图3-170 设置字体

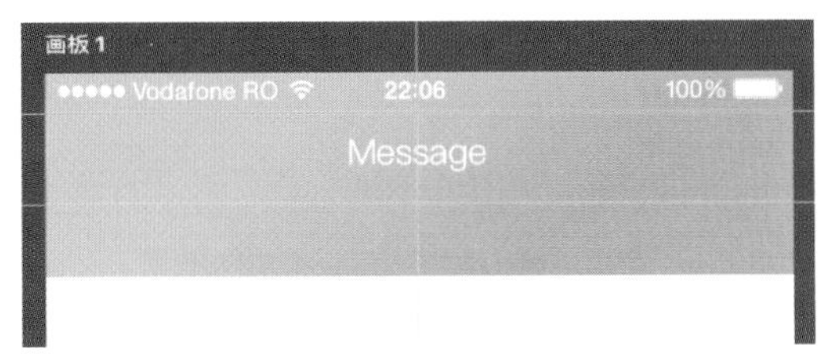

图3-171 书写Message标题

图3-172 选择圆角矩形

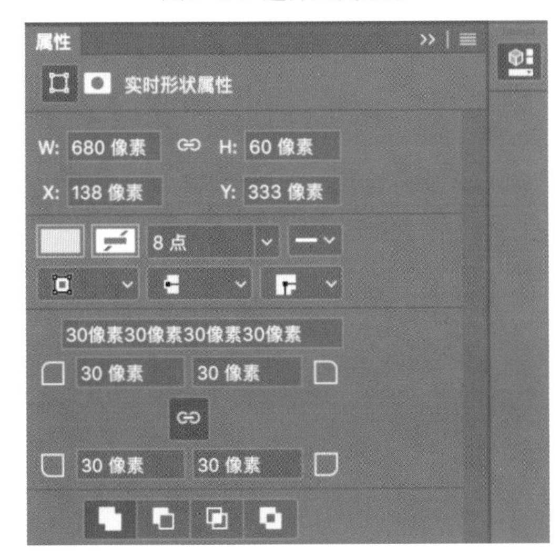

图3-173 设置形状属性

图3-174 搜索框效果图

（7）选择圆角矩形，绘制搜索框，如图3-172和图3-173所示，效果如图3-174所示。

（8）选择文字工具，输入“请输入您的搜索”，如图3-175～图3-177所示。

（9）选择椭圆形工具，绘制正圆88px，如图3-178所示。

（10）将图片拖曳到在正圆图层即头像图层上，利用Alt键+鼠标左键在两图层之间点击，如图3-179所示。

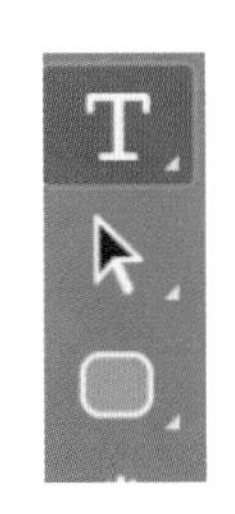

图3-175 选择文字工具　　图3-176 设置字体

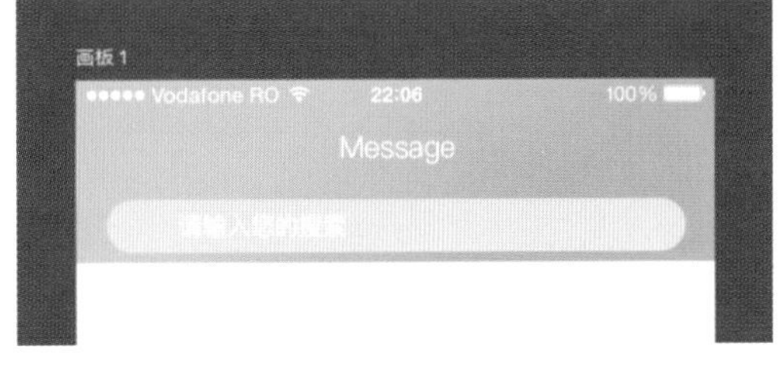

图3-177 搜索框效果图

图3-178 设置正圆属性

图3-179 拖曳图片

图3-180 字体大小

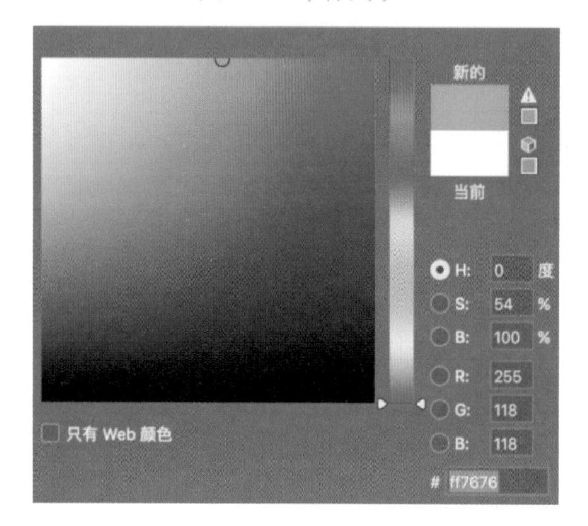

图3-181 字体色值

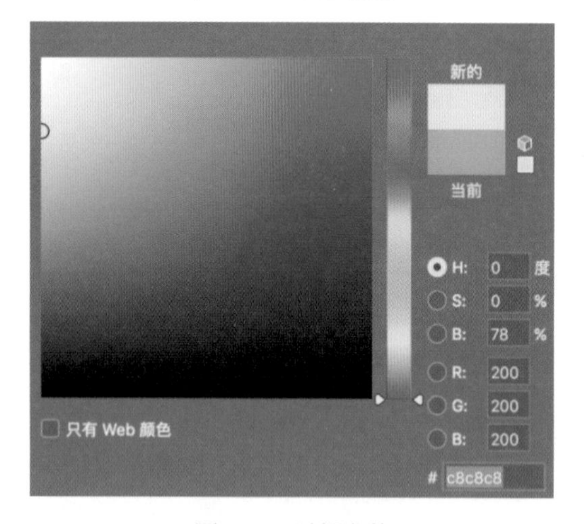

图3-182 时间色值

图3-183 时间数值右侧对齐

（11）选择文字工具，制作联系人的名字，字体大小为28像素，如图3-180所示。

（12）设置联系人名字色值，如图3-181所示。

（13）复制联系人图层，输入时间，将时间数值右侧对齐，如图3-182和图3-183所示。

（14）选择直线工具，如图3-184所示。

（15）绘制横线，粗细为1像素，如图3-185所示。

（16）颜色色值设置如图3-186所示。

（17）将所有列表元素编组，如图3-187所示。

图3-184 选择直线工具　　图3-185 绘制横线

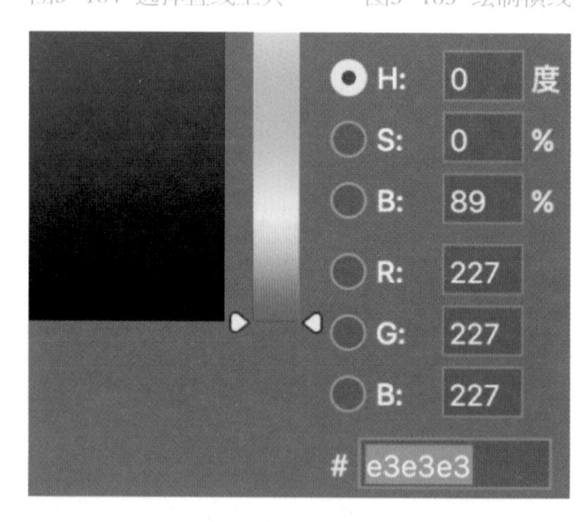

图3-186 设置颜色色值

图3-187 编组

（18）复制list组，并更改头像图片，如图3-188和图3-189所示。

（19）绘制图标标准，如图3-190所示。

（20）选择圆角矩形绘制图标，如图3-191和图3-192所示。

（21）选择椭圆形，绘制126px直径的正圆做底部按钮，如图3-193和图3-194所示。

（22）双击底部按钮图层，进入图层样式，选择投影，如图3-195所示。

图3-188　复制list组

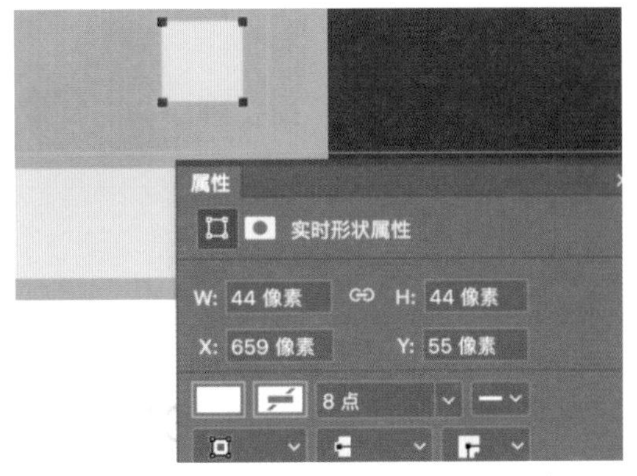

图3-190　绘制图标标准

图3-189　更改头像图片

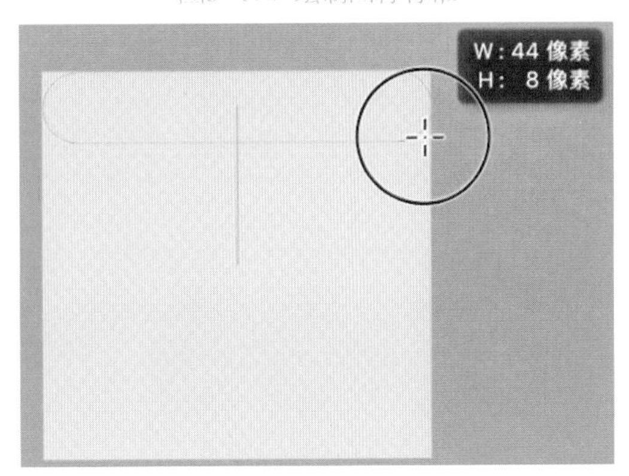

图3-191　绘制图标

图3-192　图标效果图

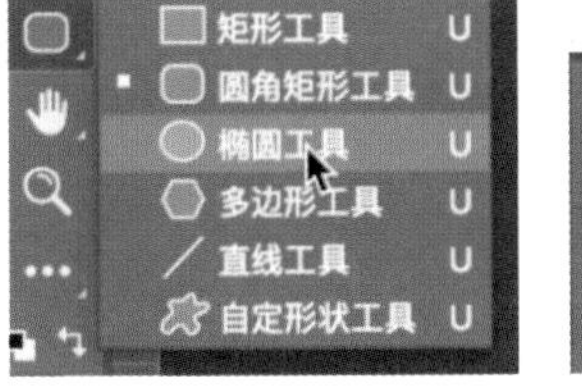

图3-193　选择椭圆工具

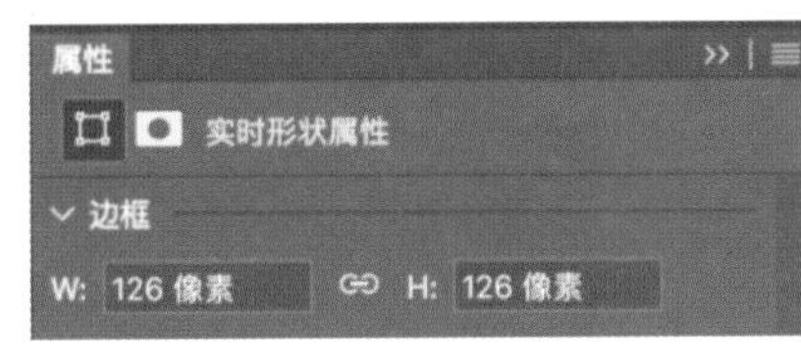

图3-194　绘制底部按钮

图3-195　选择投影

（23）设置颜色，如图3-196所示。

（24）其他设置如图3-197所示。

（25）按钮效果如图3-198所示。

（26）绘制按钮中的+号图形，双击进入图层样式，设置投影，如图3-199～图3-201所示。

（27）移动端聊天界面完成效果如图3-202所示。

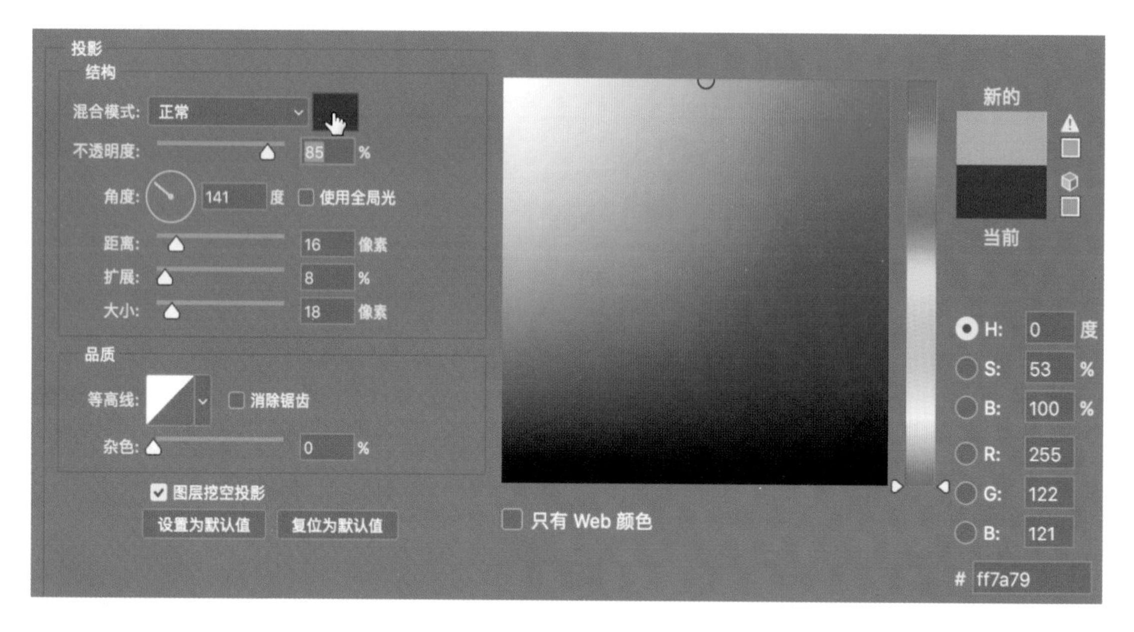

图3-196 设置颜色

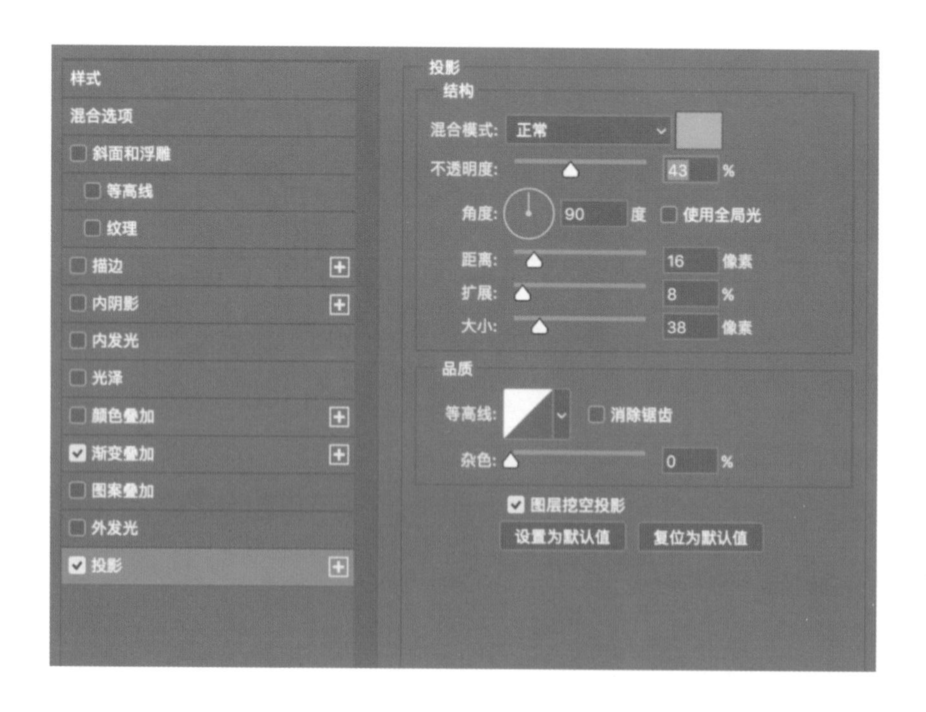

图3-197 其他设置

图3-198 按钮效果图

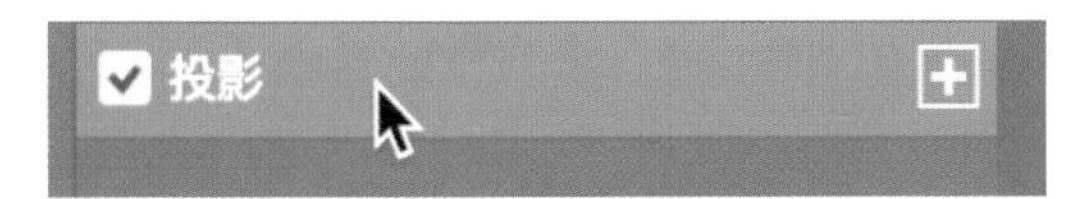

图3-199 选择投影

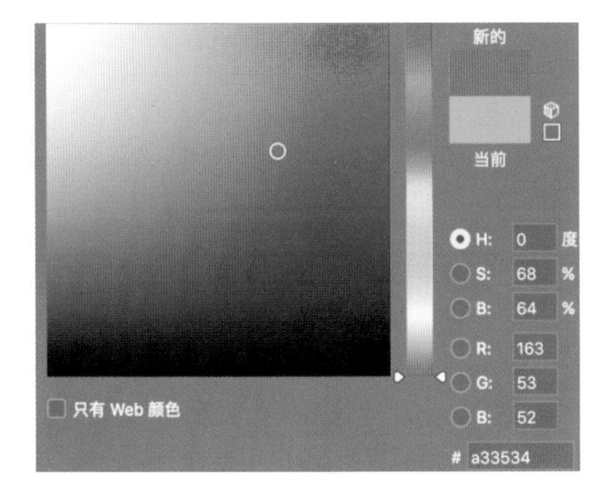

图3-200 设置投影色值

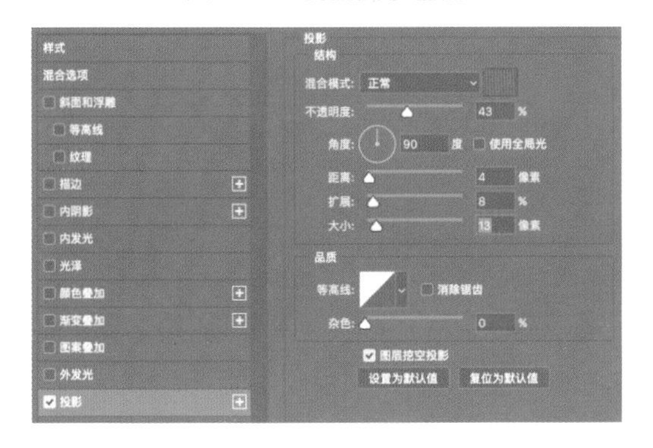

图3-201 设置投影样式

图3-202 移动端聊天界面完成效果图

五、移动端美食界面设计

（1）创建画布，填充画布背景，如图3-203所示。

（2）双击进入图层样式，给背景图层添加渐变叠加，线性渐变，角度设置为90度，设置对应渐变颜色，如图3-204和图3-205所示。

（3）选择圆角矩形工具，如图3-206所示。

（4）绘制效果如图3-207所示。

（5）设置对应参数，如图3-208所示。

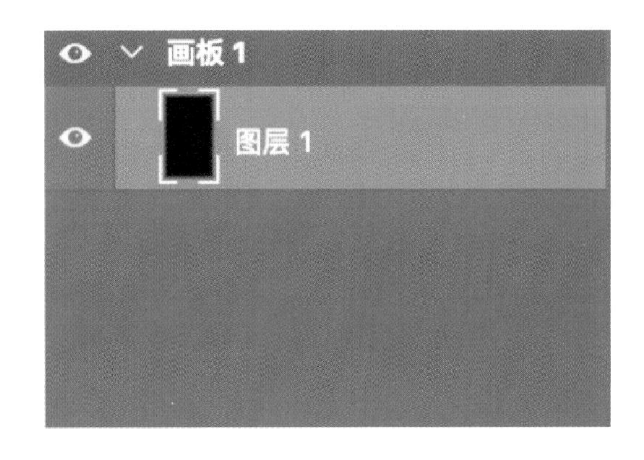

图3-203 填充画布背景

图3-204 设置颜色

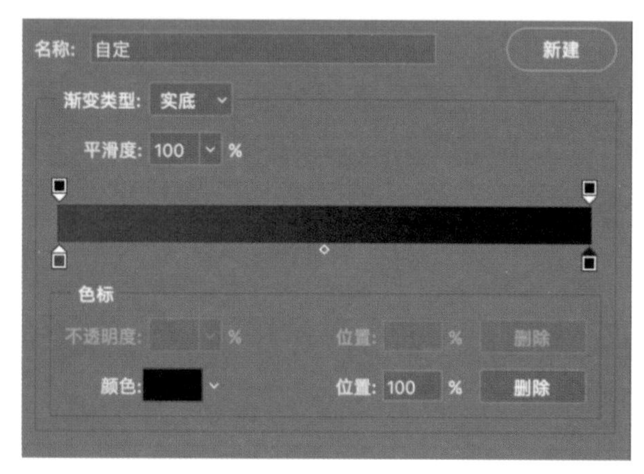

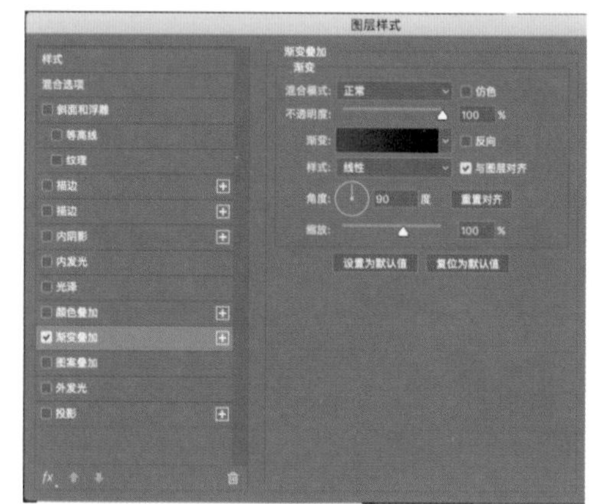

图3-205 设置渐变样式

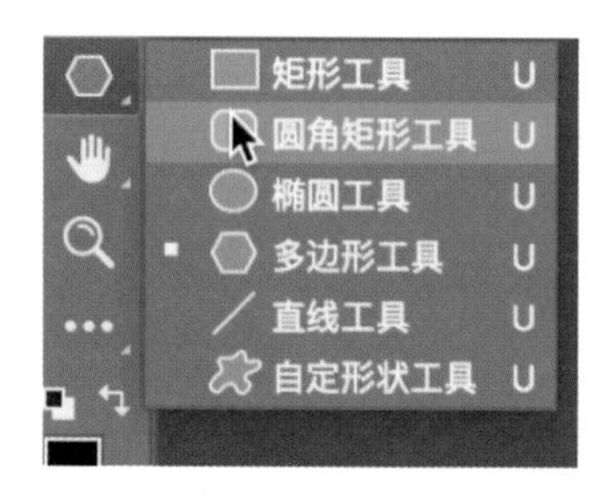

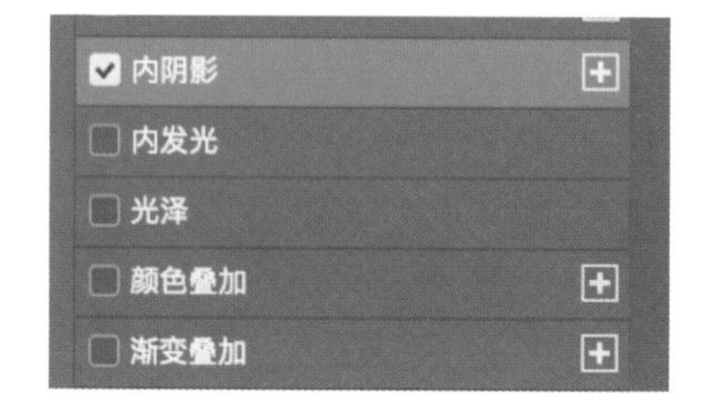

图3-206 选择圆角矩形工具　　图3-207 绘制效果图　　图3-208 设置参数

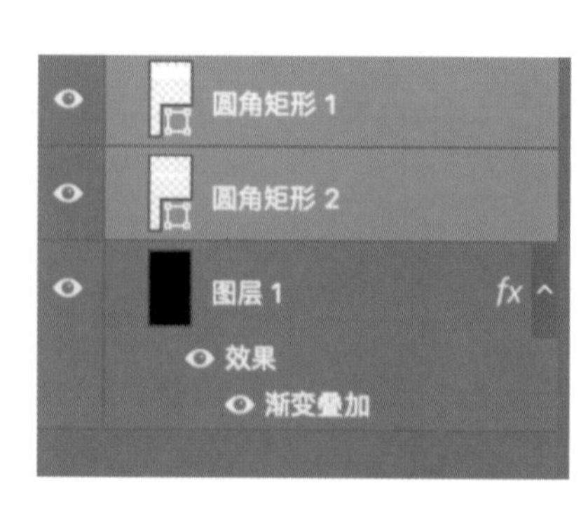

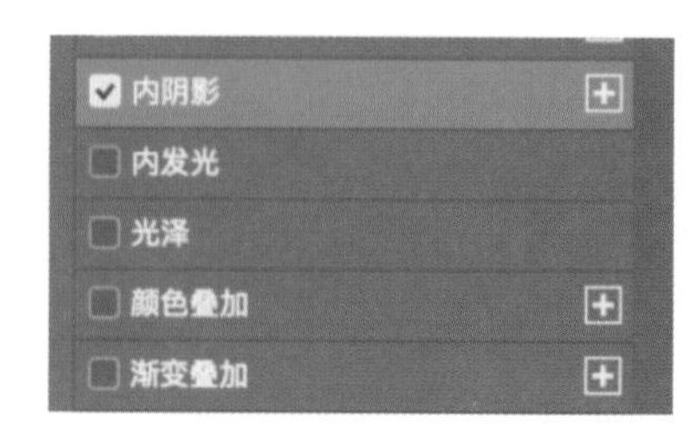

图3-209 绘制小圆角矩形　　图3-210 图层　　图3-211 添加内阴影

（6）按同样操作绘制下面的小圆角矩形，如图3-209所示。

（7）图层如图3-210所示。

（8）选择下面的小圆角矩形，双击添加内阴影，如图3-211所示。

（9）混合模式选择正常，点击颜色块，如图3-212所示。

（10）设置内阴影颜色，如图3-213所示。

（11）选择文字工具，如图3-214所示。

（12）选择文字颜色，如图3-215所示。

（13）对应文字样式如图3-216所示。

（14）选择多边形工具，如图3-217所示。

（15）设置边数为5，如图3-218所示。

（16）设置属性中的星形，如图3-219所示。

（17）选择路径选择工具，按住Alt键进行复制，如图3-220所示。

图3-212 修改混合模式

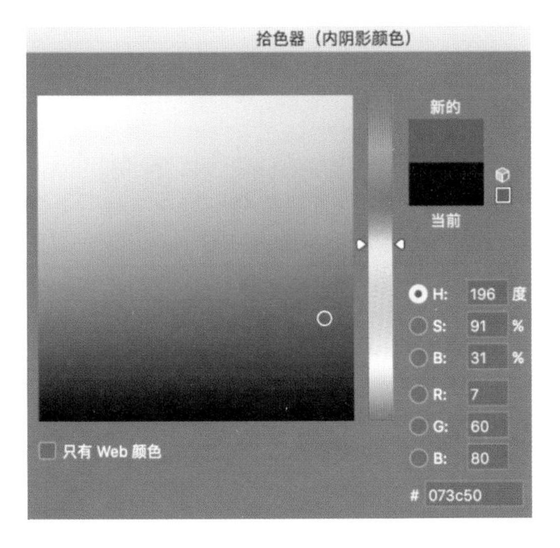

图3-213 设置内阴影颜色

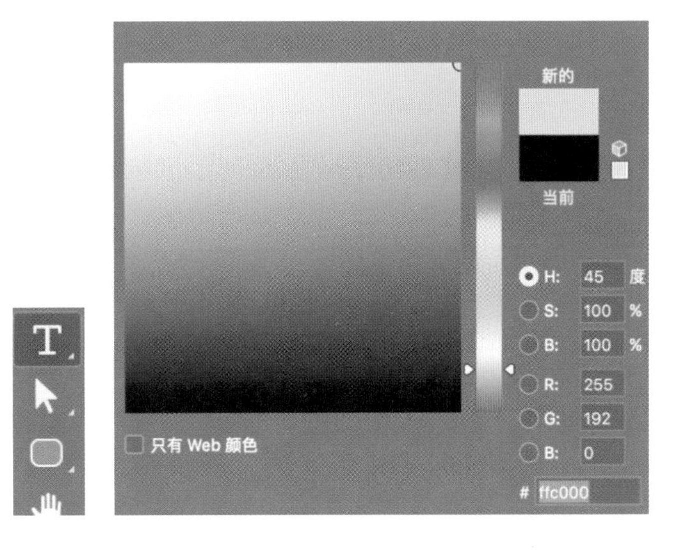

图3-214 选择文字工具　图3-215 选择文字颜色

图3-216 设置文字样式

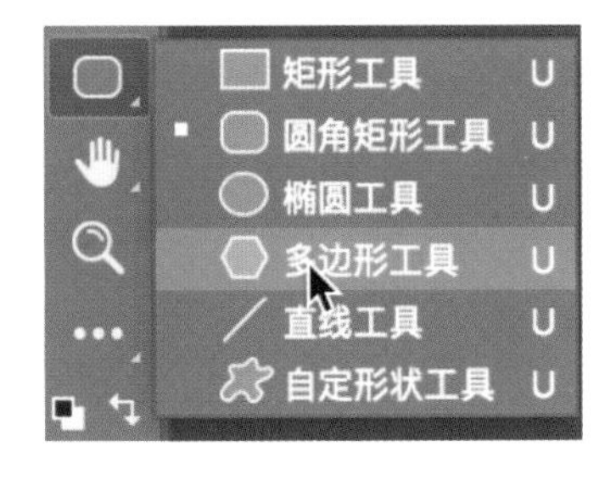

图3-217 选择多边形工具

图3-218 设置边数

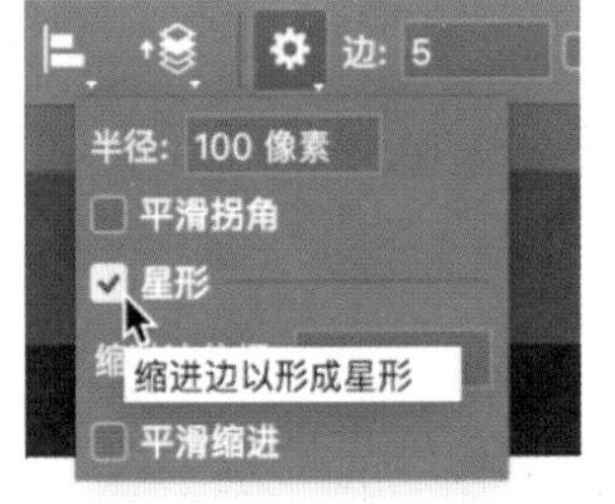

图3-219 设置星形　图3-220 选择路径

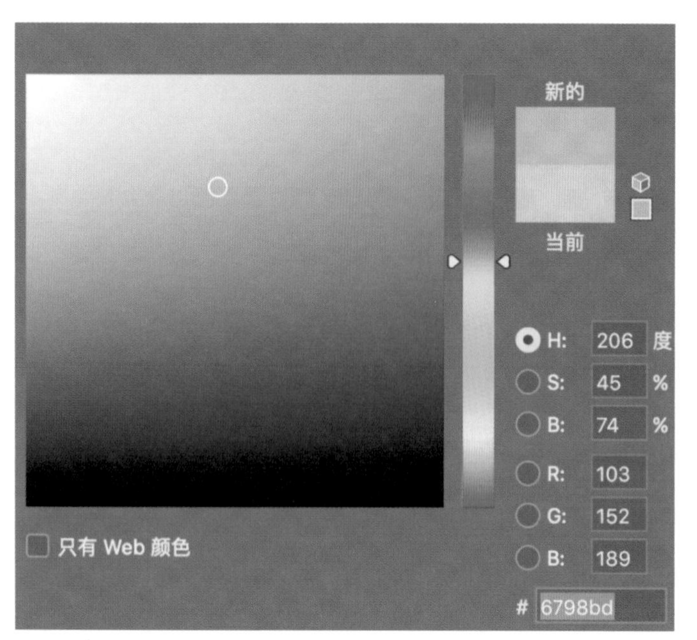

图3-221 设置字体颜色

图3-222 设置字体格式1

图3-223 设置字体格式2

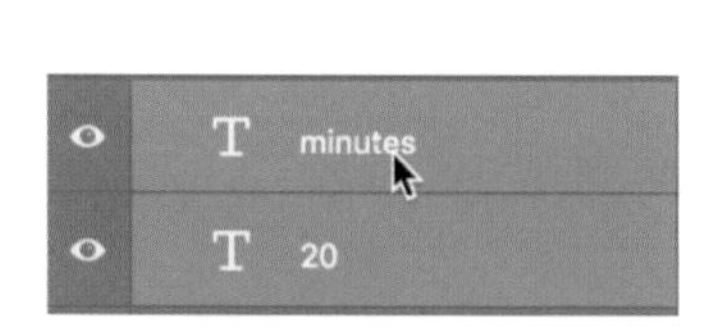

图3-224 选择两个图层

图3-225 复制两个图层

图3-228 绘制圆形

图3-229 复制图层

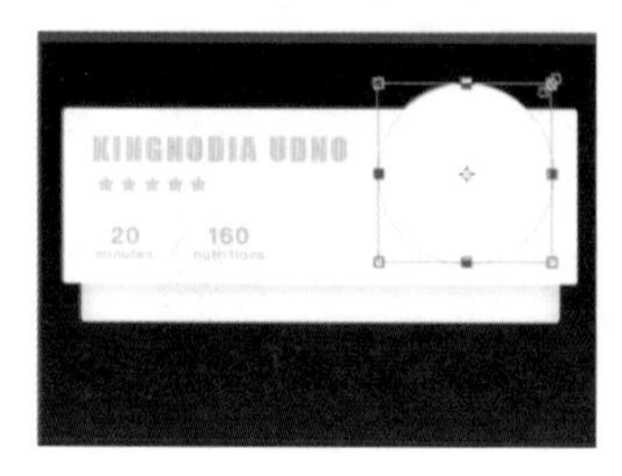

图3-230 缩放圆形

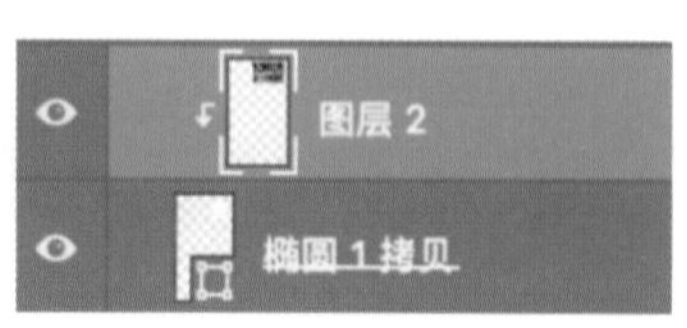

图3-231 制作蒙版

（18）使用文字工具绘制下方信息，如图3-221~图3-223所示。

（19）选择minutes和20图层，按住Alt键向上复制，如图3-224所示。

（20）复制如图3-225所示。

（21）选择线工具，绘制两个数值间的分割线，如图3-226所示。

（22）绘制圆形，如图3-227和图3-228所示。

（23）复制图层，如图3-229所示。

（24）Ctrl+T，向内缩放，如图3-230所示。

（25）选择一张图片，导入到圆形形状上方，按住Alt键在两图层间点击，制作蒙版，如图3-231所示。

图3-226 选择线工具

图3-227 选择圆工具

（26）接下来制作转发icon，选择多边形工具，边数设置为3，绘制图形，如图3-232~图3-234所示。

（27）选择刚才绘制好的三角形，选择钢笔工具，将布尔运算设置为合并形状，如图3-235和图3-236所示。

（28）进行绘制，绘制时第二个锚点需要鼠标左键点击，并且移动，形成弧度，如图3-237所示。

（29）按住Alt键并点击，将锚点转换成直角点，如图3-238所示。继续操作如图3-239所示。

（30）选择文字工具，输入“分享”，设置如图3-240和图3-241所示。

（31）选择椭圆形工具绘制评论icon，如图3-242所示。

（32）选择钢笔工具，如图3-243所示。将布尔运算选择为合并形状，绘制语音泡泡尾巴，如图3-244所示。

（33）选择椭圆形工具，绘制正圆，如图3-245所示。

（34）选择直接选择工具，点击最下方锚点，选择钢笔工具，Alt键，将锚点变为直角点，如图3-246所示。

（35）选择最上方锚点，向下移动，如图3-247所示。

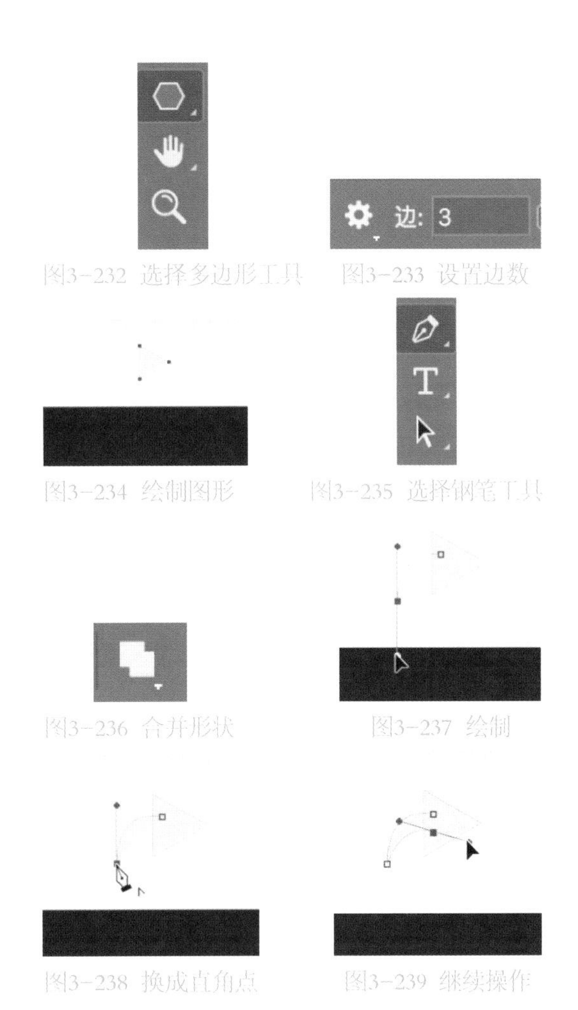

图3-232 选择多边形工具　图3-233 设置边数

图3-234 绘制图形　图3-235 选择钢笔工具

图3-236 合并形状　图3-237 绘制

图3-238 换成直角点　图3-239 继续操作

图3-240 字体设置　图3-241 分享效果图

图3-242 选择椭圆形工具　图3-243 选择钢笔工具　图3-244 语音泡泡尾巴

图3-245 绘制正圆　图3-246 锚点变为直角点　图3-247 向下移动锚点

（36）选择直接选择工具，结合alt键，来进行弧度的设置，如图3-248所示。

（37）将所有元素编组，Alt键向上复制，移动，如图3-249～图3-251所示。

（38）接下来绘制底部两个功能图标，首先需要确定图标大小，如图3-252所示。

（39）选择圆角矩形，绘制餐叉，如图3-253所示。

（40）设置形状属性，如图3-254所示。

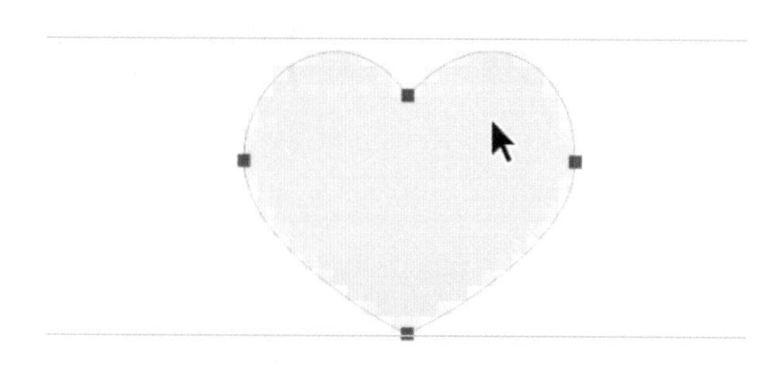

图3-248 弧度的设置

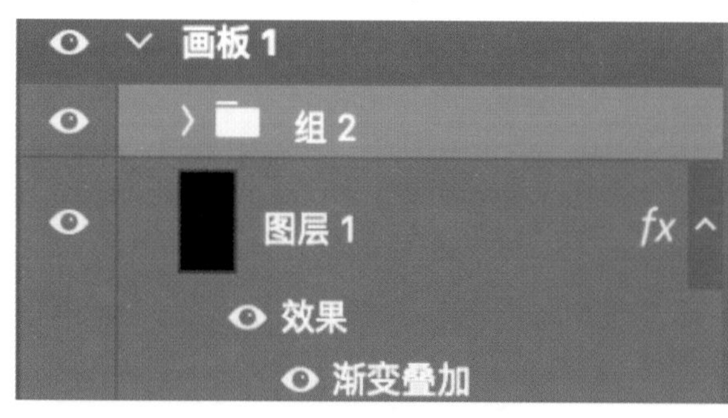

图3-249 编组

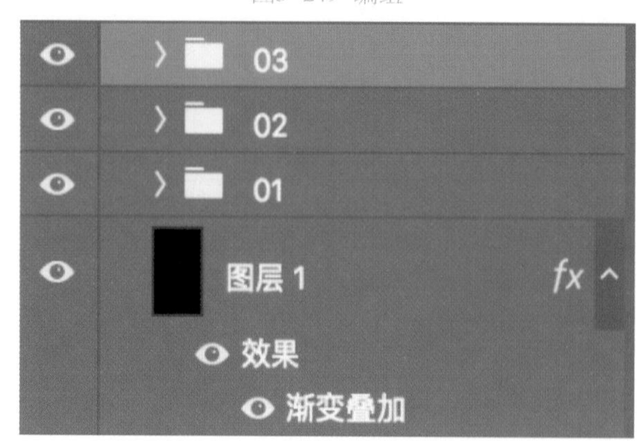

图3-250 复制组

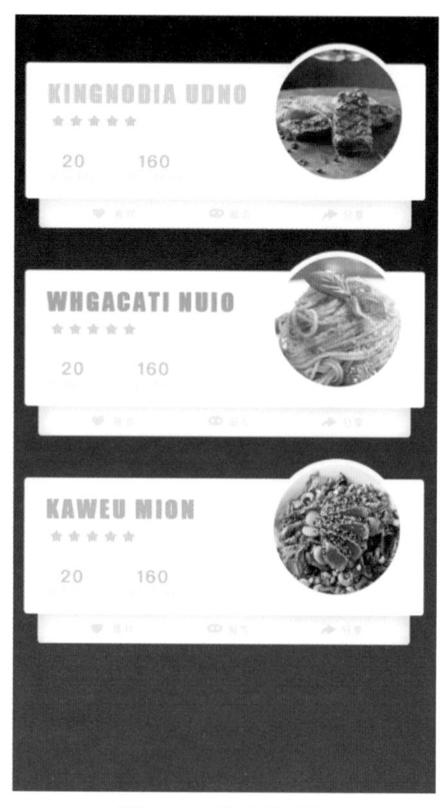

图3-251 移动效果图

图3-252 确定图标大小 图3-253 选择圆角矩形

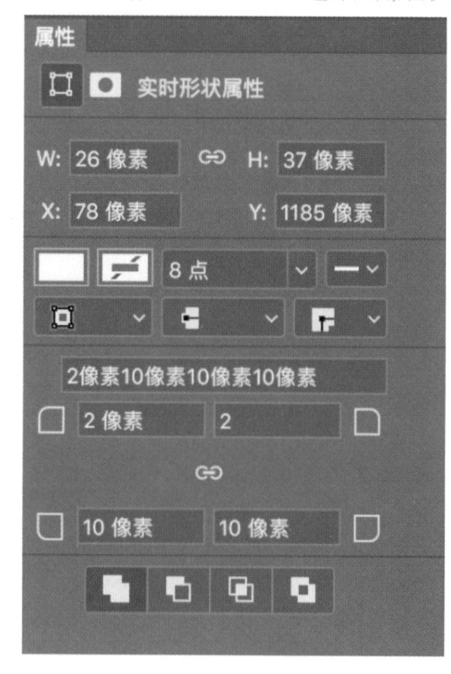

图3-254 设置形状属性

（40）数值如图3-254所示。

（41）选择圆角矩形，将布尔运算调整为减法，如图3-255所示。

（42）绘制餐叉的缝隙，如图3-256所示。

（43）选择缝隙，复制，如图3-257所示。

（44）选择圆角矩形，布尔运算调整为合并形状，绘制餐叉手柄，如图3-258所示。

（45）选择钢笔工具，绘制餐刀，并将图形进行旋转，如图3-259和图3-260所示。

（46）旋转钢笔工具，将布尔运算调整为减法，制作出餐叉与餐刀的缝隙，如图3-261和图3-262所示。

图3-255　调整布尔运算

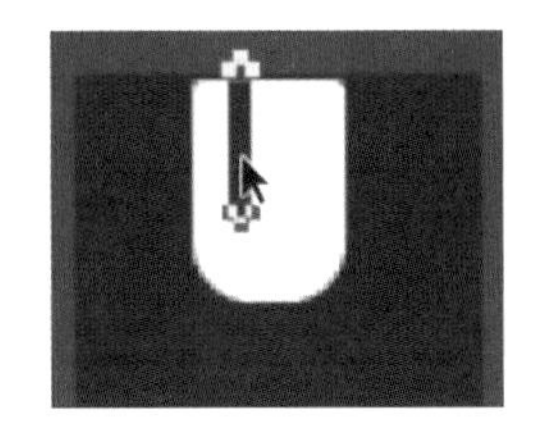

图3-256　绘制餐叉缝隙

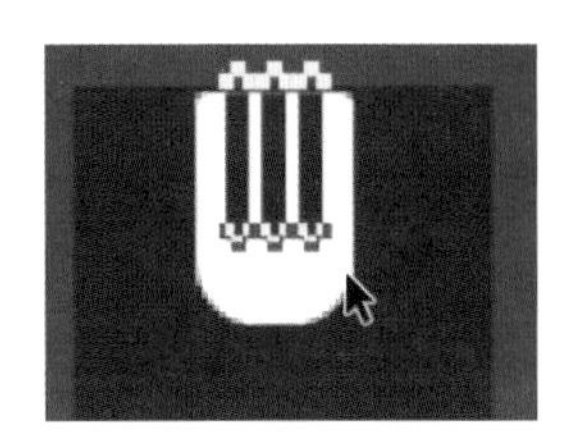

图3-257　复制缝隙

图3-258　绘制手柄

图3-259　选择钢笔工具

图3-260　绘制餐刀

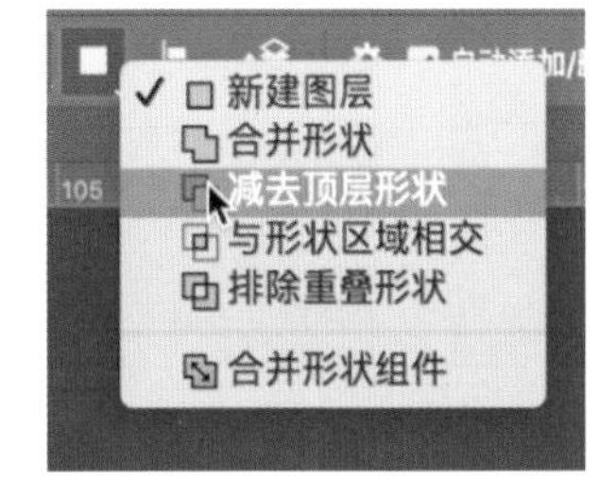

图3-261　减去顶层形状

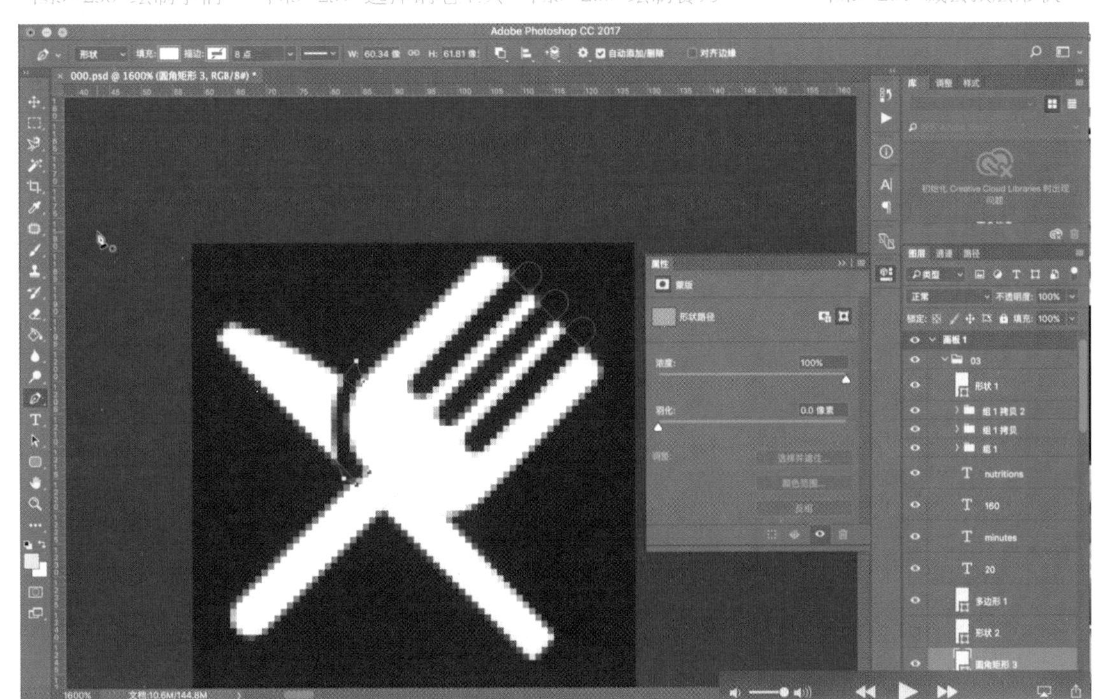

图3-262　制作出餐叉与餐刀的缝隙

（47）选择圆角矩形，绘制酒杯，如图3-263和图3-264所示。

（48）绘制效果如图3-265所示。

（49）选择圆角矩形，绘制杯把，如图3-266所示。

（50）选择椭圆形绘制底座，如图3-267所示。

（51）选择直接选择工具，点击最下方锚点，删除锚点，如图3-268所示。

（52）选择钢笔工具，按住Alt键缝合锚点，如图3-269所示。

（53）选择杯子，利用Ctrl+C，Ctrl+V，复制粘贴杯子，将布尔运算选择为减去，利用Ctrl+T进行缩放，如图3-270所示。

（54）选择杯子，Ctrl+C，Ctrl+V，复制粘贴杯子，利用Ctrl+T进行缩放，效果如图3-271所示。

（55）选择钢笔工具，将布尔运算设置为减法，绘制出水杯中水的效果，如图3-272所示。

（56）输入文字，并移动到对应位

图3-263 选择圆角矩形

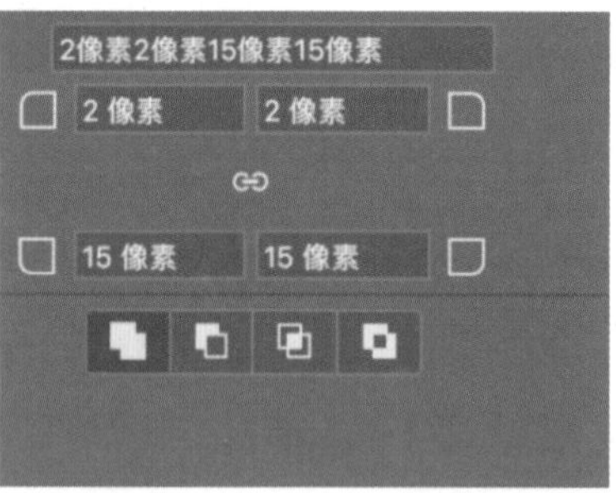

图3-264 设置大小

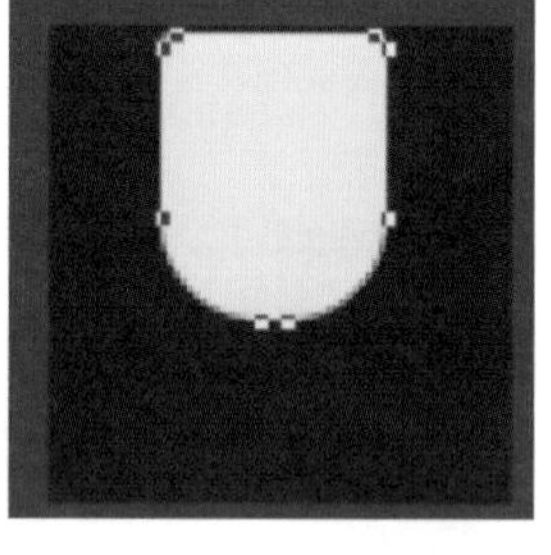

图3-265 绘制效果

图3-266 绘制杯把

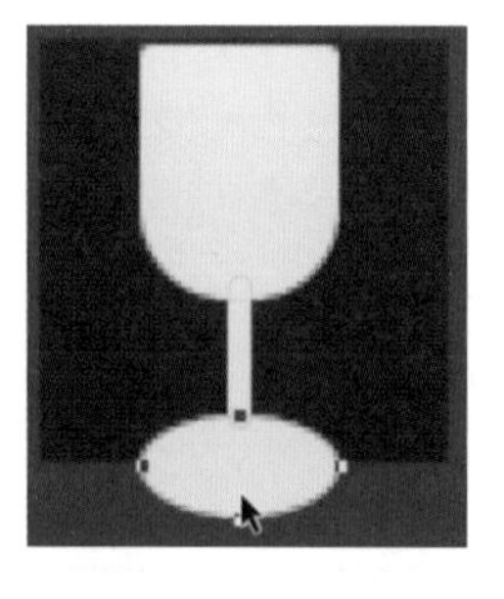

图3-267 绘制底座

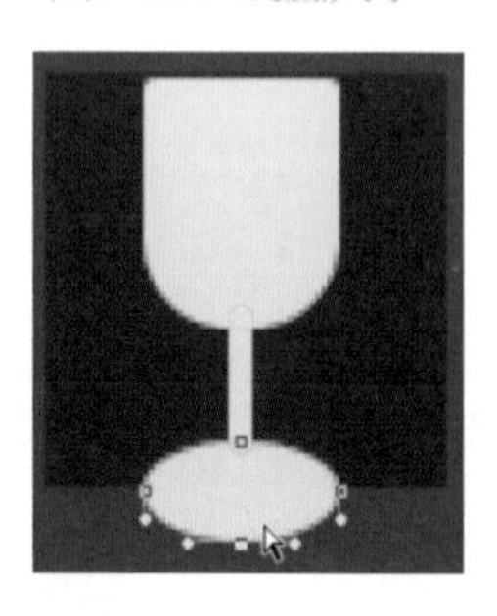

图3-268 删除锚点

图3-269 缝合锚点

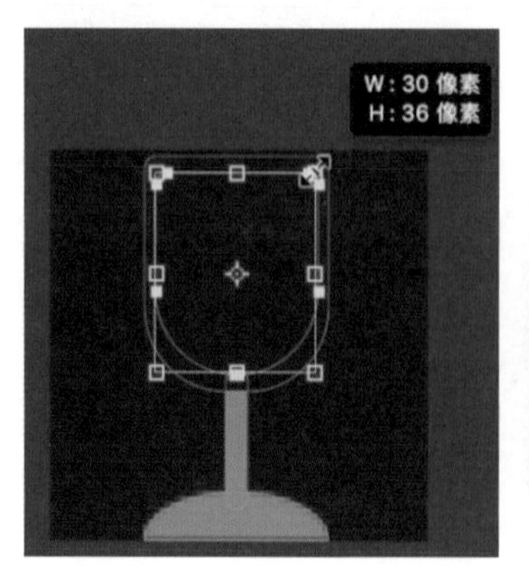

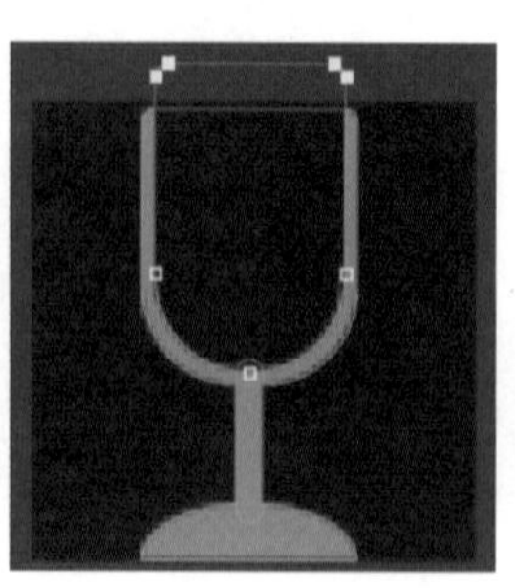

图3-270 缩放杯子

图3-271 缩放

图3-272 绘制水的效果

置，如图3-273所示。

（57）选择餐品设置图标及文字颜色，如图3-274所示。

（58）移动端美食界面最终完成效果如图3-275所示。

六、移动端铅笔图标设计

（1）点击“新建”，创建画布800×800px，分辨率为72像素/英寸，如图3-276所示。

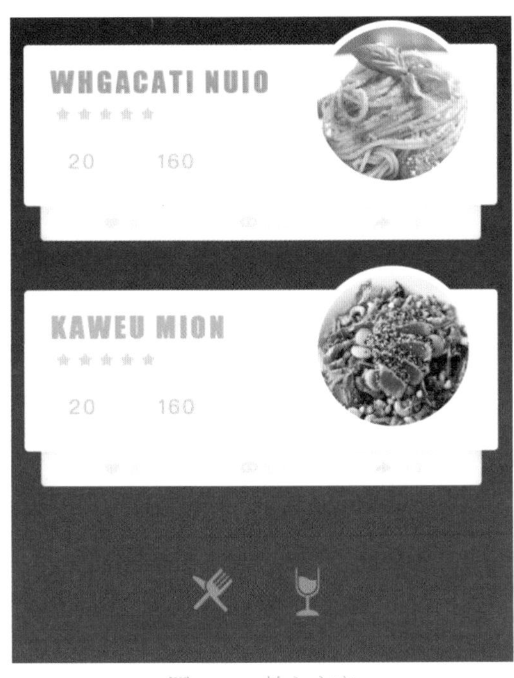

图3-273 输入文字

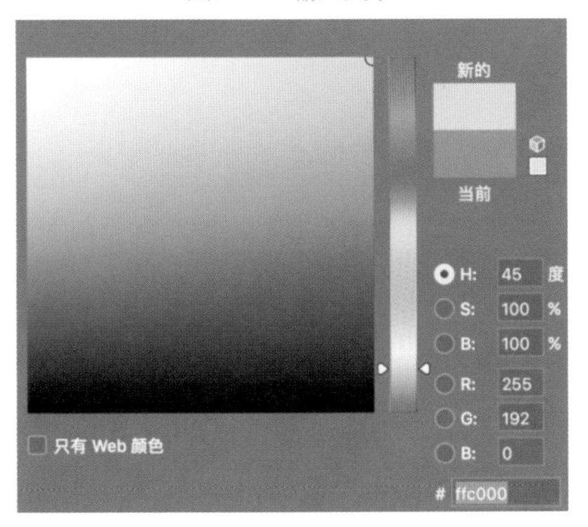

图3-274 设置颜色

图3-275 移动端美食界面完成效果图

图3-276 创建画布

（2）在界面中绘制圆角矩形，如图3-277所示。

（3）调节圆角大小，如图3-278所示。

（4）绘制金属头矩形，如图3-279所示。

（5）绘制笔身，如图3-280所示。

（6）选择多边形工具，边数调节为3，绘制笔头，如图3-281～图3-283所示。

（7）选择橡皮头涂层，双击进入图层样式，选择渐变叠加，如图3-284所示。

（8）设置线性渐变，如图3-285所示。

（9）选择渐变条，设置渐变颜色，如图3-286所示。

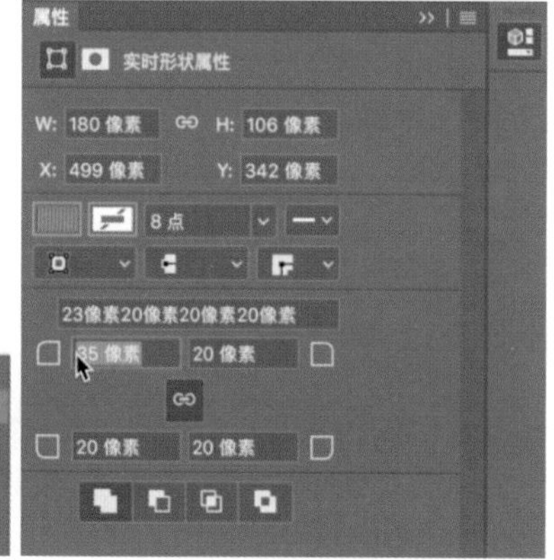

图3-277 绘制圆角矩形　图3-278 调节圆角大小

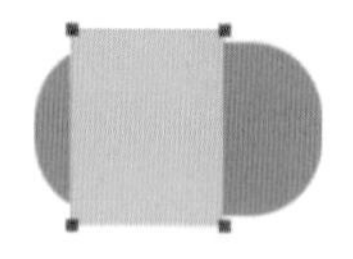

图3-279 绘制金属头矩形　图3-280 绘制笔身

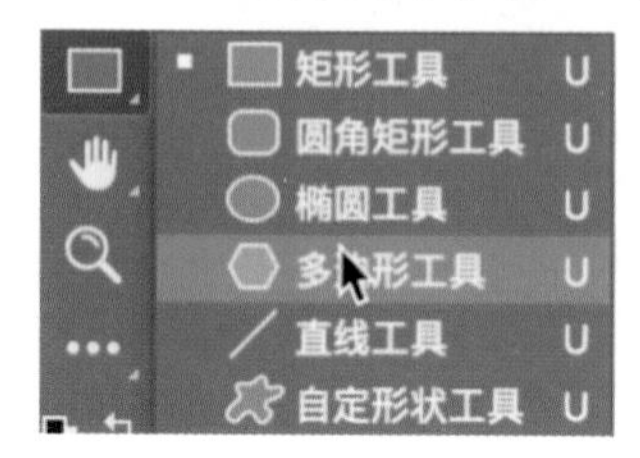

图3-281 选择多边形工具　图3-282 调节边数

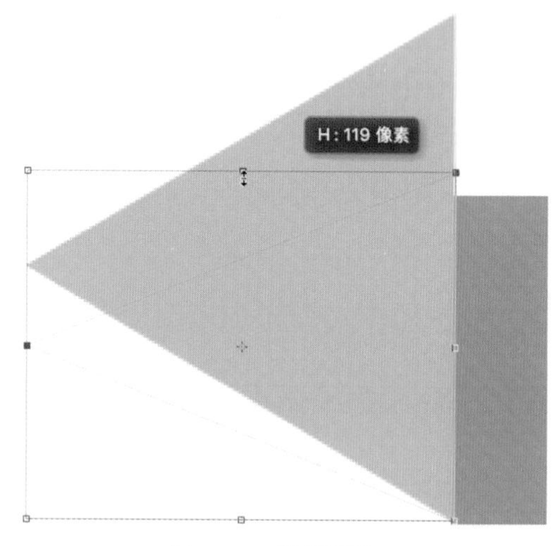

图3-283 绘制笔头

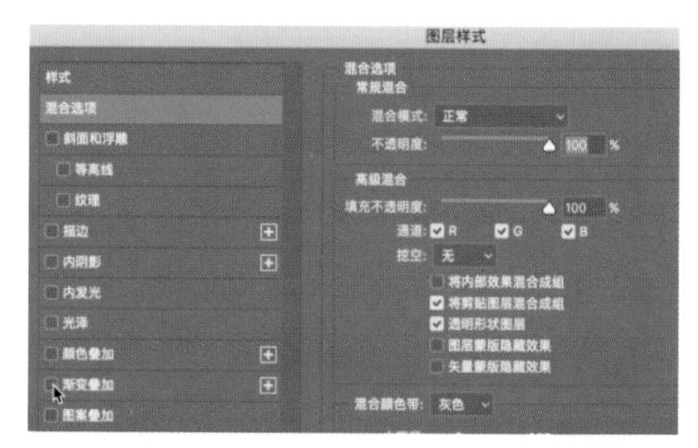

图3-284 选择渐变叠加

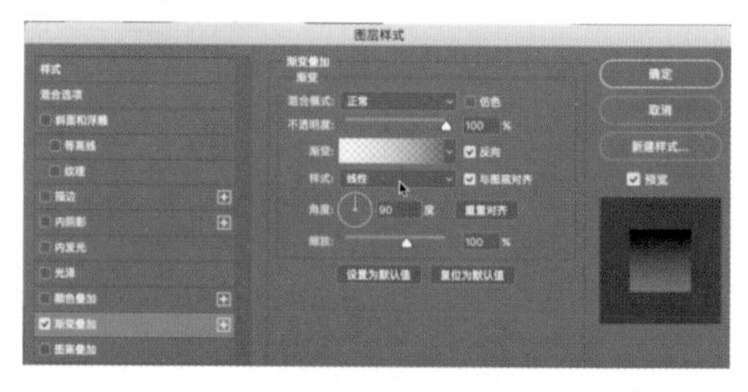

图3-285 设置线性渐变

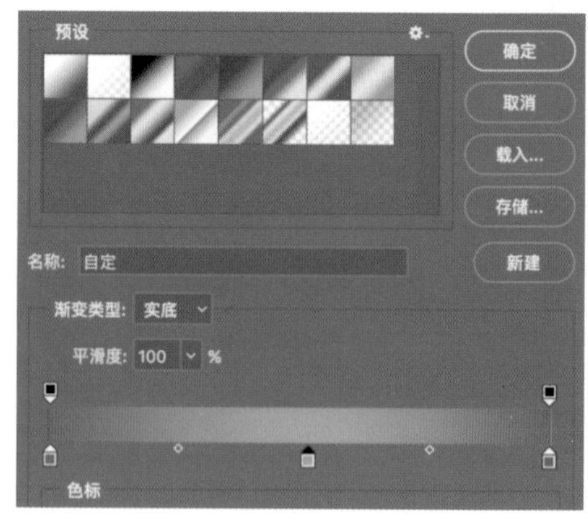

图3-286 设置渐变颜色

（10）选择橡皮头图层，选择矩形，调节布尔运算为减法，绘制矩形，如图3-287和图3-288所示。

（11）设置内阴影，如图3-289所示。

（12）绘制橡皮头高光，如图3-290所示。

（13）选择高光图层右键栅格化图层，如图3-291所示。

（14）选择橡皮擦工具，选择软性笔刷，如图3-292和图3-293所示。

（15）擦除效果如图3-294所示。

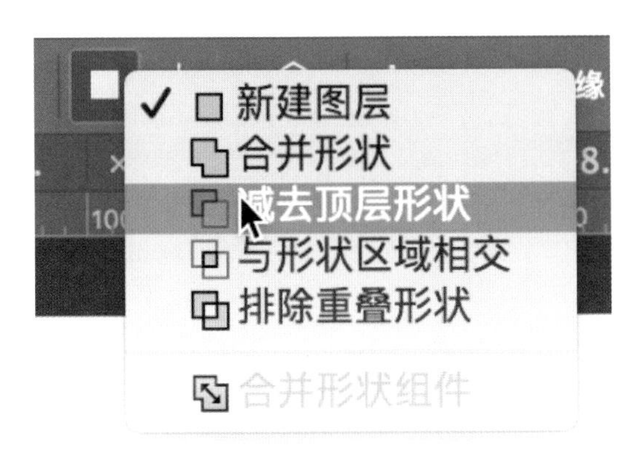

图3-287 减去顶层形状

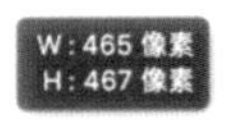

图3-288 绘制矩形

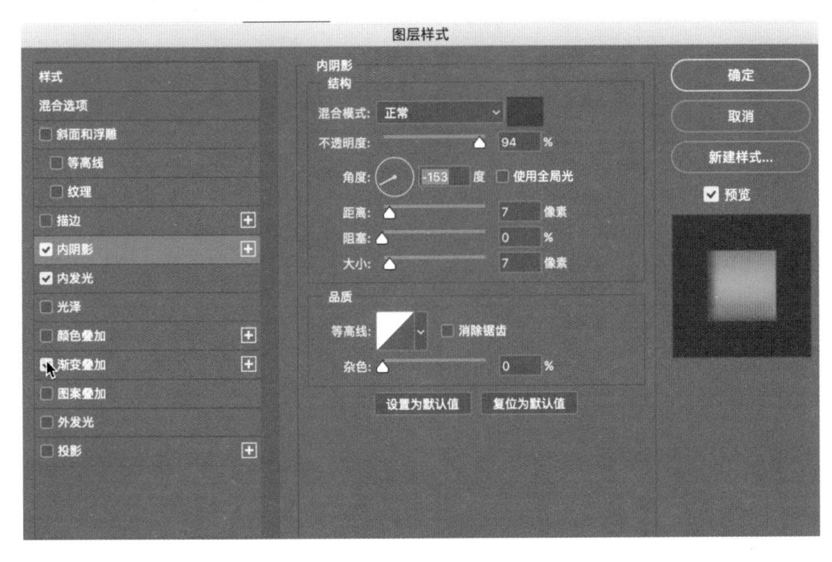

图3-289 设置内阴影

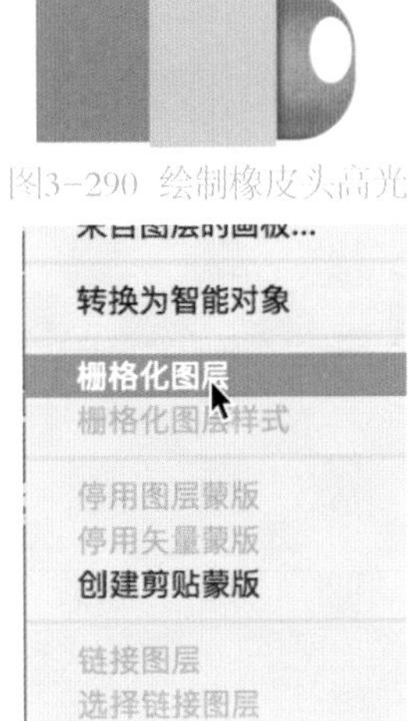

图3-290 绘制橡皮头高光

图3-291 选择格栅化图层

图3-292 选择橡皮擦工具

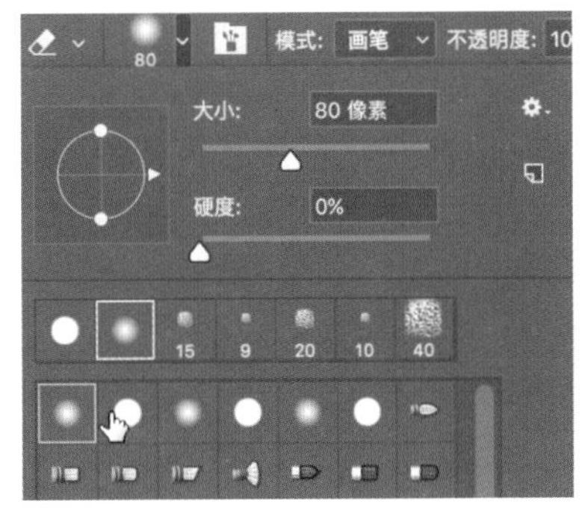

图3-293 选择软性笔刷

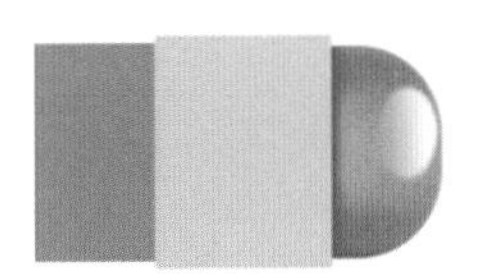

图3-294 擦除效果

（16）选择金属头涂层，添加渐变叠加，如图3-295和图3-296所示。

（17）绘制金属头上的纹理，如图3-297和图3-298所示。

（18）添加渐变叠加，如图3-299～图3-301所示。

（19）选择栅格化图层，如图3-302所示。

（20）利用Alt键与键盘右键移动复制纹理条，如图3-303所示。

（21）选择笔头涂层，点击锁定，如图3-304所示。

图3-295 添加渐变叠加

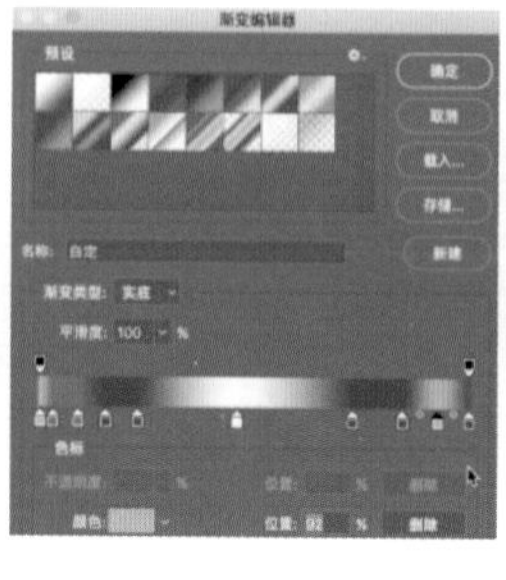

图3-296 渐变编辑器

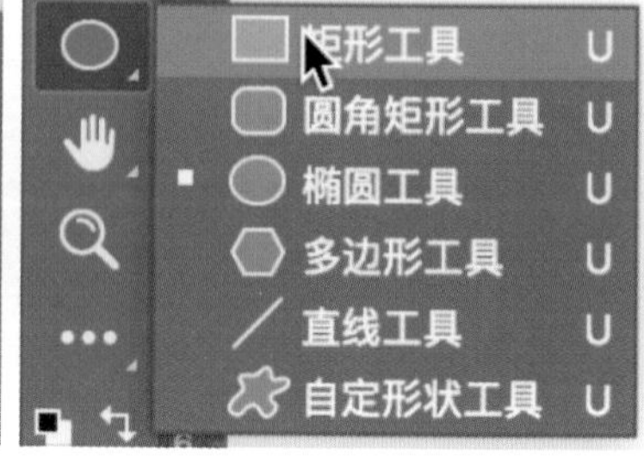

图3-297 选择矩形工具

图3-298 绘制纹理

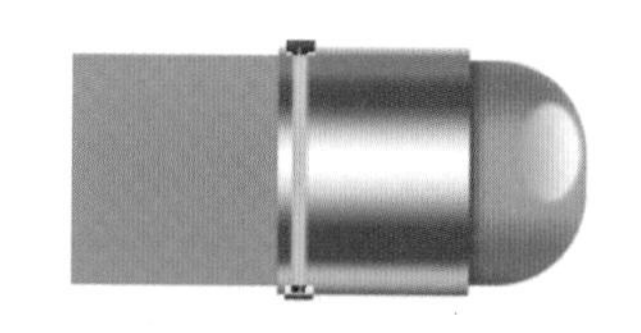

图3-299 添加渐变叠加

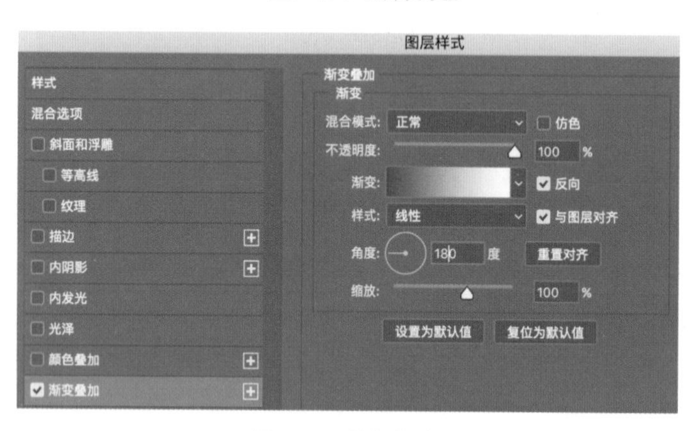

图3-300 编辑渐变

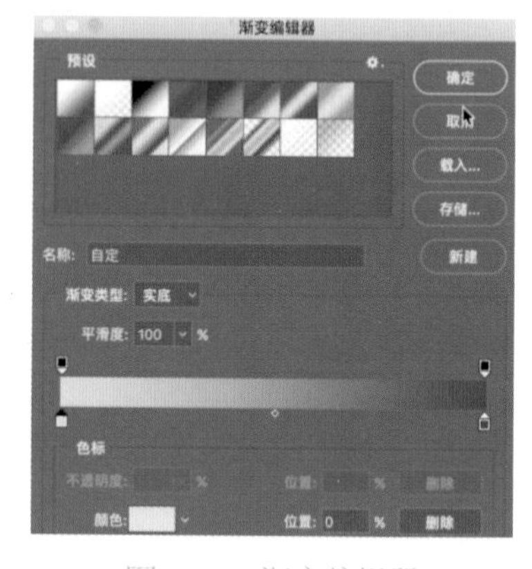

图3-301 渐变编辑器

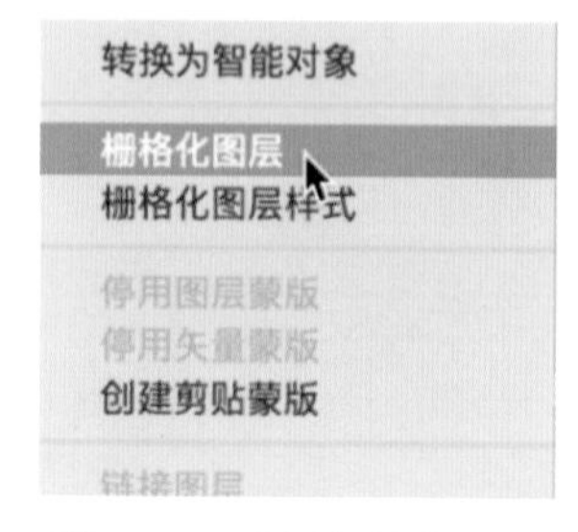

图3-302 选择栅格化图层

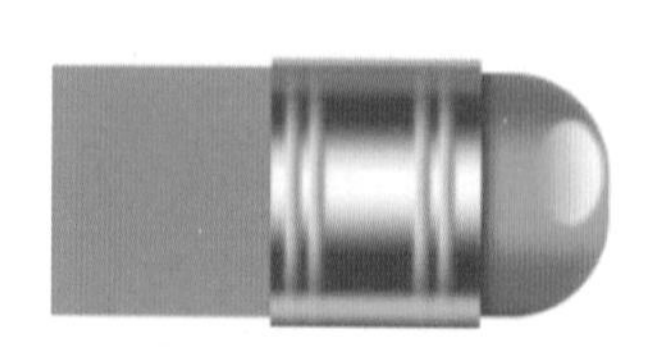

图3-303 复制纹理条

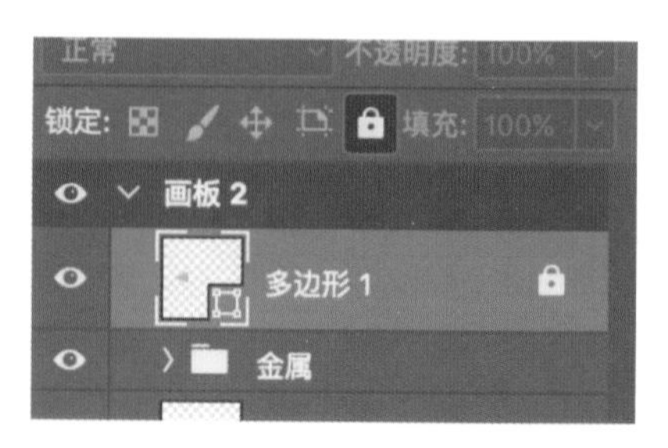

图3-304 锁定图层

（22）选择钢笔工具，绘制笔头纹路，如图3-305和图3-306所示。

（23）选择矩形工具，为笔身绘制立体纹理，如图3-307～图3-308所示。

（24）选择渐变叠加，选择渐变条，如图3-309和图3-310所示。

（25）绘制其他纹理，如图3-311～图3-312所示。

（26）绘制高光，如图3-313所示。

（27）移动短铅笔图标最终完成效果如图3-314所示。

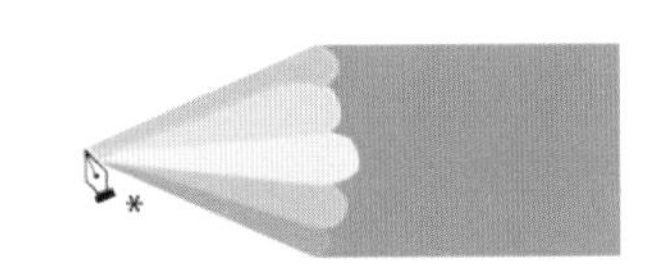

图3-305 选择钢笔工具

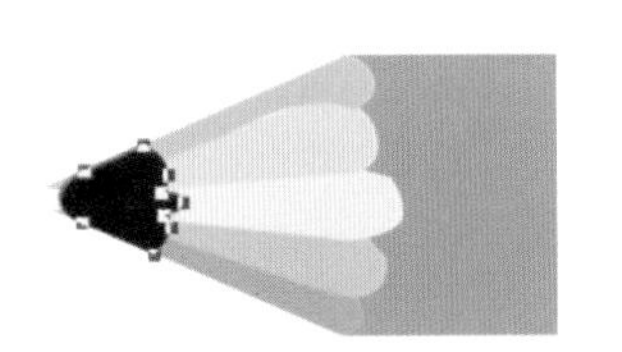

图3-306 绘制笔头纹路

图3-307 选择矩形工具

图3-308 绘制立体纹理

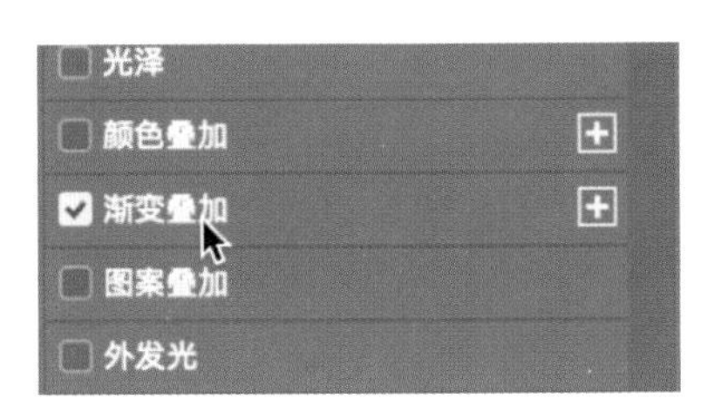

图3-309 选择渐变叠加

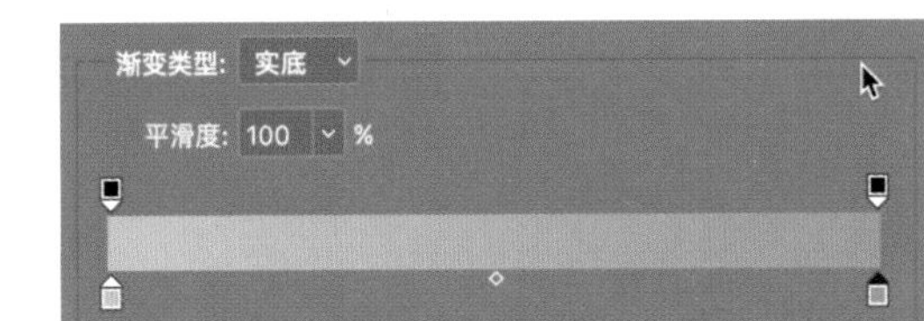

图3-310 选择渐变条

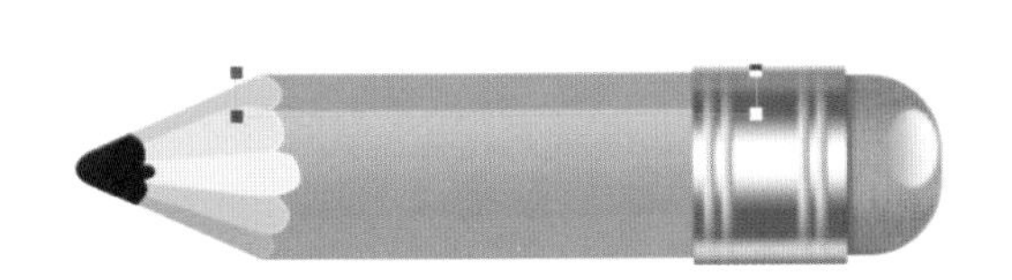
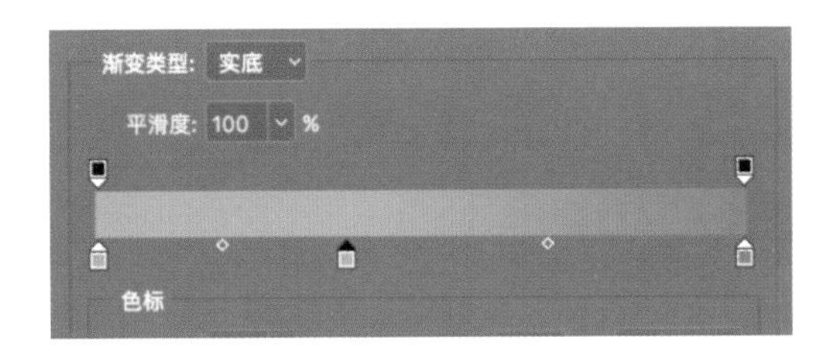

图3-311 绘制其他纹理1

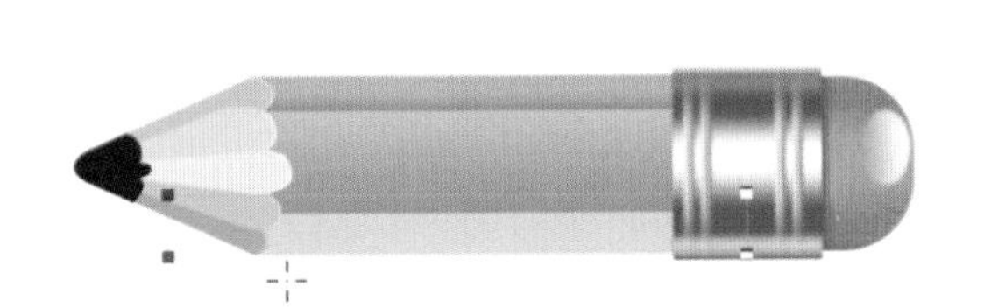
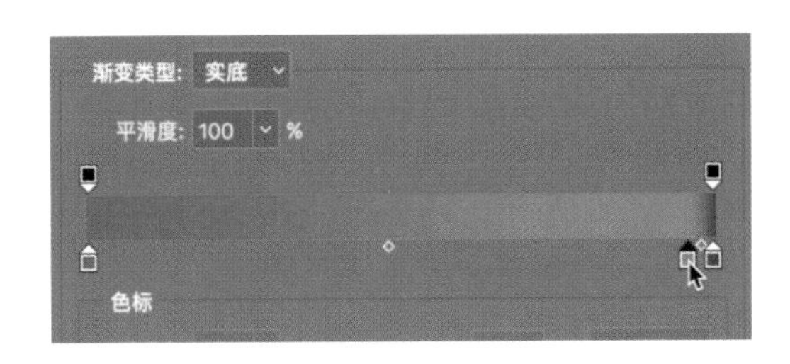

图3-312 绘制其他纹理2

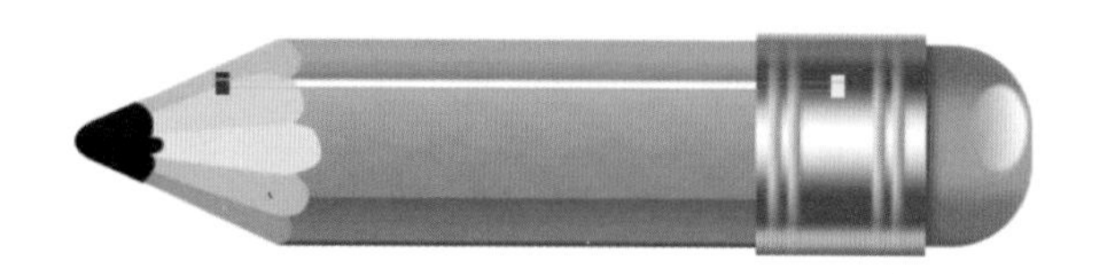

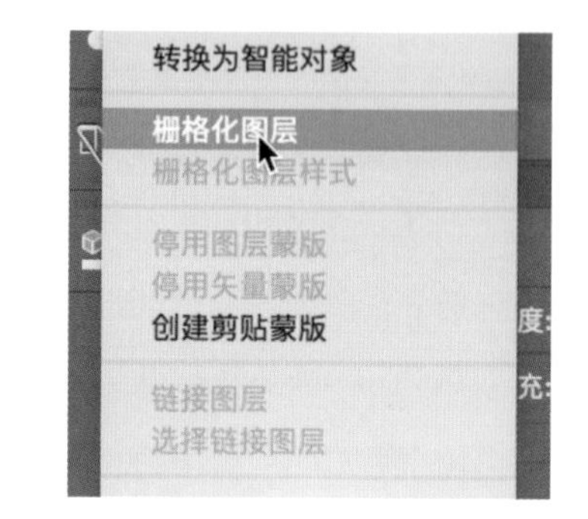

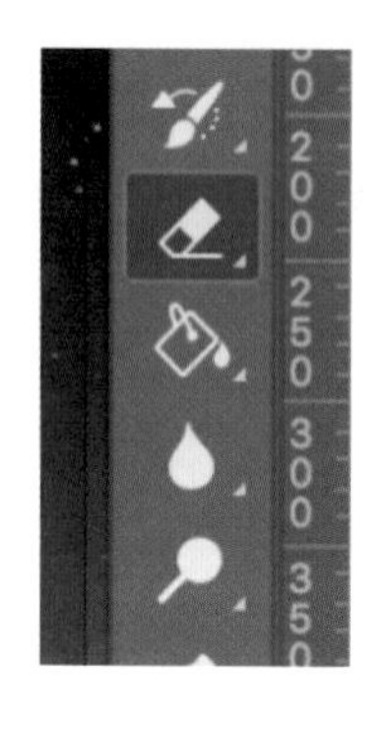

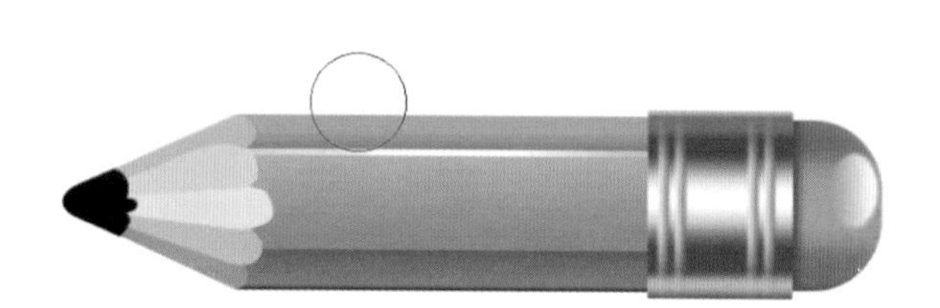

图3-313 绘制高光

图3-314 移动短铅笔图标完成效果图

七、移动端设置图标设计

（1）创建画布，选择椭圆形工具，按住Shift键绘制正圆，如图3-315和图3-316所示。

（2）选择圆角矩形工具，将布尔运算调节为合并形状，在圆形图层内绘制圆角矩形，如图3-317和图3-318所示。

（3）选择圆形及圆角矩形，水平及垂直居中对齐，选择圆角矩形，利用Ctrl+Alt+T复制，如图3-319所示。

（4）调节旋转角度为45度，如图3-320所示。

（5）点击回车，利用Ctrl+Shift+Alt+T矩阵复制，如图3-321所示。

（6）选择路径选择工具，选择所有图形，将填充颜色取消，设置描边，如图3-322 ~ 图3-324所示。

（7）再次选择椭圆形工具，绘制新的圆形，如图3-325所示。

（8）移动端设置图标最终完成效果如图3-326所示。

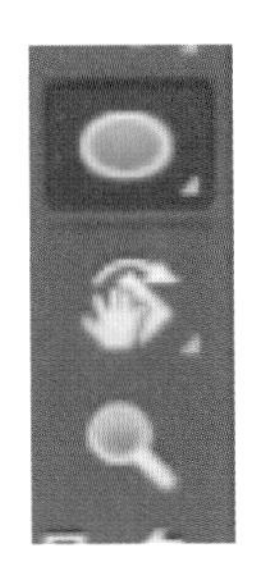

图3-315 选择椭圆形工具

图3-316 绘制正圆

图3-317 选择圆角矩形工具

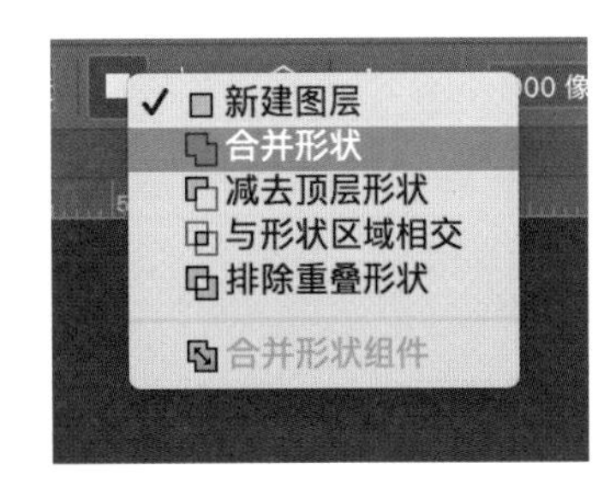

图3-318 合并形状

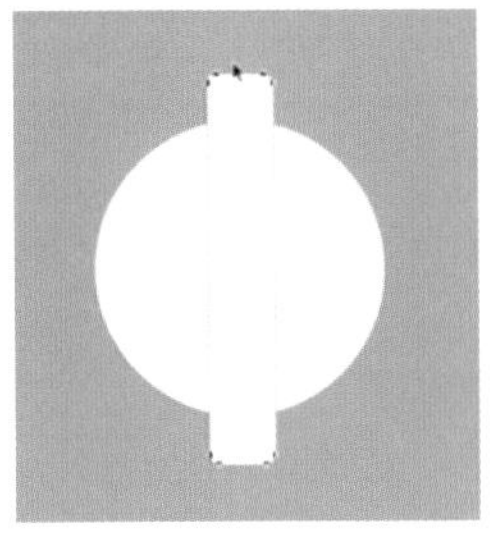

图3-319 绘制圆角矩形

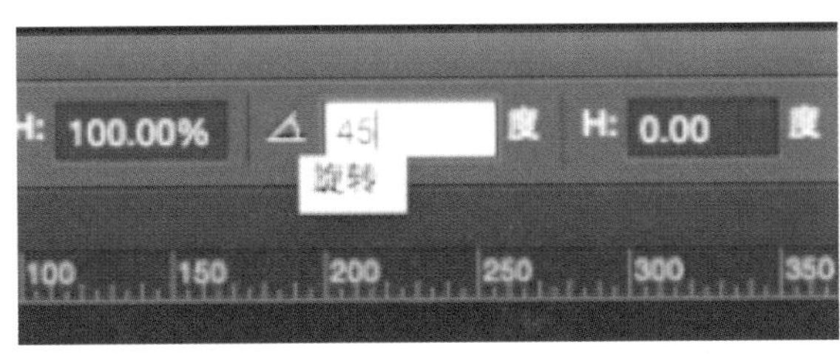

图3-320 节旋转角度

图3-321 复制圆角矩形

图3-322 选择路径选择工具

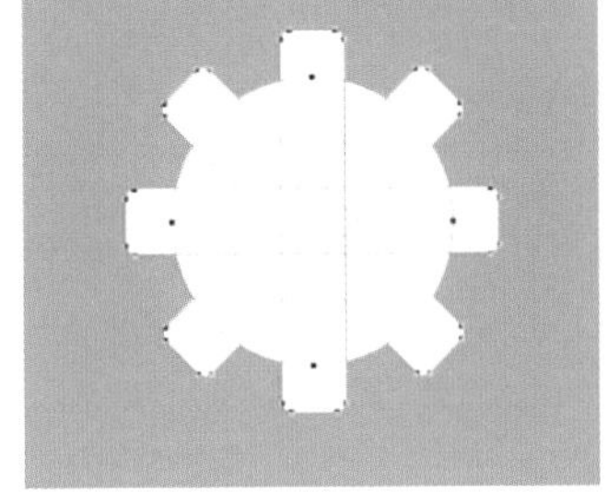

图3-323 选择所有图形

图3-324 设置描边

图3-325 绘制新的圆形

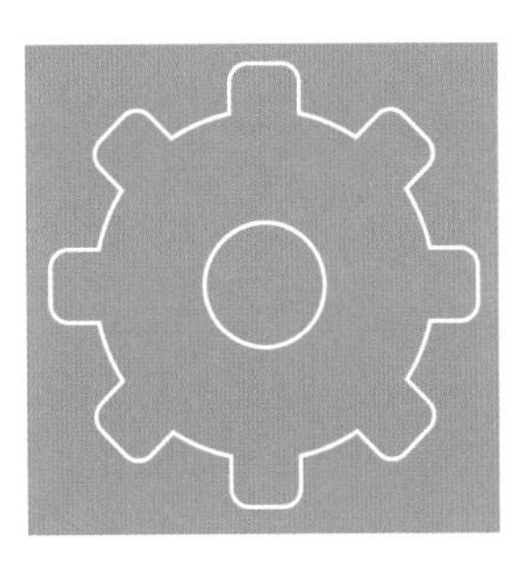

图3-326 移动端设置图标最终完成效果图

八、移动端微信图标语音泡泡设计

（1）创建画布，如图3-327所示。

（2）选择圆角矩形，绘制半径为80px的形状，如图3-328和图3-329所示。

（3）双击圆角矩形，进入图层样式编辑模块，设置渐变叠加，如图3-330所示。

（4）设置内发光，如图3-331所示。

（5）选择椭圆形，绘制语音泡泡，如图3-332所示。

（6）选择钢笔工具，将布尔运算设置为合并形状，绘制小尾巴，如图3-333和图3-334所示。

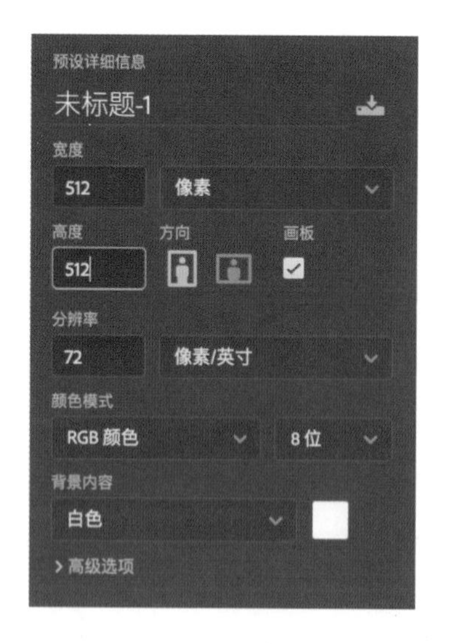

图3-327 创建画布

图3-328 选择圆角矩形工具

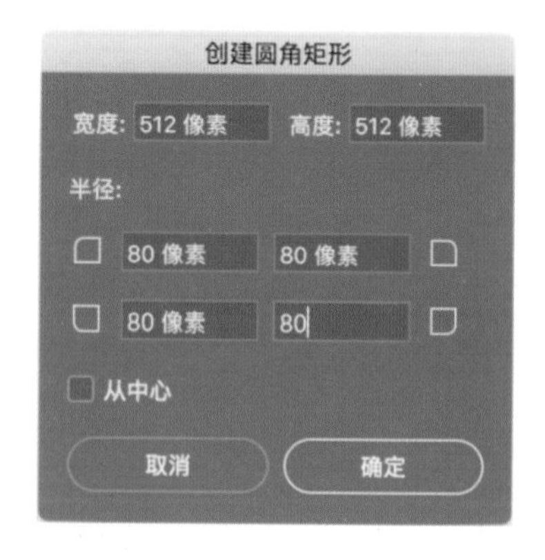

图3-329 设置圆角矩形大小

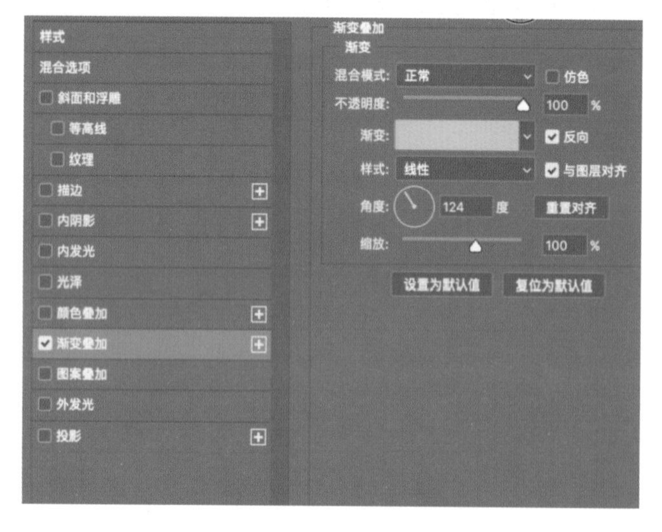

图3-330 设置渐变叠加

图3-332 选择椭圆形

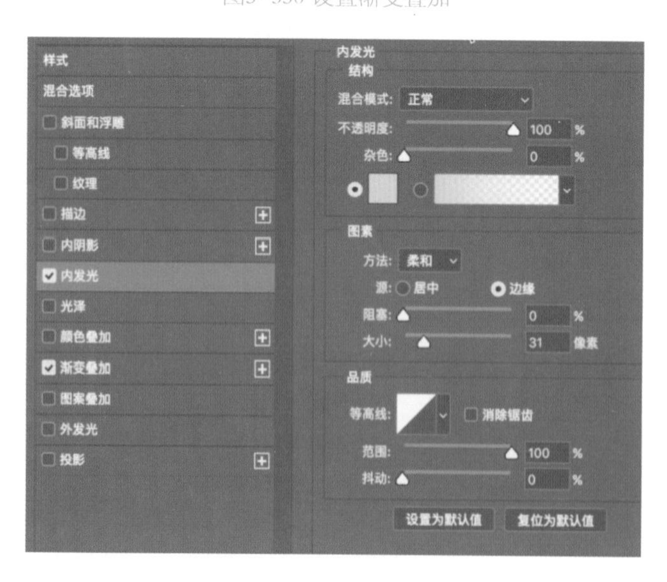

图3-331 设置内发光

图3-333 选择钢笔工具

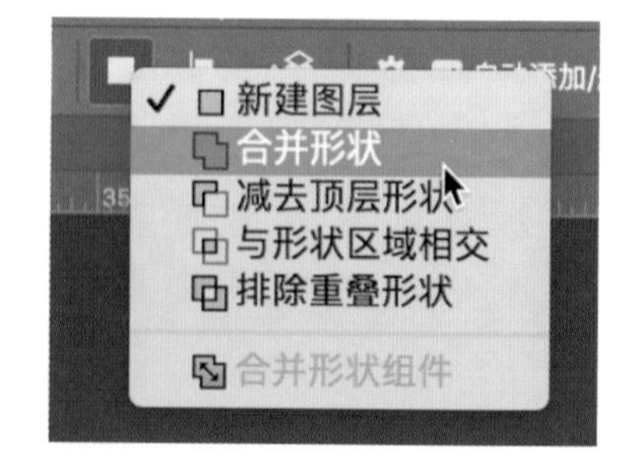

图3-334 合并形状

（7）绘制尾巴，如图3-335所示。

（8）选择椭圆形，将布尔运算设置成减去顶层形状，绘制语音泡泡的眼睛，如图3-336和图3-337所示。

（9）绘制眼睛，如图3-338所示。

（10）选择眼睛，利用Ctrl+C，Ctrl+V复制粘贴，如图3-339所示。

（11）选择语音泡泡01，按住Alt键向上移动复制，命名为“语音泡泡”02，如图3-340所示。

（12）缩放语音泡泡02图层，如图3-341所示。

（13）将语音泡泡进行等比缩放，如图3-342所示。

图3-335 绘制尾巴

图3-336 选择椭圆形工具

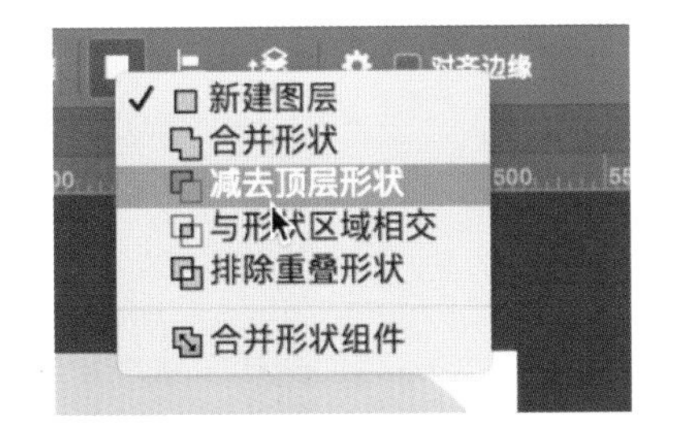

图3-337 减去顶层形状

图3-338 绘制眼睛

图3-339 复制眼睛

图3-340 复制语音泡泡01

图3-341 缩放语音泡泡02图层

图3-342 等比缩放

（14）鼠标右键，水平翻转，如图3-343所示。

（15）选择路径选择工具，如图3-344所示。

（16）点击语音泡泡02图层中的大泡泡，按下Ctrl+C复制，如图3-345所示。

（17）点击语音泡泡01，按下Ctrl+V复制粘贴，如图3-346和图3-347所示。

（18）将布尔运算调节为减去顶层形状，如图3-348所示。

（19）利用Ctrl+T进行缩放，如图3-349所示。

（20）移动端微信图标语音泡泡最终完成效果如图3-350所示。

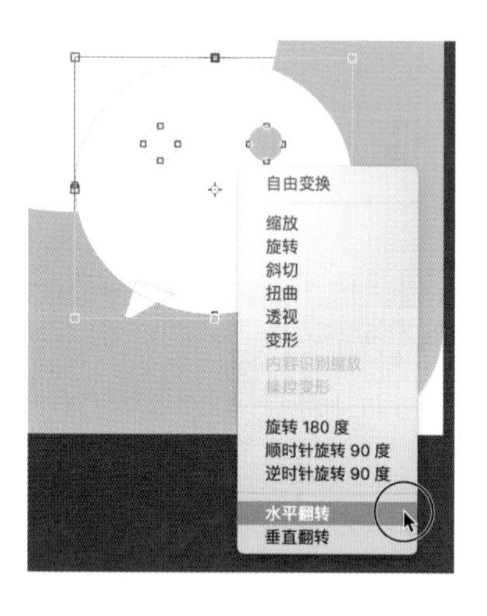

图3-343 水平翻转

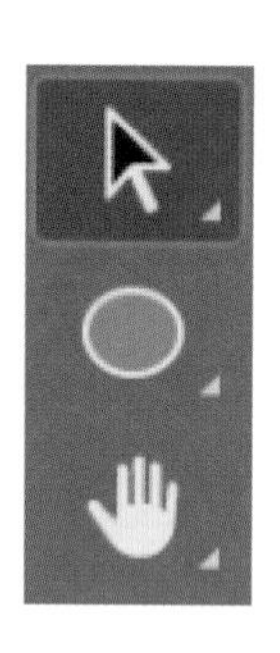

图3-344 选择路径选择工具

图3-345 复制语音泡泡02图层中的大泡泡

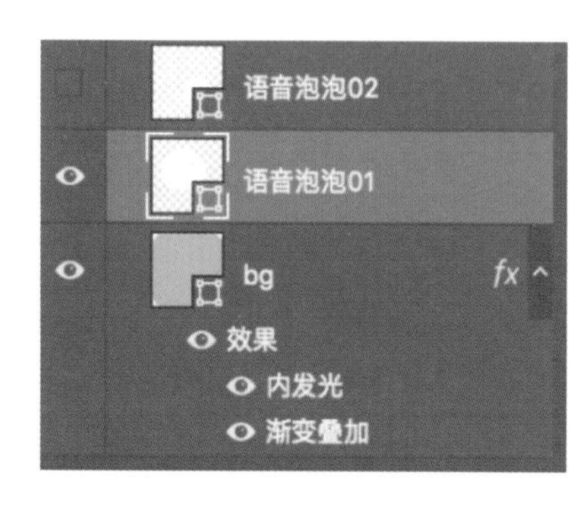

图3-346 选择语音泡泡01图层

图3-347 复制粘贴

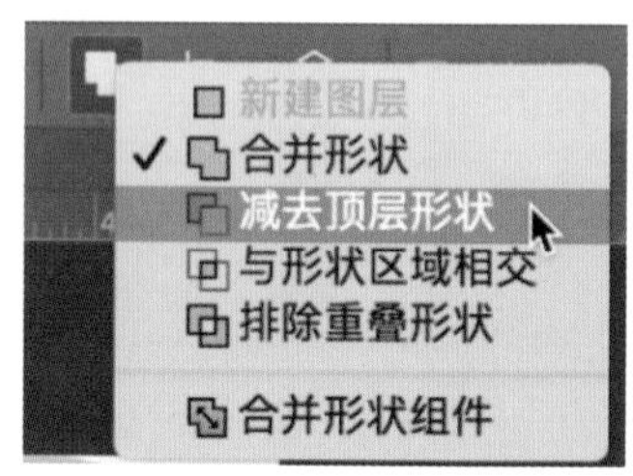

图3-348 减去顶层形状

图3-349 缩放

图3-350 移动端微信图标语音泡泡最终完成效果图

九、移动端音乐界面设计

（1）创建画布，如图3-321所示。

（2）Ctrl+R创建参考线，绘制界面中线参考线，如图3-352所示。

（3）选择矩形，绘制矩形，如图3-353所示。

（4）打开一张图片，添加到画布中，将图片图层放置在矩形图层上方，按住Alt键，在两图层之间点击鼠标左键，做图形蒙版，如图3-354所示。

（5）双击矩形图层进入图层样式界面，添加投影，如图3-355所示。

（6）设置投影颜色，如图3-356所示。

（7）调节距离大小，如图3-357所示。

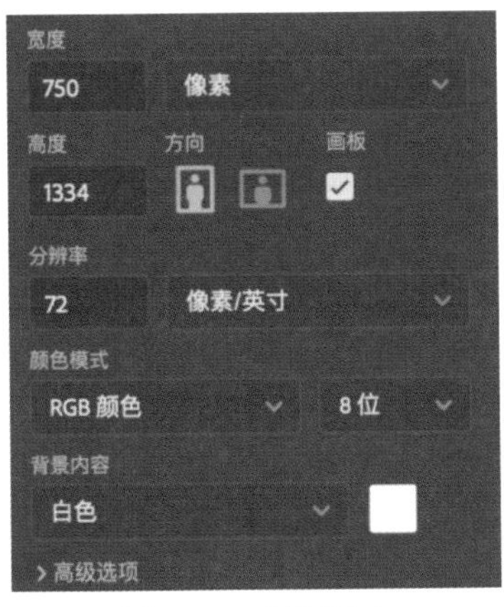

图3-351　创建画布

图3-352　绘制参考线

图3-353　绘制矩形

图3-354　图形蒙版

图3-355　添加投影

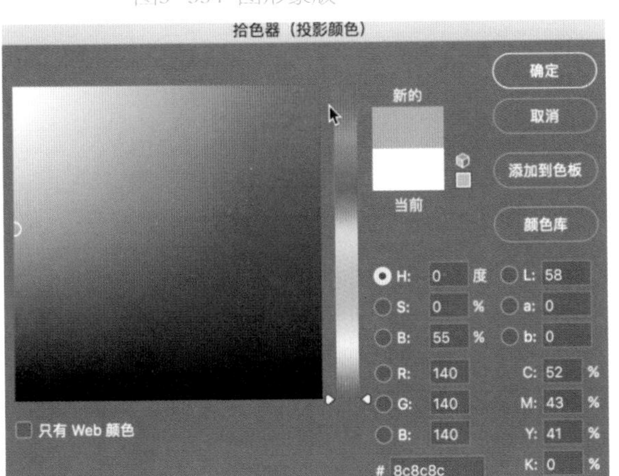

图3-356　设置投影颜色

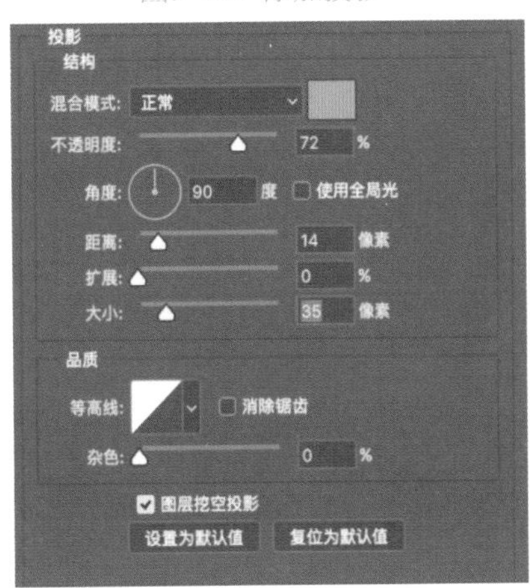

图3-357　调节距离大小

（8）处理外发光，如图3-358所示。

（9）按住Alt键，复制image图层，并移动到对应位置，设置如图3-359和图3-360所示。

（10）添加文字标签，设置如图3-361和图3-362所示。

（11）添加专辑名称及表演者名称，如图3-363～图3-367所示。

（12）选择椭圆形工具，创建播放暂停按钮，如图3-368～图3-371所示。

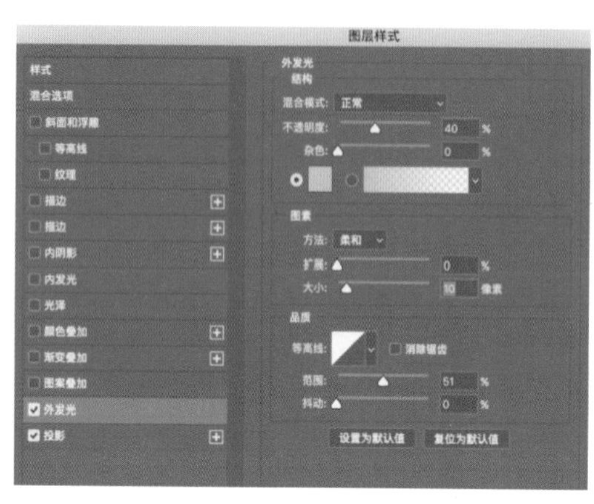

图3-358 处理外发光

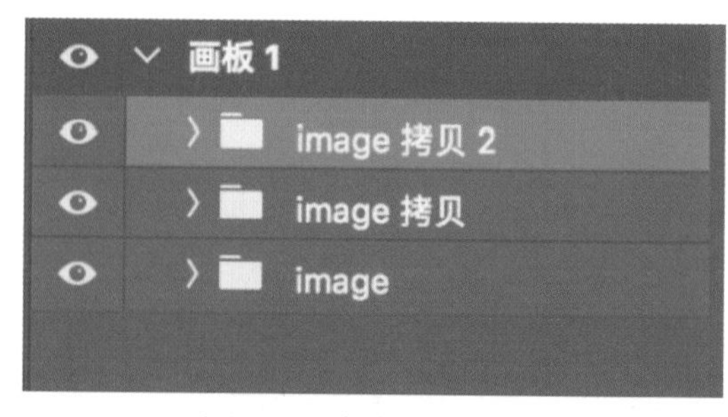

图3-359 复制image图层

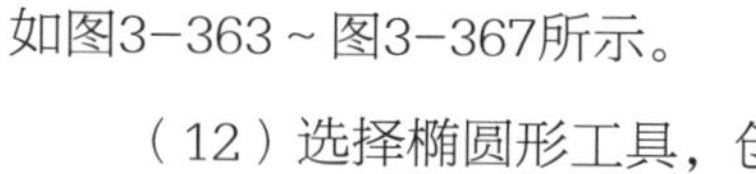

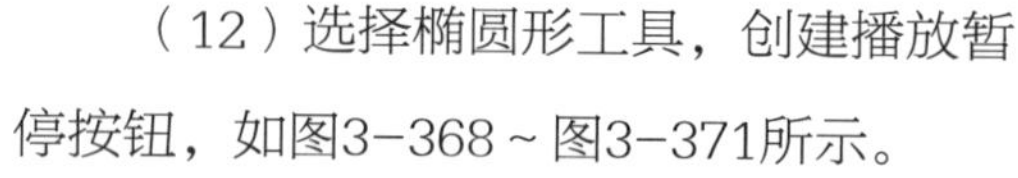

图3-360 移动

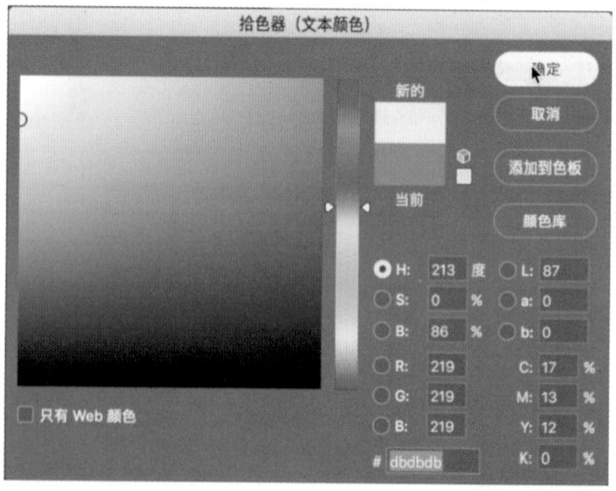

图3-362 文字颜色

图3-361 文字大小

图3-363 专辑名称字体大小

图3-365 表演者名称字体大小

图3-364 专辑名称字体颜色

图3-366 演者名称字体颜色

图3-367　效果图

图3-368　选择椭圆形工具

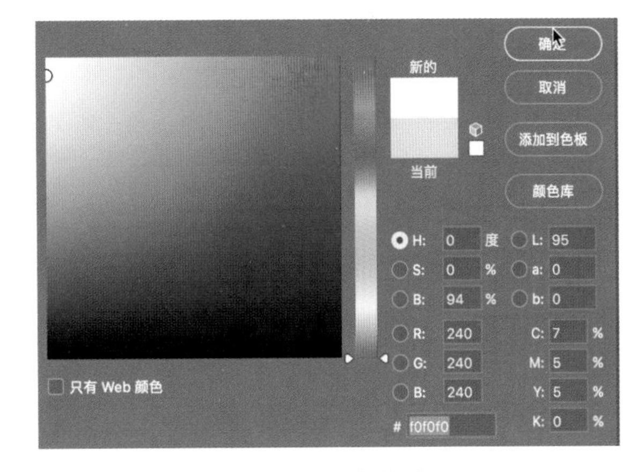

图3-369　设置颜色

填充： 描边： 2 点

图3-370　设置填充及描边

图3-371　暂停按钮效果图

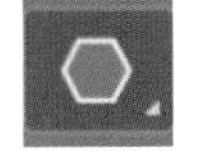

图3-372　选择多边形工具

（13）选择多边形，如图3-372所示。

（14）调节边数为3，如图3-373所示。

（15）复制已经绘制好的三角形，利用Ctrl+T缩放，如图3-374所示。

（16）复制选择绘制好的图标，利用Ctrl+T及鼠标右键，水平翻转，如图3-375和图3-376所示。

（17）绘制声音动态型，创建一个矩形，设置长、宽，如图3-377和图3-378所示。

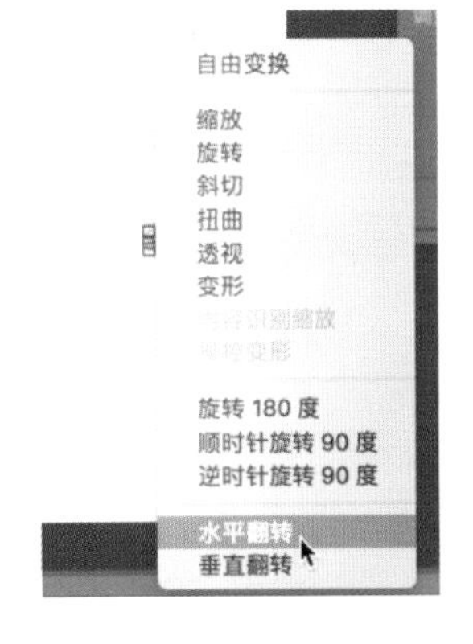

图3-375　水平翻转

图3-376　效果图

图3-377　创建矩形

图3-373　调节边数

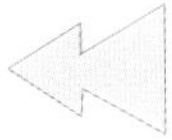

图3-374　缩放

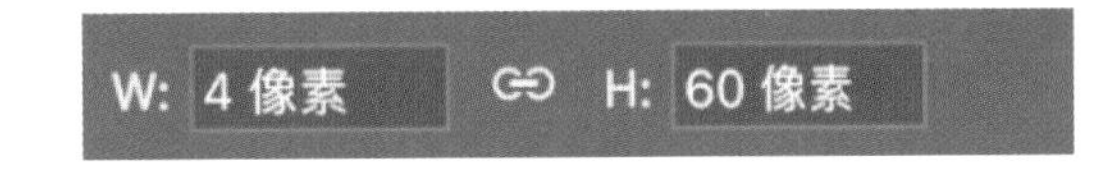

图3-378　设置长、宽

（18）选择矩形，按下Ctrl+Alt+T，如图3-379和图3-480所示。

（19）点击方向键并向右移动，如图3-481所示。

（20）点击回车，按下Ctrl+Alt+Shift+T开始矩阵复制，如图3-482所示。

（21）选择矩阵图层，选择钢笔工具，将布尔运算调节为减法，如图3-383和图3-384所示。

（22）用钢笔工具绘制不需要的部分，如图3-385和图3-386所示。

（23）选择矩形，绘制一个矩形，位于矩阵图层上，按住Alt键，在两图层之间点击鼠标左键，做图形蒙版，如图3-387～图3-389所示。

（24）绘制底部时间，如图3-390～图3-393所示。

（25）移动端音乐界面最终完成效果如图3-394所示。

图3-379 选择矩形　图3-380 变形模式　图3-381 右移

图3-382 矩阵复制

图3-383 选择钢笔工具

图3-384 调整布尔运算

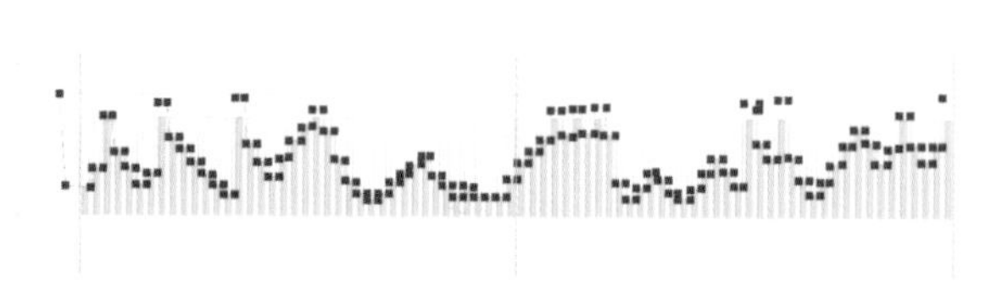

图3-385 绘制不需要的部分

图3-386 效果图　图3-387 选择矩形工具

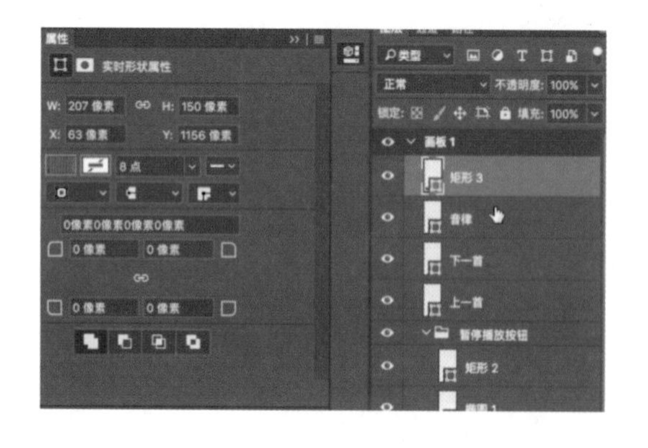

图3-388 点击矩形图层

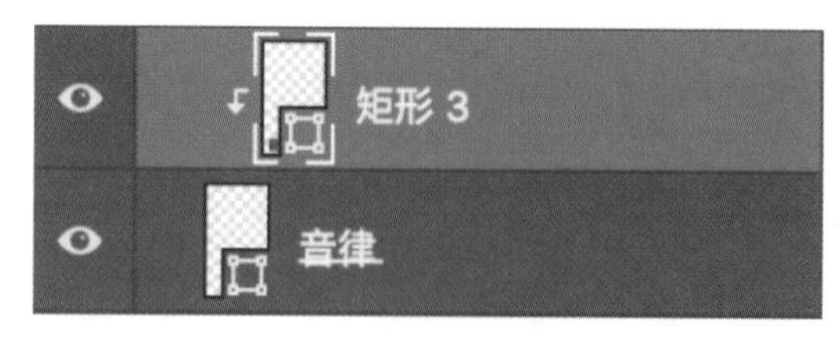

图3-389 设置图形蒙版

图3-390 选择文字工具

图3-391 设置文字大小

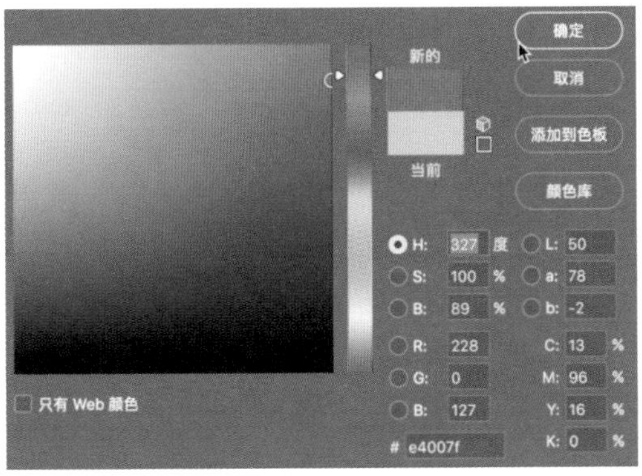

图3-392 设置颜色1

图3-393 设置颜色2

图3-394 移动端音乐界面最终完成效果图

本/章/小/结

本章采用基础与案例相结合的方法讲解了有关移动端UI设计的相关知识，包括移动端UI设计基础、移动端UI设计理论、移动端UI设计技巧等内容，使读者对移动端UI设计有更深入的了解和认识。

思考与练习

1.在平面设计中文排版时，通常从哪三个方面考虑?

2.如何设计iPhone界面尺寸?

3.制作天气图标。

4. 制作美食界面。

参考文献

References

[1]叶经文，王志成．Photoshop智能手机UI设计[M]．北京：人民邮电出版社，2016.

[2]善本出版有限公司．与世界UI设计师同行[M]．北京：电子工业出版社，2015.

[3]沈强．移动终端UI界面设计项目教程[M]．北京：中国水利水电出版社，2014.

[4]常丽．潮流UI设计必修课[M]．北京：人民邮电出版社，2015.

[5]创锐设计．Photoshop CC移动UI界面设计与实战[M]．北京：电子工业出版社，2015.

[6]曾军梅．移动界面（Web/App）Photoshop UI设计十全大补[M]．北京：清华大学出版社，2017.

[7]罗晓琳．Photoshop APP UI设计从入门到精通[M]．北京：机械工业出版社，2015.

[8]董庆帅．UI设计师的色彩搭配手册[M]．北京：电子工业出版社，2017.

[9]董庆帅．UI设计师的版式设计手册[M]．北京：电子工业出版社，2017.

[10]余振华．术与道——移动应用UI设计必修课（第2版）[M]．北京：人民邮电出版社，2017.

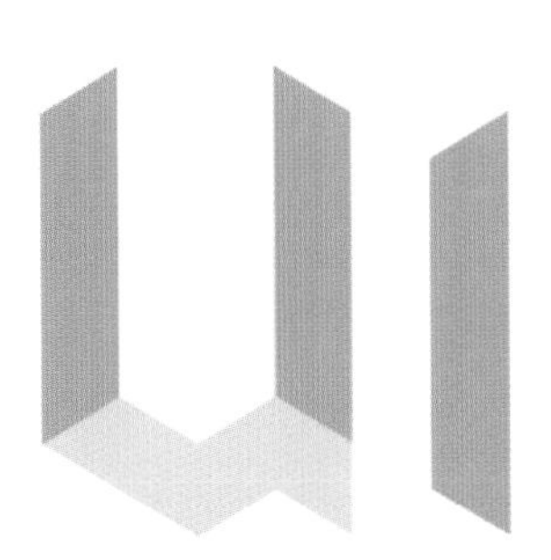